教育部人文社会科学重点研究基地
山西大学“科学技术哲学研究中心”基金
山西省优势重点学科基金
资　助

山西大学
认知哲学丛书
魏屹东　主编

语境论视野下的人工智能范式发展趋势研究

董佳蓉/著

科学出版社
北　京

图书在版编目(CIP)数据

语境论视野下的人工智能范式发展趋势研究 / 董佳蓉著. —北京：科学出版社，2016.7

（认知哲学丛书 / 魏屹东主编）

ISBN 978-7-03-048891-6

Ⅰ. ①语… Ⅱ. ①董… Ⅲ. ①人工智能-研究 Ⅳ. ①TP18

中国版本图书馆 CIP 数据核字（2016）第136658号

丛书策划：侯俊琳 牛 玲

责任编辑：朱萍萍 刘巧巧 / 责任校对：张怡君

责任印制：李 彤 / 封面设计：无极书装

编辑部电话：010-64035853

E-mail:houjunlin@mail. sciencep.com

科学出版社 出版

北京东黄城根北街 16 号

邮政编码：100717

http://www.sciencep.com

北京凌奇印刷有限责任公司 印刷

科学出版社发行 各地新华书店经销

*

2016 年7月第 一 版 开本：720 × 1000 B5

2022 年1月第四次印刷 印张：14 1/4

字数：267 000

定价：68.00元

（如有印装质量问题，我社负责调换）

丛 书 序

21世纪以来，在世界范围内兴起了一个新的哲学研究领域——认知哲学（philosophy of cognition）。认知哲学立足于哲学反思认知现象，既不是认知科学，也不是认知科学哲学、心理学哲学、心灵哲学、语言哲学和人工智能哲学的简单加合，而是在梳理、分析和整合各种以认知为研究对象的学科的基础上，立足于哲学（如语境实在论）反思、审视和探究认知的各种哲学问题的研究领域。认知哲学不是直接与认知现象发生联系，而是通过以认知现象为研究对象的各个学科与之发生联系。也就是说，它以认知概念为研究对象，如同科学哲学是以科学为对象而不是以自然为对象，因此它是一种“元研究”。

在这种意义上，认知哲学既要吸收各个相关学科的理论成果，又要有自己独特的研究域；既要分析与整合，又要解构与建构。它是一门旨在对认知这种极其复杂的心理与智能现象进行多学科、多视角、多维度整合研究的新兴研究领域。认知哲学的审视范围包括认知科学（认知心理学、计算机科学、脑科学）、人工智能、心灵哲学、认知逻辑、认知语言学、认知现象学、认知神经心理学、进化心理学、认知动力学、认知生态学等涉及认知现象的各个学科中的哲学问题，它涵盖和融合了自然科学和人文科学的不同分支学科。

认知哲学之所以是一个整合性的元哲学研究领域，主要基于以下理由：

第一，认知现象的复杂性，决定了认知哲学研究的整合性。认知现象既是复杂的心理与精神现象，同时也是复杂的社会与文化现象。这种复杂性特点必然要求认知科学是一门交叉性和综合性的学科。认知科学一般由三个核心分支学科（认知心理学、计算机科学、脑科学）和三个外围学科（哲学、人类学、语言学）构成。这些学科不仅构成了认知科学的内容，也形成了研究认知现象的不同进路。系统科学和动力学介入对认知现象的研究，如认知的动力论、感知的控制论和认知的复杂性研究，极大地推动了认知科学的发展。同时，不同学科之间也相互交融，形成新的探索认知现象的学科，如心理学与进化生物学交叉产生的进化心理学，认知科学与生态学结合形成的认知生态学，神经科学与认知心理学结合产生的认知神经心理学，认知科学与语言学交叉形成的认知语义学、认知语用学和认知词典学。这些新学科的产生增加了探讨认知现象的新进路，也说明对认知现象本质的揭示需要多学科的整合。

第二，认知现象的根源性，决定了认知哲学研究的历史性。认知哲学之所以能够产生，是因为认知现象不仅是心理学和脑科学研究的领域，也历来是哲学家们关注的焦点。这里我粗略地勾勒出一些哲学家的认知思想——奥卡姆（Ockham）的心理语言、莱布尼茨（G.W. Leibniz）的心理共鸣、笛卡儿（R. Descartes）的心智表征、休谟（D. Hume）的联想原则（相似、接近和因果关系）、康德（I. Kant）的概念发展、弗雷格（F. Frege）的思想与语言同构假定、塞尔（J. R. Searle）的中文屋假设、普特南（Hilary W. Putnam）的缸中之脑假设等。这些认知思想涉及信念形成、概念获得、心理表征、意向性、感受性、心身问题，这些问题与认知科学的基本问题（如智能的本质、计算表征的实质、智能机的意识化、常识知识问题等）密切相关，为认知科学基本问题的解决奠定了深厚的思想基础。可以肯定，这些认知思想是我们探讨认知现象的本质时不可或缺的思想宝库。

第三，认知科学的科学性和人文性，决定了认知哲学研究的融合性。认知科学本身很像哲学，事实上，认知科学的交叉性与综合性已经引发了科学哲学的“认知转向”，这在一定程度上从认知层次促进了自然科学与人文科学、科学主义与人文主义的融合。我认为，在认知层面，科学和人文是统一的，因为科学知识和人文知识都是人类认知的结果，认知就像树的躯干，科学和人文就像树的分枝。例如，对认知的运作机制及规律、表征方式、认知连贯性和推理模型的研究，势必涉及逻辑分析、语境分析、语言分析、认知历史分析、文化分析、心理分析、行为分析，这些方法的运用对于我们研究心灵与世界的关系将大有益处。

第四，认知现象研究的多学科交叉，决定了认知哲学研究的综合性。虽然认知过程的研究主要是认知心理学的认知发展研究、脑科学的认知生理机制研究、人工智能的计算机模拟，但是科学哲学的科学表征研究、科学知识社会学的“在线”式认知研究、心灵哲学的意识本质、意向性和心脑同一性的研究，也同样值得关注。因为认知心理学侧重心理过程，脑科学侧重生理过程，人工智能侧重机器模拟，而科学哲学侧重理性分析，科学知识社会学侧重社会建构，心灵哲学侧重形而上学思辨。这些不同学科的交叉将有助于认知现象的整体本质的揭示。

第五，认知现象形成的语境基底性，决定了认知哲学研究的元特性以及采取语境实在论立场的必然性。拉考夫（G. Lakoff）和约翰逊（M. Johnson）认为，心灵本质上是具身的，思维大多是无意识的，抽象概念大多是隐喻的。我认为，心理表征大多是非语言的（图像），认知前提大多是假设的，认知操作大多是建模的，认知推理大多是基于模型的，认知理解大多是语境化的。在人的世界中，一切都是语境化的。因此，立足语境实在论研究认知本身的意义、分类、预设、结构、隐喻、假设、模型及其内在关系等问题，就是一种必然选择，事实上，语境实在论在心理学、语言学和生态学中的广泛运用业已形成一种趋势。

需要指出的是，与“认知哲学”极其相似也极易混淆的是“认知的哲学”（cognitive philosophy）。在我看来，“认知的哲学”是关于认知科学领域所有论题的哲学探究，包括意识、行动者和伦理，最近关于思想记忆的论题开始出现，旨在帮助人们通过认知科学之透镜去思考他们的心理状态和他们的存在。在这个意义上，“认知的哲学”其实就是“认知科学哲学”，与“认知哲学”相似但还不相同。我们可以将“cognitive philosophy”译为“认知的哲学”，将“philosophy of cognition”译为“认知哲学”，以便将二者区别开来，就如同“scientific philosophy”（科学的哲学）和“philosophy of science”（科学哲学）有区别一样。“认知的哲学”是以认知（科学）的立场研究哲学，“认知哲学”是以哲学的立场研究认知，二者立场不同，对象不同，但不排除存在交叉和重叠。

如果说认知是人们如何思维，那么认知哲学就是研究人们思维过程中产生的各种哲学问题，具体包括以下十个基本问题。

（1）什么是认知，其预设是什么？认知的本原是什么？认知的分类有哪些？认知的认识论和方法论是什么？认知的统一基底是什么？有无无生命的认知？

（2）认知科学产生之前，哲学家是如何看待认知现象和思维的？他们的看法是合理的吗？认知科学的基本理论与当代心灵哲学范式是冲突的还是融合的？能否建立一个囊括不同学科的、统一的认知理论？

（3）认知是纯粹心理表征还是心智与外部世界相互作用的结果？无身的认知能否实现？或者说，离身的认知是否可能？

（4）认知表征是如何形成的？其本质是什么？有没有无表征的认知？

（5）意识是如何产生的？其本质和形成机制是什么？它是实在的还是非实

在的？有没有无意识的表征？

（6）人工智能机器是否能够像人一样思维？判断的标准是什么？如何在计算理论层次、脑的知识表征层次和计算机层次上联合实现？

（7）认知概念（如思维、注意、记忆、意象）的形成的机制和本质是什么？其哲学预设是什么？它们之间是否存在相互作用？心－身之间、心－脑之间、心－物之间、心－语之间、心－世之间是否存在相互作用？它们相互作用的机制是什么？

（8）语言的形成与认知能力的发展是什么关系？有没有无语言的认知？

（9）知识获得与智能发展是什么关系？知识是否能够促进智能的发展？

（10）人机交互的界面是什么？人机交互实现的机制是什么？仿生脑能否实现？

当然，在认知发展中无疑会有新的问题出现，因此认知哲学的研究域是开放的。

在认知哲学的框架下，本丛书将以上问题具体化为以下论题。

（1）最佳说明的认知推理模式。最佳说明的认知推理研究是科学解释学的一个重要内容，是关于非证明性推理中的一个重要类型，在法学、哲学、社会学、心理学、化学和天文学中都能找到这样的论证。除了在科学中有广泛应用外，最佳说明的认知推理也普遍存在于日常生活中，它已成为信念形成的一种基本方法。探讨这种推理的具体内涵与意义，对人们的观念形成以及理论方面的创新是非常有裨益的。

（2）人工智能的语境范式。在语境论视野下，将表征和计算作为人工智能研究的共同基础，用概念分析方法将表征和计算在人工智能中的含义与其在心灵哲学、认知心理学中的含义相区别，并在人工智能的符号主义、联结主义及行为主义这三个范式的具体语境中厘清这两个核心概念的具体含义及特征，从而使人工智能哲学与心灵哲学区别开来，并基于此建立人工智能的语境范式来说明智能的认知机制。

（3）后期维特根斯坦（L. Wittgenstein）的认知语境论。维特根斯坦作为20世纪的大哲学家，其认知思想非常丰富，且前后期有所不同。对前期维特根斯坦的研究大多侧重于其逻辑原子论，而对其后期的研究则侧重于语言哲学、现象学、美学的分析。从语言哲学、认知科学和科学知识社会学三方面来探讨后期维特根斯坦的认知语境思想，无疑是认知哲学研究的一个重要内容。

（4）智能机的自语境化认知。用语境论研究认知是回答以什么样的形式、基点或核心去重构认知哲学未来走向的一个重大问题。通过构建一个智能机自语境化模型，对心智、思维、行为等认知现象进行说明，表明将智能机自语境化认知作为出发点与落脚点，就是以人的自语境化认知过程为模板，用智能机来验证这种演化过程的一种研究策略。这种行为对行为的验证弥补了以往“操作模拟心灵”的缺陷，为解决物理属性与意识概念的不搭界问题提供了新思路。

（5）意识问题的哲学分析。意识是当今认知科学中的热点问题，也是心灵哲学中的难点问题。以当前意识研究的科学成果为基础，从意识的本质、意识的认知理论及意识研究的方法论三个方面出发，以语境分析方法为核心探讨意识认知现象中的哲学问题，提出了意识认知构架的语境模型，从而说明意识发生的语境发生根源。

（6）思想实验的认知机制。思想实验是科学创新的一个重要方法。什么是思想实验？它们怎样运作？在认知中起什么作用？这些问题需要从哲学上辨明。从理论上理清思想实验在哲学史、科学史与认知科学中的发展，有利于辨明什么是思想实验，什么不是思想实验，以及它们所蕴含的哲学意义和认知机制，从而凸显思想实验在不同领域中的作用。同时，借助思想实验的典型案例和认知科学家对这些思想实验的评论，构建基于思想实验的认知推理模型，这有利于在跨学科的层面上探讨认知语言学、脑科学、认知心理学、人工智能、心灵哲学中思想实验的认知机制。

（7）心智的非机械论。作为认知哲学研究的显学，计算表征主义的确将人类心智的探索带入一个新的境界。然而在机械论观念的束缚下，其“去语境化”和“还原主义”倾向无法得到遏制，因而屡遭质疑。因此，人们自然要追问：什么是更为恰当的心智研究方式？面对如此棘手的问题，从世界观、方法论和核心观念的维度，从“心智、语言和世界”整体认知层面，凸显新旧两种研究进路的分歧和对立，并在非机械论框架中寻求一个整合心智和意义的突破点，无疑具有重大意义。

（8）丹尼特（D. Dennett）的认知自然主义。作为著名的认知哲学家，丹尼特基于自然主义立场对心智和认知问题进行的研究，在认知乃至整个哲学领域都具有重大意义。从心智现象自然化的角度对丹尼特的认知哲学思想进行剖析，弄清丹尼特对意向现象进行自然主义阐释的方法和过程，说明自由意志的自然化是意识自然化和认知能力自然化的关键环节。

（9）意识的现象性质。意识在当代物理世界中的地位是当代认知哲学和心灵哲学中的核心问题。而意识的现象性质又是这一问题的核心，成为当代心灵哲学中物理主义与反物理主义争论的焦点。在这场争论中，物理主义很难坚持纯粹的物理主义一元论，因为物理学只谈论结构关系而不问内在本质。当这两个方面都和现象性质联系在一起时，物理主义和二元论都看到了希望，但作为微观经验的本质如何能构成宏观经验，这又成了双方共同面临的难题。因此，考察现象性质如何导致了这样一系列问题的产生，并分析了意识问题可能的解决方案与出路，就具有重要意义了。

（10）认知动力主义的哲学问题。认知动力主义被认为是认知科学中区别于认知主义和联结主义的、有前途的一个研究范式。追踪认知动力主义的发展动向，通过比较，探讨它对于认知主义和联结主义的批判和超越，进而对表征与非表征问题、认知动力主义的环境与认知边界问题、认知动力主义与心灵因果性问题进行探讨，凸显了动力主义所涉及的复杂性哲学问题，这对于进一步弄清认知的动力机制是一种启示。

本丛书后续的论题还将对思维、记忆、表象、认知范畴、认知表征、认知情感、认知情景等开展研究。相信本丛书能够对认知哲学的发展做出应有的贡献。

魏屹东

2015年10月13日

前　言

人工智能涉及的领域太过繁杂，很难给其下一个精确的定义，但这并不妨碍我们从根本上去理解人工智能赖以存在的基础，那就是运行在计算机上的形式符号系统。符号是对思维对象进行抽象的结果，符号表征意味着大量具态信息的损失；计算则是对思维过程进行抽象的结果，计算过程同样会损失大量的具态信息。正是抽象使得由符号组成的计算系统具有了可执行性，人工智能与人类智能的一个重要区别也由此而生。

人类思维中的内容是有意义的，而人工智能作为形式规则系统，即便对意义无从所知，只要依据规则来操作符号，也可以得到相应的结果。那么，人工智能该如何构建从形式到意义的通路呢？1998 年，由万维网联盟主席 Tim Berners-Lee 牵头的语义网（Semantic Web）项目成为人工智能追寻意义道路上的一个重要里程碑。语义网的本质是以计算机应用程序可以理解的方式描述事物。语义网与 Web 3.0 相结合，将成为未来人工智能与互联网发展的核心领域之一。自然语言处理则是实现语义网的一种重要方式。而自然语言处理要提取语义信息，就必须与语境知识相关联。时隔不久，语用网（Pragmatic Web）项目也开始实施，一种基于语境规则的语用智能主体（pragmatic agent）被提上日程。由此，一条从语形到语义、再到语用的智能实现路径在人工智能领域明确地展现出来。语形、语义、语用是语境问题的核心要素。这样的一种发展路径表明，人工智能当前主要围绕意义问题展开研究，是一种典型的语境论（contextualism）研究范式。

人工智能必须回答什么是智能以及如何在计算机上实现智能这样的问题。而智能的实现，必然与真实世界中的语境密切相关。这就是说，智能主体必须能够区别“自我”与“环境”，并根据所要完成的任务来确定哪些语境因素是与问题解决密切相关的，以及这些语境因素之间是何种关系。在语境问题上，无论符号主义、连接主义还是行为主义，都显得力不从心。现有的范式理论都殊途同归地落在语境问题上，语境论是对这种发展趋势的最恰当概括。事实上，人工智能的很多问题早在一百多年前哲学领域就已经开始研究了；尤其是语义网和语用网研究中的很多关键问题，本身就是语境论的核心问题。由此，我们有必要在语境论的视野下去研究这些问题。

对基于形式系统的人工智能而言，与表征相比，计算的问题似乎更容易解决。在模拟人类智能的过程中，人们越来越感觉到，在表征问题上，似乎存在着一道难以逾越的鸿沟。而所有的瓶颈最后都落在了对意义的理解问题上。作为人工智能的核心领域之一，表征理论的发展水平直接决定了计算机可以达到的智能水平。因此，有必要用语境分析方法，分别从表征和计算这两个角度对人工智能的发展进行梳理，探索解决这一难题的可能途径。

沿着上述问题的发展脉络，本书的最后部分批判了诺尔蒂（David D. Nolte）的量子光学计算机理论，探讨了未来光机智能的表征和计算问题，认为光学语言并不比人类语言更具优势，量子神经网络也会遇到语境瓶颈，以光运算为基础的新型智能的核心问题同样会落在语境问题上。由此我们可以预测，在未来相当长的一段时期内，人工智能的核心问题都将是语境问题，人工智能语境论范式将长期存在。

最后，书中难免有谬误之处，敬请读者指正，是所至盼。

董佳蓉

2016年4月

目 录

绪　论

20 世纪 50 年代以来，人工智能以模拟人类智能为主要目标，经历了符号主义、连接主义和行为主义三种主导性研究范式。在智能模拟问题上，人工智能由早期的以计算为主，逐步形成了以表征和计算为基础的智能模拟构架。当前，人工智能学科发展出现了某种程度的停滞，智能模拟的瓶颈都落在语境问题上，现有范式理论已难以适应或指导人工智能的进一步发展。借此，人工智能研究的范式发展趋势便成为认识和解决智能模拟瓶颈的核心问题。理论界普遍认为，人工智能研究领域自身的发展已经超越了现有的范式理论，逐步形成了一种融合的趋势。然而，如何对人工智能各研究范式进行融合，以及在什么样的基础上来进行融合，或者说，融合的哲学基底应该是什么样的，这一尚未解决的难题，成了人工智能理论进一步发展的瓶颈所在。本书从贯穿整个人工智能发展过程的两条主要线索——表征和计算入手，试图揭示自始至终贯穿于表征和计算中的鲜明语境论特征，并指出，语境论有望成为人工智能理论发展的新范式，语境问题的解决程度，决定了以表征和计算为基础的人工智能所能达到的智能水平。

以人工智能的范式发展趋势为主题，全书由三个核心部分组成：第一部分论证人工智能的范式发展趋势为语境论范式的必要性；第二部分论述什么是人工智能语境论范式；第三部分论证人工智能语境论范式的充分性。

第一节　研究人工智能语境论范式的必要性

在分析了当前三种主导性范式理论的局限基础上，第一部分通过回答“为什么将表征和计算作为理解人工智能的基础？为什么用语境论来分析人工智能？为什么人工智能的范式发展趋势为语境论范式？”这三个问题来论证研究人工智能语境论范式的必要性。

一、为什么将表征和计算作为理解人工智能的基础

表征和计算是本书的切入点。要想深入理解和研究人工智能，必须先厘清人工智能产生与发展的基础何在，而厘清这一问题则需要从人工智能的发展历史入手。

毋庸置疑，人工智能在本质上是一种计算，被公认为计算机理论基础的“图灵机”就是一种通过数学算法设想出的理想机器，它可以处理所有可能的机械运算。“图灵机”理论与丘奇（Alonzo Church）的逻辑运算方法共同标志着可计算性理论的产生，而世界上第一台计算机的诞生使得图灵（Alan Turing）的构想得以实现。从此，以计算为线索，人类逐步进入计算机时代。在1956年的达特茅斯会议上，以计算机为基础，人工智能作为一个独立的研究领域登上历史舞台。然而，两种不同的研究范式使人工智能从不同进路向人工智能的终极梦想迈进：其中，符号主义范式从程序的逻辑结构、符号操作系统以及编程语言入手，试图为一台数字计算机编程使之能够解决问题。因此，符号主义范式特别强调对符号进行的“计算”在人工智能研究中的重要作用，并认为，通过计算的方式来处理符号系统是人工智能模拟人类智能的可行模式。这一时期的编程，最大的特征就是将符号处理融入计算程序之中，每一个程序都为某个特定目的编制。与此同时，连接主义范式则试图通过对人类大脑结构的数学抽象模拟，以神经计算网络的方式来实现对人类智能的模拟。在连接主义范式中，其最大的特征在于不存在任何显式表征，无论程序的编写还是运行都是纯计算的。在这两种早期研究范式中，计算无疑是智能的基础。早期人工智能取得的成绩，也使相当一部分人工智能学家乐观地认为，用不了多久就可以制造出能够理解人类自然语言并富有逻辑推理能力的智能机器，强人工智能的实现指日可待。由此，无论是哲学领域还是人工智能领域，似乎都存在着某种程度的偏见，都认为人工智能所面临的根本问题只在于计算。

然而，经过一段时期的发展，令人工智能界感到尴尬的是，符号主义范式和连接主义范式都没有在智能模拟问题上取得突破性进展，强人工智能的梦想似乎变得遥遥无期。人们开始意识到，缺乏关于周围世界和环境的常识知识是人工智能前进道路上的主要障碍。人类从出生到长大的漫长过程中，智能的增长与逐步积累的常识知识密切相关。于是，以表征为基础的常识知识的重要性突现出来，

以解决计算机的常识知识为目的，围绕表征方式的智能研究线索逐步展开。

最先认识到常识知识重要性的是约翰·麦肯锡（John McCarthy）。他在1959年发表的一篇名为"具有常识的程序"的论文中就已经认识到了常识知识对于智能程序的重要性。他指出，只有具有大量的常识知识以及知识之间的相互关系，才能进行更为有效的演绎推理。在发表于斯坦福大学的他的个人主页上的名为"人工智能是什么？"的文章中，麦肯锡总结了人工智能研究取得进步所依靠的四种方法，其中有两种方法与计算有关，"确立理性的机制"以及"设计更好的运算法则去进行科学探索"，而另外两种方法则与表征有关，即"通过逻辑规则和其他适当的方法来描绘真实世界中各种各样的知识"以及"正确地表征人们在日常推理过程中用到的那些概念"。[①] 此外，麦肯锡还认识到常识知识与情景（situation）之间的内在关联。为此，他提出了影响人工智能研究以及表征理论的两个重要概念："情景演算"（situation calculus）与"框架"（frame）。情景演算"需要首先明确当前状态（也就是要明确与特定状态相联系的各项事宜），并利用特定规则将当前状态转换为另一种全新的目标状态"；[②]而他与海斯（Patrick Hayes）共同发明的框架是"一种用于帮助对当前状态中各种信息组织情况进行解释的概念"。[③]"一个框架是由一系列在一种特定的状态下固定不变的事物组成的。"[④]麦肯锡相信，框架不仅能够用于拟订适当的计划，同时也能够将那些看起来与规则有些出入的实际情况进行合理的组织编排。麦肯锡将这个原则称为"界限"，它可以反映人们在日常生活中进行合理设想以便实现目标的行为。[⑤]在此，情景演算与框架概念中的"特定状态"事实上就是早期应用于人工智能表征的语境描述。可见，在最早关于常识知识的理论中，人们就已经认识到了表征方式与语境之间的内在联系，只是没有用明确的语境语言对之加以概括。从此，框架这种组织常识知识的理念被人工智能界普遍接受，虽然具体的表征方式不断改进，但组织常识知识的架构一直被沿用。并且，语境因素在框架描述中的作用也随着表征理论的发展而逐步突现。可以说，从麦肯锡开始，人工智能领域开始认识到表征在智能实现中的重要作用，不仅以表征为线索开展智能研究，而且在一定程度上认识到语境与智能之间的内在关系。

同样，在20世纪60年代，作为人工智能的重要组成部分，机器人研究领域认识到，只有通过自身与环境之间的交流和沟通，机器人才有可能表现出类似于人类的智能化行为。在这一问题上，马文·明斯基（Marvin Minsky）和麦

①②③④⑤［美］哈里·亨德森. 人工智能——大脑的镜子［M］. 侯然译. 上海：上海科学技术文献出版社，2008：46-51.

肯锡一样，他们都认为，机器人（或者计算机程序）需要通过一种合适的方法来组织知识并建立一个有关世界的基本认知模型。并且，明斯基发展了麦肯锡的框架概念，于1974年在《一种用于表征知识的框架》中具体提出他自己的“框架”概念以及框架之间的关系和结构，这一概念成为后来构建专家系统和知识工程的关键环节。[①]至此，表征在人工智能中获得了与计算同等重要的地位。

20世纪70年代，以问题求解为目的的编程使人们逐步认识到，一个智能系统求解问题的能力既需要某个领域的专业知识，也需要对这些知识采取有效的形式化方法和推理策略。以爱德华·费根鲍姆（Edward Feigenbaum）为代表的专家系统（expert system，ES）研究领域，致力于在特定领域为那些需要专家知识才能解决的应用问题提供具有专家水平的解答。早期的专家系统中，领域专家知识和运用这些知识的算法紧密交织在一起，不易分开，知识系统一旦建成，便不易修改，而事实上专家知识和经验却总在改变。这使得建造一个专家系统的工程量非常巨大，编程人员常常要把大量的时间和精力花费在与被模型化的问题领域毫无关系的系统实现上，其花费常常以多少“人年”来计算。此外，以问题求解为目的的程序开发主要涉及表征技术和搜索技术。表征技术主要解决如何将问题求解形式化，并使之易于求解；而搜索技术则研究如何有效地控制求解的搜索过程，使之不要浪费太多的时间和空间。然而，人们很快便意识到，由于计算机计算能力和可用存储资源的局限，如果单个程序能够处理的问题越广泛，那么它处理具体问题的能力就越差。宽度与深度的矛盾成为人工智能面临的棘手问题。这种现状迫切需要把专家系统构建提高到工程的高度来认识。为此，麦卡锡提出了“认识论工程”的概念，试图概括构建专家系统的有关技术和方法。费根鲍姆也在1977年的第五届国际人工智能会议上，以“人工智能的艺术：知识工程的课题及实例研究”为题，对知识工程做了全面的论述。人们认识到，要想减小工程量、提高系统的适应性并解决问题范围与处理程度之间的矛盾，就需要在开发专家系统的过程中采取将知识表征与推理机制相分离的机制。由此，便出现了当前专家系统的基本模式：专家系统＝知识＋推理。这一模式将一个专家系统分为知识库和推理机两个组成部分。知识库用于存放关于特定领域的知识，而推理机中的算法则用来操纵知识库中所表征的知识。目前的专家系统主要采用专家系统构造工具。在专家系统构造工具中，预先规定了知识表征形式并提供相应的推理机制。开发一个专家系统仅需要提供特定领

① ［美］哈里·亨德森．人工智能——大脑的镜子［M］．侯然译．上海：上海科学技术文献出版社，2008：61.

域的知识，并以工具所要求的知识表征形式表征出来。这种将知识库的开发独立于推理机的一个好处在于，知识库可以逐步开发与求精，在不对程序进行大量修改的情况下纠正错误并逐步更新。并且，一个知识库可以被另一个知识库所代替，从而形成完全不同领域的专家系统，使得已开发的推理机可以重复用于多个专家系统。从此，表征与计算便以相对独立的形式展开各自的研究。

专家系统的局限性在于仅能解决某个特定领域的智能问题。以道格拉斯·里南（Douglas Lenat）为代表的研究人员认为，要实现真正的智能，就必须构建一个大型的超级"知识库"，其中所包含的知识量要与一个受过高等教育的成人所掌握的知识量相仿。常识知识量的多少是决定一个系统智能程度的主要因素。因此，从 1984 年开始，一个以大百科全书（encyclopedia，Cyc）计划著称的常识知识工程开始了漫长的研究历程。里南毫不避讳地指出，这个项目的成功概率是很低的。因为它具有各种各样的局限，而最为关键的是："我们该如何来表征时间、空间、因果关系、物体、设备、事物和意图等各种要素呢？"[①]在这一问题上，Cyc 沿袭了框架的表征方法来组织和描述各种常识知识以及这些知识之间的关系。人工智能研究进入语义阶段之后，已经开发了近 20 年的 Cyc 为了适应互联网和自然语言处理（natural language processing，NLP）的发展需求，逐步引入了语义处理方法。

通过上述对人工智能发展历程的回顾，不难看出，表征和计算是人工智能的核心与基础。只有以表征和计算为切入点，才能对建立在形式系统之上的人工智能在发展过程中遇到的瓶颈问题有一个清楚的认识和把握。并且，以表征和计算为基础，人工智能在广阔的应用领域和实现真正意义上的智能的研究领域展开研究。

二、为什么用语境论来分析人工智能

用语境论来分析人工智能是多学科交叉发展的历史必然，这主要体现在以下三个方面：

（1）现阶段，人工智能学科自身的发展出现了某种程度的停滞，智能模拟的各种瓶颈都落在语境问题上，现有范式理论已难以适应或指导人工智能的进一步发展。以问题解决为核心，用语境论思想来分析人工智能便成为一种现实

① [美] 哈里·亨德森. 人工智能——大脑的镜子 [M]. 侯然译. 上海：上海科学技术文献出版社，2008：91.

需求。

（2）从历史上看，学科之间，由语言哲学带动语言学、进而带动人工智能科学发展的历史表明，在人工智能的范式发展问题上，借鉴语境论的研究成果有其历史必然性。

语言哲学的发展经历了从语形学到语义学，再到语用学的过程。并且，以语境论为基底，是“从语形、语义和语用的结合上去探索语言哲学发展的新趋势”①。在语言哲学迈入语义研究的很长一段时期内，语言学家们依然专注于语形学的语法研究。直到他们认识到语形研究无法解决语言意义理解问题之后，才开始关注语言哲学中的语义学。“哲学的语义研究对语言学的语义研究曾经产生过、并且至今仍产生着深刻的影响，这是不容否认的事实。这只要看一下现代语言学的语义研究中的不少基本范畴、术语和分析方法，都借鉴了哲学家、逻辑学家的研究成果，就非常清楚了。”②之后，语言学跟随在语言哲学之后，进一步引入语用学及语境思想来研究语言问题。人工智能领域，在表征从计算中分离出来之后，人们发现要解决智能机器对人类自然语言的理解，仅仅通过语形分析还远远不够。为此，人工智能科学家与语言学家在智能理解的表征领域展开跨学科研究，引入语言学中的语义表征方法，进而又认识到语用因素以及语境描写方法对于语义理解的重要作用，因此跟随在语言学研究之后，逐步引入语义、语用及语境等处理方法。这样，由语言哲学带动语言学，语言学进而带动人工智能的学科交叉研究的发展线索便呈现出来。

智能互联网从“语形网”到“语义网”，再到“语用网”（pragmatic web）的发展路径，就是人工智能借鉴语言哲学和语言学中语境论思想的结果。在人工智能进入语义阶段之后，由语言学家菲尔墨（C. Fillmore）主持的大型框架语义知识库的构建工程“框架网络”（framenet）中引入了语境描写方式，因特网的发展也由预先的“语形网”进入“语义网”研究阶段，并提出了“语用网”研究概念，取得了一定的进展。然而，人工智能在语义理解问题上仍然无法取得突破性进展，无论是人工智能表征还是人工智能计算，都卡在语境问题上。语境问题成为制约人工智能继续发展的瓶颈，在人工智能研究范式的发展问题上借鉴相关的哲学思想便成了现实需求。

从理论认识的高度来看，语言哲学无疑是最为深刻的。因此，在人工智能发展的现阶段，吸收语言哲学中的语境论思想来推进人工智能研究，或者说用

① 郭贵春．论语境［J］．哲学研究，1997，4：46.

② 徐志民．欧美语义学导论［M］．上海：复旦大学出版社，2008：4.

语境论思想来指导人工智能的发展是非常必要的。

（3）语境论世界观在自然科学和社会科学的各个学科发展中的逐渐显现，使得用语境论世界观和语境分析方法去解决存在于人工智能中的各种问题成为一个不容否认的趋势。

“随着语境观念在当代思维领域中的普遍渗透，一种语境主义世界观（contextualism as a world view）逐渐显现在自然科学和社会科学各个学科的发展中。”“语境观念从‘言语语境’扩展到了‘非言语语境’，包括‘情景语境’‘文化语境’和‘社会语境’。”自此，语境思维便具有了世界观的特性。[①]用这种语境主义世界观来审视人工智能的智能模拟问题，可以看出，言语语境与非言语语境都是制约人工智能进一步发展的瓶颈所在。因此，“把语境作为语形、语义和语用结合的基础”[②]，用语境主义世界观和语境分析方法去解决存在于人工智能中的各种智能模拟瓶颈，是一个不容否认的趋势。这一趋势不仅是现实的，同时也具有历史的必然性，这也是语境论有可能成为人工智能研究范式的基础。

三、为什么人工智能的范式发展趋势为语境论范式

一谈到人工智能范式，人们首先想到的就是符号主义和连接主义[③]两种主导范式。而行为主义在人工智能中仅是智能机器人的研究范式，并没有真正成为与前两种研究范式一样指导整个人工智能学科发展的主导范式。但由于其理念与心理学和哲学中的行为主义思想非常类似，因而在心灵哲学和认知心理学领域常常将其与前两种范式相提并论。尤其是哲学领域在讨论范式问题时，相关的核心问题都是在人机类比基础上涉及对心理的表征问题。这种范式研究着重解决计算机如何模拟和表征人的心理，从而使计算机智能更加接近人的智能。也就是说，它们主要解决的是心理表征的计算机实现问题，而不是从人工智能学科发展的角度来审视范式发展问题。因此，本书通过对表征和计算这两个核心概念在不同领域的含义进行分析，进而明确了人工智能范式自身发展的核心所在。

在此基础上，本书进一步指出，当前人工智能发展已突破现有范式理论，表现出一种融合趋势，但仍无法形成一种明晰的发展路径。现有范式都殊途同归地落在语境问题上，语境论是对这种发展趋势最恰当的概括。

---

① 殷杰．语境主义世界观的特征［J］．哲学研究，2006，5：94.

② 郭贵春．论语境［J］．哲学研究，1997，4：46.

③“连接主义”在心灵哲学中通常译为“联结主义”，二者的英文表述同为 connectionism。

1. 符号主义

符号主义是基于纽厄尔（Allen Newell）和西蒙（Herbert Simon）的物理符号系统假说之上的。符号主义认为，“符号是智能行动的根基，这无疑是人工智能最重要的论题”。[①]“一个物理符号系统是由一组叫做符号的实体组成的，这些实体是一些物理模式，可以作为另一种叫做表达式（或符号结构）的实体的分量而存在。”[①]物理符号系统是一架机器，它产生出一个随时间而演化发展的符号结构集合体。对于实现一般智能行动而言，物理符号系统具有必要的和充分的手段。所有信息都是为一些目的服务而由计算机加工的，而我们衡量一个系统的智能水平，是看它在面临任务环境所设置的种种变动、困难和复杂性时，达到规定目的的能力。系统具有智能行动的必备条件是复合型的，因为任何单个的基本事物都不能说明智能的全部表现。正如不存在能通过自己的特殊性质表示生命实质的“生命原理”一样，也不存在任何“智能原理”。智能在构造上必备的一个条件就是存储和处理符号的能力。作为符号主义范式的基础假设，“物理符号系统假设显然是一个定性结构定律，它规定了系统的一般类别，在这些系统中我们会看到那些具有智能行动能力的系统”。[①]这是一个经验假设。“物理符号系统具备智能行动的能力，同时一般智能行动也需要物理符号系统。”[①]符号系统假设表明，人类之所以有符号行为，是因为人类具有物理符号系统的特征。因而，为带有符号系统的人类行为建立模型所做努力的结果就成了该假设证据的重要部分。关于智能活动——无论由人还是由机器——究竟是怎样完成的，没有可与之抗衡的专门假设。[①]

以上述思想为基础，符号主义范式的发展体现出从语形阶段到语义阶段，再到语用阶段的历史过程。并且，在各个层次的意义问题上，语形、语义和语用三个平面在语境基底上共同决定符号表征的意义，难以完全割裂开来研究，这是以分解方法为基础的符号主义范式面临的最大困境。

2. 连接主义

连接主义（connectionism）由麦卡洛克（Warren McCulloch）与皮茨（Walter Pitts）提出的关于神经元的数学模型发展而来，认为人工智能源于仿生学。以整体论的神经科学为指导，它试图用计算机模拟神经元的相互作用，构建非概念的

---

① A. 纽厄尔，H. A. 西蒙 . 作为经验探索的计算机科学：符号和搜索 . 人工智能哲学［C］. 上海：上海世纪出版集团，2006：115-127.

表述载体与内容，并以并行分布式处理、非线性映射以及学习能力见长。

在连接主义的心理表征观认为，心理表征是层叠式的分散表征，即同一个表征资源可用来记忆无数多的心理表征。心理过程是大量运算单位的动力机制，即运算单位的激活程度及运算单位间的联结强度的变化过程。所以，运算过程是用运算单位层次的动力行为来描述其特性的。其心理表征可以是组合性语法结构，但却与心理过程的因果机制没有关系，是一种分布式表征的结果。[①]

在连接主义范式中，编程人员针对不同语境构建不同结构的连接主义程序，从而满足特定语境下的应用需求。一旦语境前提发生改变，该程序便失去应有的智能功能，这使得连接主义从一开始便是以语境为基础的。并且，连接主义程序的运行结果是由不断变化着的计算语境决定的。因此，连接主义自身的语境特征决定了其难以形成统一的方法论认识。

3. 行为主义

在行为主义范式下，智能行为产生于主体与环境的交互过程，其研究目标是制造在不断变化着的人类环境中，使用智能感官与外界环境发生相互作用的机器人。在这一方法中，物理机器人不再与问题不相关，而是成了问题的中心，日常环境被包括进来而不是被消除掉，离开语境，机器人便表现不出任何智能特征。可见，行为主义智能是根植于语境的。

4. 范式融合趋势

关于人工智能范式发展趋势问题，其中的一种流行看法是，符号主义范式与连接主义范式并不是根本对立、水火不容的，是可以统一起来的。这是因为：①它们都是计算机隐喻的结果。从计算机隐喻出发，产生了两种不同的心智研究范式。②它们在心智研究中具有互补性。因为脑内的信息处理，既有并行的处理过程，也有串行的处理过程。因此，将符号系统模型和连接主义模型结合的主张是合理的。从系统论的角度看，符号主义范式的黑箱最终会递归到大脑神经元。[②]

另一种范式融合观是兼容人工智能三大范式的“机制主义”。机制主义指出，尽管各种具体智能系统在结构、功能和行为方面千差万别，但是智能生成

---

① Wilson R A，Keil F C. The MIT Encyclopedia of The Cognitive Science［K］. Cambridge：The MIT Press，1999：186.

② 商卫星 . 论认知科学的心智观［D］. 武汉大学博士学位论文，2004：68-71.

的共性机制都是“信息—知识—智能”转换，其中“信息—知识”转换反映“认识世界”过程的规律，“知识—智能”转换反映“改造世界”过程的规律。机制主义认为，在认识论范畴，“信息”不是简单的一维系统而是由“语法信息、语义信息和语用信息”构成的三维“全信息”系统；“知识”也不是一成不变的固定系统，而是由“经验知识、规范知识和常识知识”构成的知识生态系统。机制主义的研究发现，“结构主义”的智能生成机制可表示为“信息—经验知识—智能”转换，“功能主义”的智能生成机制可表示为“信息—规范知识—智能”转换，“行为主义”的智能生成机制可表示为“信息—常识知识—智能”转换，三者可在“机制主义”的框架下实现统一。此外，与“智能”生成机制相似，“情感”生成机制也是“信息—知识—情感”转换，且情感与智能之间存在深刻的相互作用。[①]

然而，本书认为，这两种融合观都没有恰当体现出当前人工智能范式发展的主要特征。通过对现有范式理论的梳理发现，语境论观念就内在于人工智能发展过程中。并且，人工智能中的语境观念从“言语语境”扩展到了“非言语语境”，包括“情景语境”“文化语境”和“社会语境”。所有问题都围绕语境问题展开是现阶段人工智能的最大特征。人工智能已突破现有范式理论的局限，围绕智能模拟的语境问题逐步走向融合。由此判断，人工智能的范式发展趋势为语境论范式，以现有范式理论为基础的人工智能语境论范式将是下一阶段人工智能发展的主要趋势。

在梳理人工智能范式发展的过程中，笔者深刻体会到概念研究对于人工智能哲学的重要性。要想真正从人工智能哲学视角来分析范式发展趋势问题，必须首先区分相关核心概念在人工智能哲学领域、心灵哲学领域以及相关心理学领域的区别。因此，本书从最为核心的表征概念和计算概念入手，在阐述相关概念在人工智能哲学领域的含义的同时，找到当前人工智能领域发展的瓶颈所在，并沿着表征和计算这两条脉络来认识现有范式中存在的问题，提出人工智能语境论范式来概括人工智能的发展现状，进而用人工智能语境论范式来理解智能机器人研究范式和预测未来人工智能的发展趋势。

第二节　什么是人工智能语境论范式

本书第二部分论述什么是人工智能语境论范式，具体又可以分为“人工智

---

① 钟义信．机器知行学原理：信息、知识、智能的转换与统一理论［M］．北京：科学出版社，2007.

能语境论范式的思想内核、人工智能语境论范式的特征及研究人工智能语境论范式的意义”三个方面。

1. 人工智能语境论范式的思想内核

人工智能语境论范式认为，人工智能的智能程度取决于对不确定和非结构化的语境问题的处理能力。对于一般智能而言，语境论具有必要的和充分的手段。所谓“必要的”，是指任何表现出一般智能的系统都必然以诸多语境要素为基础，并以解决各种语境问题为目的；所谓“充分的”是指，任何可以解决足够多语境问题的系统都可以认为是具有智能的。在此，本书用“一般智能”来表示与我们所熟知的人类智能功能相同的各种智能：在任一真实语境中，在不限定智能生成机制的前提下，对该系统目的来说是恰当的、并与环境要求相适应的智能表现。并且，这种智能表现发生在一定的速率和复杂性的限度之内。

2. 人工智能语境论范式的主要特征

人工智能语境论范式的最大特征就是所有问题都围绕语境问题展开，人工智能研究由理论的分析类型进入合成类型。具体表现为：

（1）围绕表征语境展开研究，对基于人类语言的高级智能进行模拟，使计算机具有一定程度的语义理解能力，是语境论范式的一个主要特征。表征语境的核心问题在于难以对某个对象建立完整的描述体系，对一个对象进行的语义描述，在语境发生变化时就不再适用。

（2）在计算语境方面，基于结构模拟和功能模拟的计算网络在很大程度上是由计算语境决定的，围绕计算语境展开研究，将是语境论范式的又一重要特征。计算语境的核心问题在于对特定语境的依赖使计算程序的应用非常局限，很多智能功能是由计算语境决定的，离开某个特定语境，程序就不能表现出任何智能特征。

3. 研究人工智能语境论范式的意义所在

（1）语境论范式的提出，并不是对已有范式理论的否定，而是对已有范式在现阶段关注的核心问题的改变、表现出的新特征以及出现的新技术进行的一种全新概括，是对已有范式理论的提升。它从人工智能的核心问题入手，突破现有范式理论的局限，对人工智能的发展现状以及未来的发展趋势做出合理判断，并为人工智能的进一步发展提供理论依据。

（2）将人工智能领域的语境问题区分为表征语境和计算语境。二者虽然都是语境问题，但各自的特征以及运行机制却不相同。只有对这两种语境做出区分，才有利于更好地理解和把握人工智能范式的发展趋势。

（3）在人工智能中，作为状态描述的表征与作为过程描述的计算密不可分，表征语境与计算语境也应密切相关。语境论范式为这两种语境提供了一种整体论视角，使二者围绕智能模拟的语境问题走向融合，并在这种融合中实现优势互补。这也是语境论范式可以突破现有范式理论的关键所在。

第三节　人工智能语境论范式的充分性

本书第三部分论证人工智能语境论范式存在的充分性，通过对未来量子光学计算机中光学语言与量子计算中的语境问题以及对制约强人工智能实现的核心问题（框架问题、常识知识问题等）进行分析，认为人工智能将长期围绕语境问题展开研究，人工智能语境论范式也将会长期存在。

具体而言，该部分主要从以下两个方面来论述人工智能语境论范式的发展前景：

首先，该部分以诺尔蒂的《光速思考》为基点，用语境论思想从表征、计算和语境三个角度对光机理论进行分析并指出，未来的量子光学计算机的光学语言与量子计算同样会面临语境问题，因此光机智能也无法超越人类智能。

其次，该部分用语境论思想对制约强人工智能实现的核心问题（框架问题、常识知识问题）进行分析，认为人工智能将长期围绕语境问题展开研究，人工智能语境论范式也将会长期存在。人工智能语境论范式不仅鲜明地概括出当前人工智能所面临的核心问题，而且为分析、解决这些问题提供了认识上和方法上的指导。

上述两个方面是人工智能语境论范式研究的充分性。

第四节　人工智能哲学的研究进路

要用语境论来分析人工智能范式的发展趋势，就需要先厘清什么是人工智能哲学。历史上看，对人工智能的哲学反思基本上是沿着自下而上和自上而下两条进路展开的。

自人工智能研究领域确立以来，由于计算机技术的发展还不能完全适应人工智能研究的需要，人工智能科学家们对于未来人工智能的发展提出了各种基于科学研究的理论设想与认识，并陆续发表了一大批可以直接指导人工智能实践发展的具有哲学思考性质的论文。这就是关于人工智能哲学的自下而上的研究路径。

与此同时，人工智能的出现重新点燃了心灵哲学对于心身关系的大讨论。如果强人工智能可以实现，二元论与一元论长达几个世纪之久的争论便有了结果。于是以解决心灵哲学问题为目的，哲学家们沿着自上而下的进路来审视和讨论人工智能问题。

研究目的的不同，造成两条研究进路关于人工智能的哲学反思难以形成体系。此外，人工智能内部符号主义范式与连接主义范式之间的竞争，一定程度上导致了人工智能学者在抽象的哲学认识层面上用心灵哲学的语言来表述人工智能问题，并对人工智能研究的可能成果用模棱两可的语言片面夸大；各种流派的一些心灵哲学家在阐述智能问题时晦涩难懂的抽象概念以及欲言又止的描述，虽然可以自圆其说，但却误导读者产生错误的联想。种种因素引发的争论使得关于人工智能哲学的研究有些混乱。这种混乱主要表现为：在认知科学的大框架下，人机类比使得智能的含义以及表征与计算的含义在心灵哲学领域和人工智能领域似是而非。其中，以下两种思想流派是引发这种现象的主要根源。

（1）以美国密歇根大学计算机与通信科学系教授勃克斯（A. W. Burks）提出的逻辑机器哲学（philosophy of logical mechanism）为代表的思想流派。

这种计算主义哲学主要探讨计算机与人、计算机与社会、计算机与心智、进化与意向性、生物学与自动机、自由意志与决定论等问题。其中心论题就是他所谓的“人＝机器人论题”（man=robots thesis），也叫做“心灵－机器论题”（mind-machine thesis）。该论题提出：一个有穷自动机（机器人）可以实现人的一切自然功能吗？

勃克斯认为，就计算机科学和人工智能研究现状看，人们还难以对该论题做出肯定或否定的回答，只能做出哲学的思考和推断。他给出的答案是：有穷决定论自动机能够行使人的所有功能。这个答案包括以下几个方面的含义：

一是它的决定性方面。一个自动机之所以是决定性的，是因为它的输入决定输出。勃克斯认为，伪随机性序列和决定性序列同样都适合于编制用以行使人的自然功能的计算机程序。如果概率自动机可以行使人的所有功能，那么决定性自动机同样能够行使人的所有自然功能。

二是它的有穷方面。一个自动机之所以是有穷的，是因为它由有穷的离散时刻组成。有穷自动机能够行使人的所有自然功能。

三是机器人可以像人那样具有感情和情绪。关于“自动机情人”的假设，勃克斯认为，我们所关心的只是机器人能不能具有谈情说爱的行为，而不是关心它能不能意识到自己在恋爱且堕入情网。存在这样一个有穷决定性自动机，当接通这个“自动机情人”的输入–输出装置时，就其行为看起来像一个真的情人一样，它完全能够满足其计算的要求。从这个意义上讲，构造“自动机情人”是可能的。他还指出，我们每个人都有一个在行为上与之等效的有穷自动机。显而易见，这个思想不仅包括而且超越了莱布尼兹关于人们的所有推理都能被还原为数字计算的观点。

四是必须对机器人能否拥有意识做出回答。在机器人能不能像人那样具有意向性的问题上，勃克斯认为，机器人不仅可以在外在方面（即行为主义方面）实现人的功能，而且可以在内在方面（即反思和内省的现象学方面）实现人的功能。据此，他“直觉地感到，人的一切功能都可以程序化”。对于如何将欲望置入机器人的问题，他认为，从原则上讲，可以通过分配权重到各个目标（欲望），通过引入解决目标（欲望）之间冲突的机器标准，设计人员能够处理将欲望置入机器人的问题。说到底，人的欲望既包括信息因素，又包括控制因素，在这一点上，人与机器有共同点。显然，勃克斯对意向性以及有关概念的分析与传统哲学的观点是相左的。

此外，关于机器人是不是具有意识的问题恐怕是当代哲学中最有争议的问题之一了。要使“人 = 机器人论题”成立，必须阐明这一问题。勃克斯的做法是：把意识分为“功能性意识”和“直接经验”两个方面，并提出了论证功能性意识能够由机器人模拟的实验步骤。[①]

总的来看，逻辑机器哲学及其“人 = 机器人论题”显然是基于功能主义的心智计算观的。然而，这种观点越来越不能适应计算机科学与人工智能的迅猛发展，逻辑机器哲学以及“人 = 机器人论题”也不断地受到来自各方面的质疑和挑战。

（2）以美国拉特格斯大学心理学系和认知科学中心主任泽农 · W. 派利夏恩（Zenon W. Pylyshyn）提出的“认知是一种计算”业已成为认知科学领域的一个基本假定。

这个假定认为：对心智最恰当的理解是将其视为心灵中的表征结构以及在

① 勃克斯. 机器人与人类心智［M］. 游俊等译. 成都：成都科技大学出版社，1993.

这种结构上操作的计算程序，即“理解心灵的计算—表征假定”。其核心命题是，认知是一种计算形式，计算是心理行为的实际模型而不仅仅是模拟。在派利夏恩看来，对心理状态的语义内容加以编码通常类似于对计算表征的编码。由此，他提出了著名的“计算隐喻”，即人类以及其他智能体实际上就是一种认知生灵、一种计算机器。为此，他引入了一个作为认知模型的计算概念，并进一步解释说，如果一个计算机方案可以被视作认知的模式，那么这个方案就必须与人们在认知过程中实际所做的方案对应。也就是说，这两个过程应该由同样的方式形成。

他认为，人的认知与计算之间存在着很强的等同性，但由于计算的机械基础和人的生物学结构的原因不同，只有通过功能建构的方案来解释。由此，他还定义了认知科学的三个解释层面：功能建构层面、代码及其符号结构的层面以及代码的寓意内容层面。①

而派利夏恩对计算概念抽象而含混的定义是“认知是一种计算”得以成立的基础。他在《计算与认知——认知科学的基础》一书中论述道：“在认知心理学中，解释的恰当性依赖于一种更强意义上的等价，具体地说依赖于在某个适当的抽象水平上知道的过程的细节。那么，究竟是什么使得计算成为完成这一任务的适当的工具？为了给出讨论这一个问题的框架，我们先从比较抽象的观点来看一看计算。这样做有助于进一步弄清两种关系之间的相似性……如果我们在一个相当一般的水平上理解计算，我们将会看到，心理过程是一种计算的想法实际上是一个严肃的经验性的假设而不是一个隐喻。”②这种对核心概念似是而非的描述使派利夏恩在该书中提到的主要观点得以自圆其说。

毫无疑问，派利夏恩的认知计算观是迄今为止在理论上最受关注的哲学论述之一。然而，它的局限性也很明显。自 1984 年他提出这一观点以来，认知的计算观不断受到严重质疑，从塞尔（John Searle）的“中文屋”到彭罗斯（Roger Penrose）的“皇帝新脑”，怀疑的观点从未间断过。20 多年来，对这一观点的批评之声不绝于耳，然而，这种认知计算观作为认知科学核心假定的地位一直没有被彻底推翻。但这种过于抽象的哲学认识对于认知科学中各学科的具体研究来说并没有多少实质性的理论指导意义，派利夏恩只是在恰当的时机用恰当的方式提出了一个能引起广泛关注的论题。

---

①［加］泽农·W. 派利夏恩．计算与认知——认知科学的基础［M］．任晓明，王左立译．北京：中国人民大学出版社，2007：译者前言，2-14.

②［加］泽农·W. 派利夏恩．计算与认知——认知科学的基础［M］．任晓明，王左立译．北京：中国人民大学出版社，2007：59.

在认知科学的大框架下，哲学家们从各个学科中自上而下概括出的抽象认识在一定程度上推进了认知科学及其各研究领域的发展。然而，各种反对的声音表明，这类过于抽象且似是而非的认识在某种程度上也误导了人们对各研究领域的正确理解，尤其是对于人工智能学科的发展并没有起到实质性的借鉴作用。

直到今天，人工智能哲学还没有形成系统的研究体系，甚至对于“人工智能哲学”这一概念，大多数著名的词典以及论著中也没有给出过令人信服的明确定义。玛格丽特·A. 博登曾经出版过一本名为“人工智能哲学”（*The Philosophy of Artificial Intelligence*）的论文集，这大概是最早的明确以“人工智能哲学”为题的出版物。但该书仅仅是将人工智能发展过程中最具影响的一些文章集中起来，主要关注的还是人工智能问题。对于“人工智能哲学”，博登只是在导言部分似是而非地提到：“人工智能哲学（这里把人工智能看做是一般性的智能科学）同心灵哲学、语言哲学以及认识论紧密相连，同时又是认知科学哲学，特别是计算心理哲学的核心。”① 虽然如此，该书的出版仍旧具有重大意义。毕竟，它首次为“人工智能哲学”正名，承认这一学科研究领域的存在。

作为一个新的科学哲学分支，在人工智能哲学尚未发展成形的现阶段，我们很难给其下一个准确的定义。但我们应该有一个最基本的认识，那就是人工智能哲学应该是对人工智能的一种哲学反思。它既不同于心灵哲学，更不应作为心灵哲学的附属品而存在。对人工智能哲学进行研究，应该像研究数学哲学、物理哲学和化学哲学等其他科学哲学那样，从理解人工智能领域的基本理论和发展脉络入手，只有这样，才有可能形成独立的学科体系。

并且，人工智能学科发展有其自身的科学规律，并不以心灵哲学关注的问题为导向。自上而下的哲学认识虽然可以为人工智能发展提供理论借鉴，但心灵哲学本身的问题至今仍没有形成统一的认识。如果不从人工智能学科自身的发展脉络入手，找到其发展过程中的症结所在，就不可能用恰当的哲学思想对其加以认识，更谈不上提供有价值的哲学指导。

人工智能虽然是一个涉及多领域的交叉学科，在不同时期着重解决不同的问题，但其在发展过程中却呈现出清晰的发展脉络。对这种发展脉络的把握，是人工智能哲学研究的基础。只有将自上而下的哲学思想与自下而上的哲学反思相结合，才能形成恰当的人工智能哲学认识。也只有在这样的人工智能哲学视野下，才有可能对人工智能范式的发展趋势做出合理判断。

---

①［英］玛格丽特·A. 博登. 人工智能哲学［C］. 刘西瑞，王汉琦译. 上海：上海世纪出版集团，2006：2.

第一章 现有范式理论的局限

自从托马斯·库恩（Kuhn）在《科学革命的结构》中提出“范式”（paradigm）的概念之后，范式作为科学共同体的公认模式，代表了某个学科在某个科学发展阶段研究问题、观察问题、分析问题和解决问题所使用的一套概念、方法及原则。范式的出现有其积极意义的一面，但也可能由于思维模式的相对固化而影响学科的发展。人工智能作为计算机科学的一个分支，从其出现至今也只不过短短60多年的时间，然而，却经历了符号主义（symbolism）、连接主义（connectionism）和行为主义（behaviorism）等三种主导性范式[①]。如今，在人工智能领域出现了这三种范式“三分天下”的局面，人工智能学科将何去何从成为认知科学领域关注的焦点。

第一节 符号主义范式存在的问题

符号主义又称逻辑主义（logicism），其原理主要为物理符号系统（即符号操作系统）假设及有限合理性原理[②]。从1956年正式提出人工智能学科起，符号主义逐步发展出各种搜索算法、机器定理证明、知识工程、专家系统、推理技术、知识获取、自然语言理解和机器视觉研究等成果，为人工智能的发展做出

① 蔡自兴，徐光祐．人工智能及其应用［M］．第三版．北京：清华大学出版社，2004：1.
② 蔡自兴，徐光祐．人工智能及其应用［M］．第三版．北京：清华大学出版社，2004：9.

了重要贡献。尤其是专家系统的成功开发与运用，对人工智能走向工程应用具有重要意义。然而，由于知识表示、知识获取的困难以及巨大的计算量等问题，符号主义观点与方法的局限性也逐渐暴露出来。

一、符号主义表征理论的局限

符号主义认为，人的认知基元是符号，认知过程即符号操作过程，而计算机是一个形式化的符号加工系统，因此，可以用计算机来模拟人的智能行为和认知过程。并且，知识可用符号进行表征和推理，它是构成智能的基础，因而有可能建立起基于知识的人类智能和机器智能的统一的理论体系。由此，人工智能的核心问题就成为知识表征、知识推理和知识运用问题。然而，常识知识工程的失败说明，整体性情境表征是符号主义所不能穷尽的，[①]背景知识中所包含的技能性因素是无法用符号形式予以表征的。[②]这样，符号主义人工智能不得不从整体转向局部，针对专家系统展开研究，从而走向人工智能的工程应用领域。

以表征和计算为基础，符号主义在现阶段最大的问题就是如何提高计算机的智能程度。由于大规模数据库和互联网发展迅速，规模不断扩大，现有的“查询检索技术无法为用户提供有利于其查询目标的结论性信息”，“知识获取仍是专家系统研究的瓶颈问题”[③]。西蒙曾总结出的一条定性结构定律认为，确切的自然语言的翻译，不仅要求具有词汇和语法的知识，而且需要语义知识的实在的体系，从而提供解决歧义性的语境。[④]由此，从符号表征方面入手，为解决知识获取所面临的困境，自然语言处理从语形阶段迈向语义阶段成为当前符号主义提高计算机智能程度的核心问题。

然而，在语义技术发展到一定程度之后，我们发现，它依然无法解决常识知识带来的困扰，只能在专家系统和搜索引擎中发挥一定的作用。也就是说，即使自然语言处理发展到语义阶段，实现了对自然语言的语义理解，也只能在有限的程度上提高计算机智能，无法解决符号主义所面临的根本问题。

---

① Dreyfus H. What Computers Still Can’t Do? Rev. ed. Cambridge：The MIT Press，1992.

② Dreyfus H，Dreyfus S. Mind Over Machine：The Power of Human Intuitive Expertise in the Era of the Computer. New York：Free Press，1986.

③ 蔡自兴，徐光祐 . 人工智能及其应用［M］. 第三版 . 北京：清华大学出版社，2004：21.

④ 戴汝为 . 从现代科学技术体系看今后人工智能的工作［J］. 计算机世界报，1996，50：1-6.

二、符号主义计算理论的局限

符号主义方法论认为，人工智能源于数理逻辑，人工智能的研究方法应该是功能模拟方法。功能模拟通过对人类认知系统功能的分析，用计算机模拟的方法来实现人工智能，并力图用数理逻辑方法来建立人工智能的统一理论体系。① 然而，目前的符号主义都是基于知识表征之上的数值计算和推理计算的，这使得计算能力和推理能力在很大程度上取决于底层的知识表征结构。在实践中我们可以发现，人类自身具有很强的“容错”能力，对于没有表述清楚或表述完整的内容，人们很容易运用自己的智能和经验将其完整化，自然地进入到下一个事件中去。也就是说，人与人之间的沟通是在“强容错”的条件下完成的。并且，人类很大一部分知识都是不可形式化的，人类思维中的很多推理也是不严密的，存在一定的主观程度上的不确定性。而现有的不确定性算法中，无论是符号主义还是后面将要提到的连接主义和行为主义，都局限于处理一些关于客观世界的确定性前提下的纯数学的不确定性问题，是一种建立在确定性基础上的不确定性研究。也就是说，现阶段的不确定性计算只能模拟人类思维中具有逻辑性和可计算性的那一部分，还不能从根本上脱离纯粹的数学方法，基本上没有涉及过对主观原因所造成的不确定性进行处理的方法，只是在一些算法中以先验参数的形式做过一些简单的讨论。因此，格式化的知识表征形式和有限的计算能力，使得建立在符号表征基础上的、以确定性数值计算和数理逻辑推理为主要计算方法的符号主义人工智能在模拟人类智能的很多方面都存在方法论障碍。

此外，在有关系统的研究中，人们越来越清楚地认识到，像人工智能这样的复杂系统，其复杂程度一方面取决于系统本身，另一方面取决于系统的运行环境。从系统表征的发展来看，符号主义人工智能应用系统经过了从简单系统到复杂系统，进而到开放的复杂巨系统的发展过程。中国科学院院士戴汝为指出：“简单系统发展阶段的标志是控制论；复杂系统（包括自主的智能系统）发展阶段的标志是人工智能，这类系统体现了把专家的经验、知识注入系统中；开放的复杂巨系统（包括智能型开放系统）的研究尚处于开始阶段，这一阶段的标志是人机结合的大成智慧。这类系统体现了把群体专家的经验、知识等注入系统中。从简单系统向复杂系统的发展，系统由数学描述转为计算机程序描

---

① 蔡自兴，徐光祐．人工智能及其应用［M］．第三版．北京：清华大学出版社，2004：451.

述；从复杂系统向开放的复杂巨系统的发展，根本的问题则是方法论的改变。”[①]由此可以看出，方法论的转变对于符号主义的发展具有至关重要的作用。

第二节 连接主义范式存在的问题

连接主义又称为仿生学派（bionicsism）或生理学派（physiologism），其原理主要为神经网络及神经网络间的连接机制与学习算法。[②]连接主义认为，人工智能源于仿生学，特别是对人脑模型的研究。从1943年生理学家麦卡洛克和数理逻辑学家皮茨创立脑模型起，经过20世纪60~70年代的感知机（perceptron），20世纪80年代的硬件模拟神经网络以及多层网络中的反向传播（BP）算法，直至目前对人工神经网络（artificial neural networks，ANN）的研究，连接主义经历了从模型到算法、从理论分析到工程实现的发展历程，为神经网络计算机走向市场打下了基础。然而，这一按照生物神经网络巨量并行分布方式构造的各种人工神经网络并没有显示出人们所期望的聪明智慧来。

一、连接主义表征理论的局限

知识表征一直是符号主义研究的核心问题。人工智能的研究重点由符号主义存在性的精确表征转向连接主义构造性的近似描述，标志着一个新时代的开始。这种转变对后续研究的影响极其深刻，目前引起广泛关注的许多问题均源于此。[③]

许多学者认为，连接主义避免了知识表征带来的困难，因为其可以通过模拟大脑的学习能力而不是心灵对世界的符号表征能力来产生人工智能。但事实上，连接主义不是没有知识表征，它只不过采用了不同于符号主义的隐含表征方式。“在神经网络中，知识是由网络的各个单元之间的相互作用的加权参数值来表征的，这些加权参数可以是连续的”[④]。没有知识表征和不以显现的方式进行知识表征是截然不同的两回事。连接主义不仅以隐含的方式表征知识，也以隐含的方式进行推理。从这个意义上说，正如H. 德雷福斯所指出的那样，神经网络模型也不能完全逃避表征问题。因为计算机需要将那些对人来说是自然而

① 戴汝为. 从现代科学技术体系看今后人工智能的工作［J］. 计算机世界报，1996，50：1-6.
② 蔡自兴，徐光祐. 人工智能及其应用［M］. 第三版. 北京：清华大学出版社，2004：9.
③ 董聪. 人工神经网络：当前的进展与问题［J］. 科技导报，1999，7：26-29.
④ 李德毅，杜鹢. 不确定性人工智能［M］. 北京：国防工业出版社，2005，7：45.

然的东西用规则表征出来，而这并不比将人的知识和能力用物理符号系统表征出来更为容易。[①]隐含的表征和推理方式虽然使连接主义人工神经网络表现出了不同于符号主义的智能方式，但也带来了难以跨越的障碍，使之难以模拟符号主义范式下已经出现的大部分有效的智能功能。

此外，互联网是建立在符号主义范式之上的，经过这么多年的发展，在人类日常生活和工作中已成为重要的信息获取来源和沟通渠道。避开了知识表征带来的困难，连接主义难以处理人类生活和工作中面临的大量的日常信息处理任务，不能直接利用互联网上庞大的数据资源，这恐怕是其发展过程中遇到的最大障碍。

二、连接主义计算理论的局限

20世纪70年代后期，以线性理论为基础的符号主义人工智能在自主学习和模拟视听觉等研究中遇到挫折。人们发现，符号主义智能系统对于如何从环境中自主学习不能进行很好地解决，原先的许多期待和承诺无法兑现。人们开始深入探索知识发现的内在逻辑，结果发现，归纳逻辑，尤其是不完全归纳逻辑是通往知识发现的合理途径。从数理逻辑的角度讲，以演绎逻辑为基础的算法体系可以发现新的定理，却无法发现新的定律。换句话说，基于符号推理的符号主义形式体系在机器定理证明方面的成功和在规则提取方面的失败同属必然。与此同时，连接主义人工神经网络研究在一定程度上正面回答了智能系统如何从环境中自主学习的问题，而遗传算法的新一代支持者则希望揭示学习过程在基因层次上究竟如何完成。[②]这使得一些科学家放弃基于冯·诺伊曼原理的研究思路，而从仿生学的角度来研究人类智能的计算机实现问题，连接主义范式得以再次兴起。

连接主义理论突破了线性处理计算的局限，以非线性大规模并行分布处理及多层次组合为特征，重新构造计算机的结构和算法。在连接主义系统中，数据处理都是并行分布式的，领域中的模式被编码成数字向量，神经元之间的连接也被数字值所代替。设计者使用训练的方法而不是使用直接的程序设计来生成智能。其最大特点是把算法和结构统一为一个系统，可以看做是硬件和软件

① Dreyfus H. What Computers Still Can't Do？ Rev. ed. Cambridge：The MIT Press，1992.
② 董聪. 人工神经网络：当前的进展与问题［J］. 科技导报，1999，7：26-29.

的混合体[①]，这也是这种方法最具优势之处。然而，连接主义的计算理论依然存在着难以跨越的方法论障碍。从计算的角度来看，如何构造神经元间连接的权值计算成为模拟智能过程中遇到的最大困难。在连接主义的发展过程中，已先后提出过上百种之多的神经网络模型，但其表现出的智能形式却很有限。如此之多的神经网络模型表明，在连接主义内部还没有形成公认的发展模式，也没有达成统一的方法论认识。这不仅使连接主义和符号主义的应用之间的信息交换难以实现，也使得连接主义内部各网络模型之间的交流很难进行。并且，人工神经网络硬件实现的成果少，在显现智能方面的突破进展甚微。这些都表明，连接主义研究还处于初级阶段，要给出一个具有一般性意义的权威性结论为时过早。

第三节　行为主义范式存在的问题

行为主义又称进化主义（evolutionism）或控制论学派（cyberneticsism），其原理为控制论及感知－动作型控制系统[②]。行为主义源于人工智能中的控制论。控制论思想早在20世纪40~50年代就成为时代思潮的重要部分。1948年，维纳在《控制论》中指出："控制论是在自控理论、统计信息论和生物学的基础上发展起来的，机器的自适应、自组织和自学习功能是由系统的输入输出反馈行为决定的。"[③]控制论把神经系统的工作原理与信息理论、控制理论、逻辑以及计算机联系起来。早期的研究工作重点是模拟人在控制过程中的智能行为和作用，并进行"控制论动物"的研制。这一思想影响了早期的人工智能工作者。到20世纪60~70年代，控制论系统的研究取得了一定的进展，播下了智能控制和智能机器人的种子。20世纪80年代，行为主义逐步形成了有别于传统人工智能的新的理论学派，诞生了智能控制系统和智能机器人。行为主义的代表人物罗德尼·布鲁克斯（Rodney Brooks）于1988年发明的六足行走机器被看做是新一代的"控制论动物"[④]。目前，倒立摆控制系统和机器人足球赛成为行为主义研究人工智能的典型代表。[⑤]

---

① 史忠植.智能科学［M］.北京：清华大学出版社，2006，8：49.
② 蔡自兴，徐光祐.人工智能及其应用［M］.第三版.北京：清华大学出版社，2004：9.
③ Brooks R A. Intelligence without reason［A］. San Francisco：Morgan Kaufmann，1991：569-595.
④ 蔡自兴，徐光祐.人工智能及其应用［M］.第三版.北京：清华大学出版社，2004：10.
⑤ 李德毅，杜鹢.不确定性人工智能［M］.北京：国防工业出版社，2005：50.

一、行为主义表征理论的局限

行为主义的思想萌芽来源于20世纪初以华生为代表的心理学流派的思想。华生认为，行为是有机体用以适应环境变化的各种身体反应的组合，它的理论目标在于预见和控制行为[①]。受这一思想启发，行为主义人工智能认为：智能取决于感知和行动，智能未必需要知识、知识表示以及知识推理[②]；人工智能可以像人类智能一样逐步进化（所以称为进化主义）；符号主义及连接主义对真实世界客观事物的描述及其智能行为工作模式是过于简化的抽象，因而不能真实地反映客观存在。[③]行为主义提出智能行为的"感知—动作"模式，认为智能行为产生于主体与环境的交互过程中，复杂的行为可以通过将其分解成若干个简单的行为加以研究。主体根据环境刺激产生相应的反应，同时通过特定的反应来陈述引起这种反应的情景或刺激。因此，它能以这种快速反馈替代传统人工智能中的精确的数学模型，从而达到适应复杂、不确定和非结构化的客观环境的目的。行为主义与符号主义的最大区别在于，它摒弃了内省的思维过程，把智能研究建立在了可观测的具体的行为活动基础上[④]。

1991年，行为主义的代表人物布鲁克斯发表了题为"没有推理的智能"（*Intelligence without Reason*）的论文，在人工智能领域产生了广泛影响。它为人们指出了人工智能发展的新模式，但也使人们普遍产生了误解，似乎人工神经网络所表现出的智能行为仅仅源于反馈。而实际上，反馈在智能形成机制中虽然起了重要作用，但不是全部作用。这一新技术大量继承了连接主义的计算方法。虽然它没有符号主义那样的显式表征，但继承了连接主义的隐含表征和隐含推理，并不是布鲁克斯所宣称的没有推理过程。原因很简单，没有推理就不会出现有目的的行动，没有行动就无法产生反馈信号，而没有反馈信号的引导，所谓的自组织行为便无法完成[⑤]。从行为主义最早的机器人到布鲁克斯最新研制的智能机器人Domo、Mertz和Obrero所使用的技术特征[⑥]来看，这些机器人所使用的视觉感知（visual perception）、知觉处理（sensitive manipulation）等技术都沿用了连接主义的算法和技术特征。因此，行为主义可以看做是连接主义和

---

① 约翰·华生．行为主义心理学［M］．李维译．杭州：浙江教育出版社，1998.
② 李德毅，杜鹢．不确定性人工智能［M］．北京：国防工业出版社，2005：49.
③ 蔡自兴，徐光祐．人工智能及其应用［M］．第三版．北京：清华大学出版社，2004：451.
④ 徐心和，么健石．有关行为主义人工智能研究综述［J］．控制与决策，2004，19（3）：241-246.
⑤ 董聪．人工神经网络：当前的进展与问题［J］．科技导报，1999，7：26-29.
⑥ Edsinger A L. Robot manipulation in human environments. http：//people.csail.mit.edu/edsinger/index.htm［2007-1-16］.

控制论在智能机器人领域的延伸。

行为主义借鉴心理学的行为主义思想，模拟智能生物体的行为动作是如何产生的。然而，心理学行为主义在探索人类智能方面已经被证实是不恰当的，人工智能中的行为主义存在的问题则更多。在人类的行为中，只有很少一部分是完全基于反馈机制的，更多的行为则服从于大脑的主观愿望。而行为主义仅仅研究基于外界动态环境做相应的反馈行为，在没有主体意向驱动或外界命令驱动的情况下，机器人的行为将是无意义的。因此，这种智能模式即便实现，也只能成为高级工业机器人或商业机器人。

此外，行为主义自身的理论特征及其从连接主义继承来到特征，使它面临着与连接主义相似的困扰。无法模拟相当一部分符号主义的智能功能以及无法利用互联网上大量的数据资源，使得行为主义范式只能局限于在工业应用领域发展低层次行为特征的智能模拟，而无力涉及高层智能的功能模拟。所以，行为主义要想发挥更大的用途，必须与其他范式相结合。

二、行为主义计算理论的局限

符号主义假设真实的世界是静止的，只有先建立起对外部世界进行完全表征的内部模型（即人工智能模型），把静态问题解决了，才能进一步在动态条件下研究问题。而行为主义的研究目标是制造在不断变化着的人类环境（human environments）中使用智能感官与外界环境发生相互作用的机器人。因此，它首先假设外界环境是动态的，这就避免了使机器人陷入无止境的运算之中。此外，行为主义采用了一种模块层次结构。多个处理器分别控制不同的功能层次且进行并行处理，上一层模块可以对下一层模块的输入和输出进行抑制和阻止（即所谓的包容），从而实现整个系统的多任务、实时性、鲁棒性和可扩充性。这是用一种行为包容控制另外一种行为的理论框架，布鲁克斯将其称之为“包容体系结构”（或叫基于行为的智能）。他认为，这种包容结构可以避免符号主义研究框架的认知瓶颈，并且可以利用它建造出能够突现复杂结构的行为，包括人类水平的智力[①]。这充分体现了布鲁克斯的一个重要设计思想：复杂的智能行为是从简单的规则中“突现”出来的。

符号主义研究智能机器人采取自上而下的研究方法，首先确定一个复杂的

① Brooks R A. Intelligence without reason［A］. San Francisco：Morgan Kaufmann，1991：569-595.

高层认知任务，进而将其分解为一系列子任务，最后构造实现这些任务的完整系统。与之相反，行为主义采取自下而上的研究策略，从相对独立的基本行为入手，逐步生成和突现某种智能行为。在基于行为的主体框架中，行为主义主要采用将进化计算、强化学习和神经网络等计算方法相结合的方法来处理计算问题。行为主义基本设计原则为简单性原则、无状态原则和高冗余性原则。[①] 基于上述设计原则，智能系统能够体现出一定的生物行为的主动特性和相应于环境所作出的自调整能力。但由于这种智能系统是自下而上的，设计过程中很难把握全局整体性，而这一点正是传统人工智能基于符号系统的优势所在。因此，如何与自上而下的符号主义系统设计方法相结合，构建混合系统[②]将成为行为主义人工智能面临的又一个新课题。

在环境适应性研究过程中，更富有挑战性的工作则是适应不断变化的人类环境。20 世纪 90 年代末，为了提供更好的人机界面，MIT 的皮卡德（Picard）提出了“情感计算”（affective computing）[③] 这一概念，希望计算机可以具有情感智能方面的能力。皮卡德认为，情感是身体的和认知的，是可以通过测量被计算机以情感数据的方式加以记录和处理的。计算机通过与人的交互找出人的情感规律，做出使人更满意的行为，从而实现机器适应人。这是一种非常有益的尝试，是对纯理性思路的一种突破。但是，这种适应性是建立在对人所表现出来的表情、动作等外部特征的反复记录基础之上的，这决定了这种思路下所能实现的情感只限于一些最基本的情感倾向。由于人的情感的丰富性以及这一算法的局限性，要想真正实现具有情感功能的智能机器是不大可能的。因此，从长远来看，要真正改善人机交互环境，仅仅依靠行为主义范式下的情感计算是不够的。

自从 1992 年扎德（Zadeh）提出“软计算”（soft computing）的概念以来，它逐步成为行为主义中重要的计算概念。传统计算（即硬计算）以严格、确定和精确为主要特征，但不适合处理现实生活中大量的不确定性问题。软计算的指导原则是开拓不精确性、不确定性和不完全真值的容错，以取得低代价的解决方案和鲁棒性。软计算不是一种单一的方法，而是多种方法的结合与协作，

---

① Werger B B . Cooperation without deliberation：A minimal behavior-based approach to multi-teams［J］. Artificial Intelligence，1999，110（2）：293-320.

② Luzeaux D，Dalgalarrondo A. HARPIC，an hybrid architecture based on representations，perception and intelligent control：A way to provide autonomy to robots［A］//Computational Science—ICCS［C］. San Francisco：Springer，2001：327-336.

③ Picard R. Affective Computing［M］. Cambridge：The MIT Press，1997.

主要包括模糊逻辑、人工神经网络、进化计算和混沌理论等几种计算模式。这些不同的算法分别提供不同方面的能力，其中模糊逻辑主要处理非精确性和近似推理，人工神经网络使系统获得学习和适应的能力，进化计算则提供随机搜索和优化的能力等。扎德曾多次强调，软计算的成员间在问题求解中是互为补充而非竞争的。因此，通常将其联合使用，这将导致混合智能系统的形成。事实上，软计算成员鲜明的特色和迥异的侧重点使得这种“混合”既可行也必要。①从这一技术在行为主义中的广泛应用，我们可以明显地看到连接主义与行为主义融合的趋势。并且，从某种意义上说，它也是符号主义的有益补充。

布鲁克斯最新研制的机器人除了有躯干、胳膊、手、脖子、眼睛和耳朵等基本行为主义的功能之外，甚至还配备了大脑。但与符号主义中央处理器不同的是，它们使用的是多个并行处理器，用以协调各个独立的组成部分的活动。其认知系统是从感觉开始的，各种感受功能，如触觉、视觉和听觉等，共同起作用，形成了机器人对外界事物的认识。②但他所在的MIT实验室的开创者明斯基曾经指出，布鲁克斯拒绝让他的机器人结合传统的人工智能程序的控制能力来处理诸如时间或物理实体这样的抽象范畴，这无疑使他的机器人毫无使用价值。③由此看来，行为主义要想走得更远，除了连接主义，还必须将符号主义也容纳进来。

从上述分析可以看出，人工智能从诞生那天起就面临表征与计算的问题。表征理论和计算理论的发展与演变是引起人工智能范式转变的根本动因。如果说半个多世纪的人工智能研究证明了些什么的话，那就是在机器中实现人的认知功能是一件非常困难的事情。在人工智能范式发展的问题上，学术界提出了许多有益的理论与看法，但同样也存在一定的问题。

从人工智能范式的发展历程来看，它并没有完全表现出奎因意义上的范式建立、转换和替代的革命过程，其结果也不是以新范式彻底地取代旧范式而告终，“而是以多个范式并存的形式从不同的侧面和在不同的时空阶段发展和推动着科学的历程”④。不仅如此，人工智能领域也表现出了一定程度的范式融合观。这些都预示着，需要重新审视奎因的范式理论，更需要建立相应的人工智能哲学理论体系来深化对人工智能理论发展的认识。

---

① 张智星，孙春在．神经——模糊和软计算［M］．西安：西安交通大学出版社，2000.

② Edsinger A L. Robot manipulation in human environments[OL]. http：//people.csail.mit.edu/edsinger/index.htm［2007-1-16］.

③ 戴维·弗里德曼．制脑者：制造堪与人脑匹敌的智能［M］．张陌，王芳博译．北京：生活·读书·新知三联书店，2001.

④ 盛晓明，项后军．从人工智能看科学哲学的创新［J］．自然辩证法研究，2002，2（2）：9-11.

从应用角度来看，人工智能在发展过程中表现出了很强的以市场因素和应用需求为主导的发展趋势，大大超出了对人类智能模拟的局限。无论是哪种范式，要想具备很强的生命力，获得更多的资金支持，必须与应用工程和市场因素相结合。正如布鲁克斯在其官方网站上所说的："我想对世界劳动力市场产生一个深远的影响，我当前的目标是发展低成本机器人来帮助美国的工人"[①]。在很大程度上，人工智能技术不是对人类智能的纯粹模拟，而是更多地表现出其作为工具的应用价值。这是我们在判断人工智能范式发展中极容易忽略的一个重要因素。

应该看到，即使实现了上述三种范式的联合，人工智能也难以实现对人类全部智能功能的模拟。无论是哪个范式下的人工智能，所面临的共同问题都是，难以在不断变化着的真实语境下很好地处理问题。未来人工智能是否可以模拟全部的人类智能功能，还是一个存有很大争议的理论问题。以不确定性计算、情感计算等为代表的新算法的出现，也难以解决真实语境中机器智能所面临的瓶颈，人工智能将紧紧围绕语境问题展开研究。因此，人工智能的范式发展必然不会仅仅停留在现有的三种范式之内，其需要建立相应的人工智能哲学理论体系来深化对人工智能理论发展的认识。这就需要构建语境论视野下的人工智能范式发展观。

① Edsinger A L. Robot manipulation in human environments [OL] .http：//people.csail.mit.edu/edsinger/index.htm [2007-1-16] .

第二章 语境论视野下的人工智能表征

在人工智能早期阶段，表征是融于计算中的，这对于编程人员和领域专家来说都是一件烦琐的事情。系统程序一旦编好，要想修改就非常困难，并且已有的系统也不能被重复利用，这在很大程度上浪费了人力和资源，不利于人工智能理论与工程的发展。到了专家系统阶段，知识库和推理机的分离机制，使人工智能表征和计算以相对独立的姿态在各自领域展开研究，这是人工智能发展史上的一次进步。对基于形式的智能系统来说，与表征相比，计算的问题似乎更容易解决。在模拟人类智能的过程中，人们越来越感觉到，在表征问题上，似乎存在着一道难以逾越的鸿沟。而所有的瓶颈问题最后都落在了理解自然语言的语义问题上。作为人工智能的核心领域之一，表征理论的发展水平直接决定了计算机可以达到的智能水平。因此，有必要用语境分析方法，分别从表征和计算这两个角度对人工智能的发展进行梳理，探索解决这一难题的可能途径。

第一节　人工智能表征的语境分析

“认知科学必然以这样一个信念为基础：那就是划分一个单独地称之为‘表征层’的分析层是合理的。”[1]表征层中的符号、规则和图像等表征实体在解释人

---

① Gardner H. The Mind’s New Science—A History of the Cognitive Revolution［M］. New York：Basic Books，Inc.，1985：38.

类行为和思想的多样性中是必不可少的。然而，作为认知科学的一个核心概念，表征（representation）在各交叉学科中的含义不尽相同，对这一概念解释的侧重面也不尽相同。即便是在同一个学科，人们对表征的看法也有所不同。每个学科都在认知科学的大框架下，根据各自研究的需要来发展或延伸表征概念在本学科的含义。因此，有必要在各主要学科以及人工智能各主要范式的具体语境中，通过对表征的描述来澄清表征概念的真正含义。由于在不同的人工智能研究范式语境中，对表征的含义有着不同的理解，因此也面临着不同的问题。而厘清概念含义是解决诸多认识分歧的根本所在。在此，本书主要关注与本书密切相关的哲学、认知心理学以及人工智能领域的表征含义。

一、哲学表征

在哲学中，表征通常指在心灵、图像、模型和复本等事物中的要素。它代表了由于相似性或基于其他理由而存在的他物。历史上看，表征的概念可以追溯到古希腊。然而，表征作为一个重要的哲学概念，是在康德（Immanuel Kant）哲学中得以确立的。康德区分了有意识的表征和无意识的表征。他把经验和知识的一切要素都归属于意识表征。在《纯粹理性批判》中，康德写道："我们在自身内部具有表征，并能意识到它们。但不管这种意识所及范围有多么宽广，它可能是多么的细致和准确，它们仍然只是表象（representation），即我们心灵在这种或那种事件关系中的内部规定而已。"在康德看来，表征主要与知觉有关，而知觉又进而分为主观的知觉或感知与客观的知觉或认识。认知表征（representations of cognition）又进一步分为直观和概念，这种二重性是康德哲学的基本特征，体现了他的这种主张：知识需要两类表征，即把概念应用于直观。

在维特根斯坦（Ludwig Wittgenstein）哲学中，表征的含义向语言哲学方向迈进了一步。维特根斯坦使用了表征形式（representational form）或者叫表征的形式（form of representation）这一概念。维特根斯坦认为，表征形式使我们能够描述或表征实在，它们是理解和真理的必要条件。对维特根斯坦而言，表征形式由语法决定，它制定描述的规则或标准，并指引我们做出关于世界的可理解的陈述。使用这些形式所涉及的必要性是基于逻辑和语法的，不能由它们所表征的实在证明为合理。

随着认知科学的发展，表征已成为心灵哲学中的主要术语。但是，许多有关表征概念的哲学问题依然存在。表征主义（representationalism）认为，知觉是神经和人脑操作的结果，我们所直接意识的是主观的私人感觉，亦即不能独立于知觉而存在的感觉材料或观念，因此又称为知觉的因果理论（the causal theory of perception）、知觉的表征理论（the representative theory of perception）或两个世界理论（the two world theory）。与表征主义相对，直接实在论（direct realism）把我们直接知觉到的东西看作是物理对象，现象论（phenomenalism）认为物理对象是由感觉材料建构而成的，因而不能独立存在。表征主义则声称，感觉材料是关于物理对象的表征或符号象征，这些物理对象被推断为感觉材料的原因。由此可见：物理对象是因其自身而存在的，我们可以通过感觉材料而间接了解它们；这样一个理论受到了科学的启发，并为神经生理学家所广泛接受。但是，这一理论所面临的主要困难在于，如果私人感觉是我们直接获知的唯一东西，那么我们该怎样将之与被假定为表征的物理世界的特征相比较呢？这个问题引起关于外部世界的怀疑论并导致现象论。然而，表征理论或许是迄今对感觉序列之一致性的最好说明。

心灵的表征理论（representative theory of mind）则进一步指出，一个命题单例（proposition token）是一个单例的心理表征（mental representation）。尽管在命题态度和物理特性之间不存在普遍的类型关联，但却存在单例关联。一个具有命题态度的机体与一个心理表征具有一种功能关系。表征是真实的、以物理方式实现的存在物：心理过程是心理表征单例的因果序列。一个信念的特性用与其相关联的表征的特性来解释。一个表征的唯一能够影响其因果行为的特性是其句法特性。因此，为了保持一个信念的语义内容与其因果作用之间的匹配，一个表征的句法特性必须反映其语义特性。对福多（Jerry Fodor）而言，表征理论就是思维语言假设（the language of thought hypothesis）。他在《心理语义学》中曾经指出，“我所兜售的是心灵的表征理论……这一理论的核心是思维语言假设：一个无限系列的‘心理表征’，既作为命题态度的直接对象，又作为心理过程的领域。”[①] 自然语言不能直接进入人脑，它们只有在被转化或翻译成思想语言之后才能被理解和加工，就像将计算机的编程语言翻译成机器语言一样，在人脑中必须将自然语言转化为可被神经系统接受的形式。该理论假定表征处在一个比语言更低的基础层次上，而且认为这个层次还在意向性之下，是产生意向性的原因。[②] 但另外一些人辩解说，一个人可以相信心灵的表征理论而不相信思

---

① ［英］尼古拉斯·布宁，余纪元. 西方哲学英汉对照词典［K］. 北京：人民出版社，2001：876-877

② 刘西瑞. 表征的基础［J］. 厦门大学学报（哲学社会科学版），2005，5：29.

维语言假设。可见，在哲学领域，表征的含义并不一致。

二、认知心理学表征

在认知心理学领域，“表征是指在实物缺席的情况下重新指代这一实物的任何符号或符号集（notation、sign 或 set of symbols）。心理表征是处理所储存知识的内容与形式”。[①]认知心理学关注知识的不同组织方式（即对象、关系和图式）以及如何以不同的形式来表征信息（即表象或命题）等方面的问题。所有表征都具有的一个关键特征在于，它们只代表外部世界某些方面的特征，没有一个表征可以将与表征目的无关的对象的所有特征都描述出来。Paivio 曾经指出，心理表征问题可能是所有科学中最难解决的问题。[①]心理表征问题之所以难解，是因为至今人们尚未弄清人的大脑是如何表征内心世界的。曾经盛行的各种表征理论似乎都可以从不同的角度对心理表征进行解释，然而，每一个角度的解释，似乎又显得是那么的不足。在人类大脑之谜被完全揭开之前，心理表征将一直是最难解的心理学概念。

早期的心理学者提出了一个根本问题：应当通过研究人脑的结构理解人脑，还是通过研究人脑的机能理解人脑呢？在心理生物学、语言学、人类学以及新兴的计算机科学等学科的影响下，20 世纪下半叶认知心理学所探究的问题实际上就是 20 世纪上半叶心理学者所提出的这一根本问题。[②]受计算机科学的深刻影响，认知心理学领域开始讨论计算机表征与心理表征之间的关系问题。两个学科领域的渗透使得心理学表征的含义融入了更多的计算成分。可以看出，哲学和人工智能的表征概念对认知心理学的表征概念的含义产生了深刻影响，但这种影响有时却是负面的。正如克姆皮伦（M. Kamppinen）指出的那样，“认知心理学家偏爱的陈词滥调是：人类特别是脑‘处理信息’。在知觉中，这种信息来自外部客体和事件，结果表征这些外部事物以便适当地指导有机体的反应。现在，‘信息处理’和‘表征’是被每一个甚至是大不相同的认知主义研究者所使用的概念。但它们是不清楚的、在哲学上负载的概念。”[③]

---

① M. W. 艾森克，M. T. 基恩 . 认知心理学［M］. 第四版 . 高定国，肖晓云译 . 上海：华东师范大学出版社，2002：361.

②［美］Sternberg R J. 认知心理学［M］. 第三版 . 杨炳钧等译 . 北京：中国轻工业出版社，2006：5-10.

③ Kamppinen M. Consciousness，Cognitive Schemata，and Relativism：Multidisciplinary Explorations in Cognitive Science［M］. Dordrecht：Kluwer Academic Publishers，1993.

三、人工智能表征

如果说表征在哲学和心理学中是一个重要概念，那么，在人工智能领域，表征则是人工智能研究的核心与基础。作为形式系统的计算机，必然以表征和计算为基础。从人工智能诞生之日起，制造出能够与人进行交流的智能机器一直是历代研究者的梦想。对于所谓的“智能机器”来说，其智能程度是由表征能力和计算能力共同决定的。人工智能作为计算机科学的一个分支，从其出现至今只不过短短60多年的时间，然而，却经历了符号主义、连接主义[①]和行为主义三种范式的变更。在每个范式中，对表征概念的理解也并不相同。但有一点可以确定，表征是符号的形式化描述，人工智能中所处理的字符串可以解释为对外部环境的表征。“大多数人工智能都与发现信息的有效表征方式有关——人工智能研究者们称之为‘知识’——并假定这些信息为智能主体（intelligent agents）（无论是自然的还是人工的）所拥有。如果一个智能系统要表现出智能行为，那么它就需要以适当的方式对外界环境做出反应。由此，大多数人工智能系统受到内部状态（internal states）的支配，而这些内部状态被认为是其外部环境的表征。寻求表征外部环境的有效方式是一个难题，但一个难度更大的问题——以框架问题（frame problem）而著称——则是寻找有效的方式以解决面对环境的变化来更新表征的问题。”[②]此外，由于人工智能中很多内容涉及对人类智能的模拟，所以其表征含义与认知心理学的表征含义有一定程度的交叉。

可见，在人工智能中，表征不仅仅是一个简单的形式化问题。在这一共识之上，不同的人工智能研究范式对表征的含义有着不同的理解，同时也面临着不同的问题。

1. 符号主义表征

符号主义认为，人的认知基元是符号，认知过程即符号操作过程，而计算机是一个形式化的符号加工系统，因此，可以用计算机来模拟人的智能行为和认知过程。“在符号模型中，基本表征单元是既具有句法形式又具有典型直观语

① connectionism 在哲学中译为“联结主义”，而在人工智能领域通常译为“连接主义”。本书认为，这是由于学科出发点不同以及理解不同造成的。《现代英汉词典》中，connection 一词的中文译为“连接”。鉴于本书讨论的是人工智能，因而采用后一种译法。

② Piccinini G. Artificial Intelligence. The Philosophy of Science：An Encyclopedia［K］. New York，London：Routledge，Taylor & Francis Group，2006：28.

义的符号，与自然语言的单词元素相对应。符号是离散的，可以形成具有内部句法结构的复杂符号。像用于形式逻辑的符号串一样，这些复杂符号表现出不同的约束和范围……复杂符号的语义是组合的：复杂符号的意义由其组成部分的意义以及语法共同决定。最后，在符号模型中，系统动态受规则支配，这些规则通过响应其句法或形式特性把符号转换成其他符号，且用于保存所处理结构的原理。符号模型本质上是理论证明机器。"[①]并且，知识可用符号进行表征和推理，是构成智能的基础，因而有可能建立基于知识的人类智能和机器智能的统一理论体系。由此，人工智能的核心问题就成为知识表征、知识推理和知识运用问题。然而，常识知识工程的失败说明，整体性情境表征是符号主义所不能穷尽的，[②]背景知识中所包含的技能性因素是无法用符号形式予以表征的。[③]这样，符号主义人工智能不得不从整体转向局部，针对专家系统展开研究，走向人工智能的工程应用领域。

在符号主义中，智能计算机对世界的认知是通过人们将有关世界的知识以形式化的方式输入计算机系统来实现的。也就是说，智能计算机系统通过数量不断增加的形式化表征"学会"更多的知识，而这种表征的实质是将人对世界的知识以陈述性知识和程序性知识的形式逐个固化在计算机系统中的。知识的表征方法深刻地影响着知识在智能计算机系统中可能采取的计算方法以及可能表现出的智能程度。常识知识工程的目的就是让计算机具有和人类一样的知识，而常识知识工程的失败则是因为其所采取的表征方式无法穷尽人类对世界的知识。人对世界的知识是基于生物感知之上的、多角度的和动态的认知过程，人的学习机制本质上是一种生物学习，并不遵循符号主义的形式化表征方式。可以说，符号主义对人类智能的模拟，只有其"形"而无其"实"。有生命的人和无生命的机器，物理基础的不同导致了学习机制的不同，这就是符号主义智能系统无法实现强人工智能的原因所在。

以形式化表征为基础，符号主义在现阶段最大的现实问题就是如何提高计算机的智能程度。由于大规模数据库和互联网发展迅速，规模不断扩大，现有的"查询检索技术无法为用户提供有利于其查询目标的结论性信息"，"知识获

---

① Wieskopf D，Bechtel W. The Philosophy of Science：An Encyclopedia［K］. New York，London：Routledge，Taylor & Francis Group，2006：153.

② Dreyfus H. What Computers Still Can't Do？［M］. Rev. ed. Cambridge：The MIT Press，1992.

③ Dreyfus H，Dreyfus S. Mind Over Machine：The Power of Human Intuitive Expertise in the Era of the Computer.［M］New York：Free Press，1986.

取仍是专家系统研究的瓶颈问题”[①]。西蒙曾总结出的一条定性结构定律认为，确切的自然语言翻译不仅要求具有词汇和语法的知识，而且需要语义知识的实在体系，从而提供解决歧义性的语境。[②]由此，从符号表征方式入手，为解决知识获取所面临的困境，符号主义人工智能的核心技术——自然语言处理从语形阶段迈向语义阶段，成为当前符号主义提高计算机智能程度的核心问题。

然而，在语义技术发展到一定程度之后，人们发现，它依然无法解决常识知识带来的困扰，只能在专家系统和搜索引擎中发挥有限的作用。因为，在语义处理阶段，语义知识的获取同样是建立在形式表征基础之上的，同样无法穷尽所有的常识知识。也就是说，即使自然语言处理发展到语义阶段，也无法实现对所有自然语言的语义理解，只能在有限的范围内提高计算机的智能程度，但仍然无法解决符号主义所面临的根本问题。

可见，表征问题一直都是困扰符号主义范式发展的核心问题。符号主义在每一个阶段所取得的突破，都是对表征概念内涵的扩展。但是，由于知识表示、知识获取困难以及巨大的计算量等问题的突现，符号主义表征的局限性也随之暴露出来。

2. 连接主义表征

知识表征一直是符号主义研究的核心问题。连接主义的兴起对符号主义的发展有着深刻的影响，尤其是它独特的表征形式引起了人们广泛的关注。连接主义认为，人工智能源于仿生学。以整体论的神经科学为指导，连接主义试图用计算机模拟神经元的相互作用，构建非概念的表述载体与内容，并以并行分布式处理、非线性映射以及学习能力见长。许多学者认为，连接主义避免了知识表征带来的困难，可以通过模拟大脑的学习能力而不是心灵对世界的符号表征能力来产生人工智能。但事实上，连接主义并不是完全没有表征，它只不过采用了不同于符号主义的表征方式。更确切地说，相对于表征而言，连接主义更倾向于是一种计算。

在连接主义模型中，词汇的语义内容是非独立表征的。它们以分布的方式表征在很多单元中，这些单元之间相连成为连接主义程序最典型的构成方式。在这样一种分布式表征结构中，一个单元中的内容可能代表常见对象的可重复但非词汇的微观特征。在意义复杂的网络中，也许很难辨别一个特定单元执行

---

① 蔡自兴，徐光祐．人工智能及其应用［M］．第三版．北京：清华大学出版社，2004：21.
② 戴汝为．从现代科学技术体系看今后人工智能的工作［J］．计算机世界报，1996，50：1-6.

的是什么内容。连接主义网络中没有与符号句法结构完全相似的东西。单元获取并传输激活值，这导致了更大的共同激活模式。但这些单元之间的激活所依据的并非是句法结构。并且，在连接主义系统中，程序和数据之间也没有明显区别。无论一个连接主义系统是线性处理而成还是通过训练得到的，都只能通过修改单元之间的权重来实现。对权重的修改将决定网络中未来的激活过程，并同时构成网络中的存储数据。此外，连接主义网络中也不存在明确的支配系统动态的表征规则。符号主义对连接主义的挑战在于，符号主义在一个原则性很强的方式内去解释效率和系统性，而不仅仅是在连接主义网络之上执行一个符号体系。很显然，很多思想的确显示出了一定程度的效率和系统性。但一些连接主义者却否认思想具有符号主义所表现出的那种效率或系统性的特征。①

显然，没有知识表征和不以符号的方式进行知识表征是截然不同的两回事。正如德雷福斯（H. Dreyfus）所指出的那样，神经网络模型也不能完全逃避表征问题。因为计算机需要将那些对人来说是自然而然的东西用规则表征出来。而这并不比将人的知识和能力用物理符号系统表征出来容易。②不同于符号主义的表征和推理方式虽然使连接主义网络表现出了不同的智能模拟形式，但它难以直接处理人类思维中形式化的表征内容，难以模拟符号主义范式下已经出现的大部分有效的智能功能，给其发展带来了难以跨越的障碍。此外，互联网主要是建立在符号主义范式之上的，经过这么多年的发展，它在人类日常生活和工作中已成为重要的信息获取来源和沟通渠道。虽然避开了知识表征带来的困难，但连接主义难以处理人类生活和工作中面临的大量的日常信息处理任务，不能直接利用互联网上庞大的数据资源。这恐怕是其发展过程中遇到的最大的现实障碍。

3. 行为主义表征

行为主义，更准确地说是基于行为的人工智能（behavior based artificial intelligence，BBAI），认为智能行为产生于主体与环境的交互过程，人工智能可以像人类智能一样逐步进化（所以也称为进化主义）。关于行为主义的表征理论，主要存在以下问题。

首先，行为主义中是否存在表征的问题。

---

① Wieskopf D，Bechtel W. The Philosophy of Science：An Encyclopedia［K］. New York，London：Routledge，Taylor & Francis Group，2006：153.

② Dreyfus H. What Computers Still Can’t Do？［M］.Rev. ed. Cambridge：The MIT Press，1992.

1991年，行为主义的代表人物罗德尼·布鲁克斯发表了题为“没有表征的智能”的论文，在人工智能领域产生了广泛影响。他假设大多数甚至是人类层次的行为也同样是没有详细表征的，是通过非常简单的机制对世界产生的一种反射。他认为，灵活、敏锐的视觉以及在一个动态环境中执行与生存相关任务的能力是发展真正智能的必要基础，传统人工智能就失败在表征问题上。当智能严格依赖于通过感知和行为与真实世界的交互这种方式来获得时，就不再依赖于表征了。低层次的简单的活动可以慢慢地教会生物对环境中的危险或重要变化做出反应。没有复杂的表征以及维持那些与之相关的表征和推理的需要，这些反应可以很容易地迅速做出，足以适应它们的目标。①

《没有表征的智能》一文发表后立即遭到了很多学者的反对，即使是布鲁克斯自己的机器人，也不可能不存在表征问题。后来，布鲁克斯在谈到“没有表征的智能”这一标题时也曾经表示，他本人必须承认这个标题有点儿煽动性，他的意思其实是没有惯用表征（conventional representation）的智能，而不是根本没有任何表征的智能。但他主张，生物产生智能行为需要外在世界以及系统意向性的非显式表征。在他的智能机器人中，既没有中央表征，也不存在一个中央系统，每一个产生活动的层次都直接将感知与行为进行连接，即使在局部，也没有传统人工智能那样的表征层次。行为主义从不使用与传统人工智能表征相关的任何语义表示。在他们的智能机器人执行过程中最恰当的说法是，数字从一个进程传递到了另一个进程。但这也仅仅是着眼于可将数字看成是某种解释的第一个进程和第二个进程所处的状态。他还说，极端主义者可能会说他们实际上是有表征的，只不过是隐式的表征。通过全部系统到其他领域状态之间的适当映射，他们可以定义一个表征，即在进程之间的这些数字和拓扑连接的某种编码。然而，布鲁克斯不喜欢将这样的东西称为表征，因为它们在太多的方面不同于标准的表征②。

以上争论其实就是由表征的层次问题所引发的。本书认为，在人工智能中谈论表征，需要将其分为计算层次的表征和语言层次的表征，或者将这两种表征看做是“表征”这一词语的不同义项。很多类似的争议就是由于虽然都使用了“表征”这个词，但其意义所指却不相同而引发的。人们在谈到符号主义的表征时侧重于语言层次的表征，而谈到连接主义和行为主义的表征时，则侧重于计算层次的表征，因为后者中不存在直接利用语词意义的情况。连接主义和

①② Brooks R A. Intelligence without representation［J］. Artificial Intelligence，1991，47：139-159.

行为主义是否存在表征的问题，其实就是计算层次的表征能否与语言层次的表征相等同的问题。两种不同的表征使用了同一个词，这就是争论的关键所在。一种通常的做法是将表征区分为显式表征和隐式表征，本书认为，这种区分不足以说明问题的实质。目前，很多符号主义智能系统在其计算层次中不断将连接主义模型作为一种不确定性计算工具嵌入系统，而不是将其作为一种语言的表征形式来使用。因此，本书认为，用语言层次的表征和计算层次的表征来区分符号主义表征与其他两种范式的表征更为合理。

其次，在避开了符号主义语言层次的表征问题之后，行为主义是否也可以避开常识知识问题。

我们知道，符号主义常识知识工程的失败是因为所采取的符号表征方式无法穷尽人类对世界的知识。行为主义要想超越符号主义，首先需要解决常识知识问题。虽然布鲁克斯声称智能可依赖于感知和行为与真实世界的交互这种方式来获得，不再依赖于表征，但如果他所使用的智能方式无法避开常识知识问题，那么，行为主义也将同样无法实现类似于人类的智能。

布鲁克斯所领导的团队将传统的研究机器人的方法称为“感觉－模型－计划－行动方法”（the sense-model-plan-act approach，SMPA），这是因为，在一个谨慎的工程化的静态环境中，机器人将其感知到的关于世界的信息以表征的方式转换到一个模型世界中，并在这个模型中计划它的操作轨迹，最后将计算结果输出到它的执行器。然而，这种处理方式长期以来一直与不确定性相关联。即使当不确定性受到重视时，存在于这一工作中的潜在假设仍然是，一个详细的模型可以充分描述机器人与世界之间的交互作用。因而，常常很少需要一个昂贵且有失败倾向的机器人。①

布鲁克斯将他研究机器人的方法称为“基于行为的方法”（the behavior-based approach），认为这种方法可以替代SMPA。“在这一方法中，机器人可以不断地引用它的传感器而不是以前对世界建立的模型。机器人的行为不再需要预先规定，而是一个自然发生的与动态的、变化着的世界进行交互作用的行为。机器人的控制器超越了那种对环境的不完全的感觉表征，由许多简单的局部行为操作组成，并且，机器人在真实世界中的体现是控制器设计的主要成分。在这一方法中，物理机器人不再是与问题不相关，而是成了问题的中心。日常环

① Edsinger A L. Robot manipulation in human environments[OL]. http：//people.csail.mit.edu/edsinger/index. htm［2007-01-16］.

境被包括进来而不是被消除掉。”①

根据布鲁克斯的说法，行为主义似乎可以避开符号主义所面临的常识知识问题。但实际上，无论是SMPA还是基于行为的方法都会遇到常识知识问题，只不过二者处理常识知识的方法不同罢了。

SMPA将机器人所面临的世界中存在的物体进行归类，并将其特征抽象成常识知识记录下来，从识别客观对象入手来解决常识知识问题。由于客观世界非常复杂，计算机系统无法通过归类的抽象认知方法将所有对象的所有特征都表征出来，所以这种方法无法解决常识知识问题。

基于行为的方法与上述方法的区别在于，它并不描述全部客观世界，不需要建立客观世界的模型，它利用自身的感知系统动态地感知世界并采取相应的处理方法。但它的问题在于，它需要模拟人类所有抽象的生物功能才能表现出类似于人的智能。它将人类所表现出的各种生物功能进行分类，并建立相应的模块来模拟每一种功能。例如，手臂的运动、手的形状、手指的运动、手腕的运动、硬度适应、接触察觉、抓取缝隙、表面测试及表面位置……仅仅有关接触和抓取这一简单功能就能归类出如此之多的模块。仅仅是行为主义目前最先进的且只有上半身的一个具有简单抓取操作能力的机器人Domo，就需要15台奔腾计算机联合而成的Linux集群系统来支持其运行，而要模拟人的全部功能，其工程难度绝不会亚于SMPA的难度。

造成这一问题的原因在于，基于行为的方法并没有从人类产生这些生理功能的根本机制入手，而只是抽象和概括人类行为中所表现出来的功能特征，以为只要解决了对抽象的人类基本能力的模拟就可以进化出高级智能来，是一种典型的功能主义。行为主义声称，其智能机器人既没有中央表征，也不存在一个中央系统。很显然，虽然存在刺激反应性，但人主要还是通过大脑这一中枢神经系统来控制行为的，人类语言就是一个很明显的中央表征体系。因此，在行为主义的智能模式中，我们看不出它将如何进化出更为高级的人类智能。可以看出，行为主义试图通过模拟人的各种生物功能再经由进化的方法来解决符号主义关于客观世界的常识知识问题，但解决不了关于人类自身生物功能的常识知识问题，行为主义同样无法实现强人工智能。

再次，行为主义与连接主义之间在表征上的区别，是否足以支持行为主义具有一种新的、独特的表征方式。

---

① Edsinger A L. Robot manipulation in human environments[OL]. http：//people.csail.mit.edu/edsinger/ index.htm［2007-01-16］.

布鲁克斯声称，他所从事的“这些工作与人工智能中的很多其他后达特茅斯（post-Dartmouth）传统非常不同”……“它不是连接主义。连接主义尝试制造具有简单处理器的网络，他们所做的东西似乎包含了我们建造的网络。然而，他们的处理节点趋向于统一，并且他们寻求从理解如何正确连接节点来揭示智能。我们的节点都是唯一的限定状态的机械装置，连接密度非常低，节点之间确实是非统一的，这种统一性在层与层之间也非常低。此外，连接主义似乎是寻求从他们的网络中本能产生的显示分布式表征。我们没有这样的希望，因为我们相信表征是不必要的，似乎仅存在于观察者的眼睛和心灵中。”并且他指出，“它不是神经网络。神经网络是连接主义的双亲学科，而连接主义是它的一个新近发展形式。从事神经网络的研究者声称，它们的网络节点有某种生物学意义，类似于神经元模型”。然而，布鲁克斯也宣称，作为网络节点，他们的机器限定状态的选择不具有生物学意义。①

从上述观点可以看出，为了和连接主义划清界限，布鲁克斯试图从具体的节点算法处理方式以及网络的使用目的上寻找连接主义与行为主义的区别。然而，连接主义作为一种计算工具，广泛用于各种领域。“连接主义模型的复兴是许多不同领域集中的结果……研究受到了一个更广泛的相关领域的驱动，范围从纯理论的应用程序到解决问题的应用程序，涉及基于应用程序或工程需要的不同科学领域的问题。”②也就是说，连接主义不仅用于行为主义，同样也广泛用于其他人工智能领域，不同的应用领域使用连接主义的目的肯定是不同的，但不能因为目的不同就可以认为衍生出了新的表征方式。因此，研究目的不同不足以成为行为主义区别于连接主义的理由。并且，面对不同的应用问题，各个领域在运用连接主义时所采用的具体算法和具体程序肯定是不同的。因此，具体算法处理的不同也不足以成为行为主义区别于连接主义的理由。此外，“连接主义模型，也以并行分布式处理（PDP）和人工神经网络（ANN）而著称，并从20世纪80年代中期开始，融入认知科学的主流。连接主义是人工智能中两个主要研究方法的其中之一（另一个是符号主义模型），常用于发展脑处理的计算模型”③。也就是说，连接主义和神经网络本质上是相同的，而布鲁克斯将这二者加以区别没有任何意义。本书认为，由于没有提出独特的表征方式，行为主义表征和连接主义表征之间没有本质区别。

---

① Brooks R A .Intelligence without Representation [J]. Artificial Intelligence，1991，(47). 139-159.

②③ Wieskopf D, Bechtel W. The Philosophy of Science：An Encyclopedia [K]. New York，London：Routledge，Taylor & Francis Group，2006，150.

此外，基于行为的方法借鉴了心理学行为主义的思想，模拟智能生物体的智能是如何通过行为动作而产生的。然而，心理学行为主义在探索人类智能方面已经被证实是不恰当的，而人工智能中的行为主义存在的问题则更多。在人类的智能行为中，只有很少一部分是完全基于反馈机制的，更多的行为是受大脑指挥的。而行为主义仅仅研究与外界动态环境相对应的反馈行为。在没有机器自身主体意向驱动的情况下，它的行为将是无意义的。因此，这种智能模式的成果只能是高级工业机器人或商业机器人。对此，布鲁克斯在 MIT 官方网站中也曾提到："我想对世界劳动力市场产生一个深远的影响，我当前的目标是发展低成本机器人来帮助美国的工人。"①可见，即使是布鲁克斯本人，对于基于行为的方法在探究人类高级智能模拟的问题上也并不乐观。实现强人工智能对行为主义来说，也是一个遥不可及的梦想。

最后，行为主义从连接主义那里继承来的特征，使它面临着与连接主义同样的困扰。有限的表征能力使行为主义无法模拟符号主义的高级智能功能，也无法直接利用互联网上大量的符号性的数据资源，只能局限于在工业应用领域发展低层次行为特征的智能模拟。因此，行为主义要想发挥更大的用途，必须与其他范式相结合。

综上所述，计算机是以形式系统为基础的，人工智能中的符号主义表征和连接主义表征各有所长亦各有所短。"通常它们被看做是两种竞争的范式，但自从它们被用于分析不同层次的认知问题以来，则更多地被作为互补的方法论。"②在实际应用中，计算机在具体问题的处理方法上是不拘一格的，不受某种范式思想的拘束。在对某个问题的处理过程中，在可行的前提下，只要是对处理问题有用的方法都可以使用。

从上述分析可以看出，由于心灵哲学、认知心理学以及人工智能等相关学科领域的互相渗透，这些领域在概念使用以及研究思想上有着很大程度的趋同性，甚至在研究方法和目的上也出现了一定程度的混淆，具体到表征的含义以及后面将要提及的计算的含义也是如此。实际上，由于研究目的的不同，这些学科在借鉴其他学科的同名概念时，必然会根据本学科的研究需要对这些概念的含义加以延伸。这种被多学科领域所共用的同一个术语，由于所涉及的意义之间有关联，所以就使一个词位具有了多个意义，这是一种典型的多义关系（polysemy），而不是同形关系（homonymy）。在人工智能研究中，区别一个多

---

① http：//people.csail.mit.edu/edsinger/index.htm［2007-1-19］.

② Gardenfors P. Handbook of Categorization in Cognitive Science［M］. Amsterdan：Elsevier Ltd.，2005：825.

义词位潜在的众多含义之间的区别是非常必要的。对一个学科核心概念的不正确把握甚至会造成对这一学科核心思想和研究目的的错误理解。尤其是在人工智能领域，如果不能正确把握核心概念的切实含义，就会使人们对人工智能可能达到的智能程度以及对人类自身的理解与社会发展等问题产生错误判断，甚至对人工智能这一研究领域产生一些不必要的恐慌心理。其实，人工智能只是试图在表征和计算的基础上模拟人类智能和行为，用不同于生物智能的方式重新构建基于计算机硬件的智能模式。作为一种研究工具，它可以为认知心理学甚至心灵哲学的研究工作提供帮助。但必须明确的是，人工智能不能回答真正的人类智能是什么以及人类智能是如何产生的问题。同理，在人工智能领域研究表征和计算的含义，并不能回答人脑是如何表征和计算的这类问题。

第二节 人工智能表征的特征

从上述分析中我们可以看出，虽然不同学科领域对表征含义有不同的解释，但共同之处在于，这些学科都认可表征是一种形式化的描述方法。在人工智能中，由于学科特征和学科目的的不同，表征具有与哲学以及认知心理学不同的特征。

一、系统形式化知识表征

人工智能所依托的计算机是一个纯粹的形式系统，建立在这一形式系统之上的计算机语言，从早期第一代机器语言到第二代汇编语言、第三代高级语言，直至目前所谓的面向对象的语言，都必然以系统的形式化表征为主要特征，从系统的角度出发，对各种对象、关系、变化以及涉及的各种抽象角色、功能和属性等进行描述。并且，在计算机的发展过程中，随着多媒体技术的出现，计算机可以处理各种音频和视频信息。但即便如此，声音和图像等非语言媒介在计算机中也是以形式化的方式表征和处理的。人工智能要想模拟人类智能，也必然以形式化的描述方式来处理语言、声音和图像等各种信息。在人工智能中，“形式化”意味着机器可读。各种信息只有通过由概念表征的本体论（ontology）将世界抽象为一种可处理的模型，才能转变为人工智能可处理的知识形式。

实际上，人工智能是基于知识的智能系统，无论是语言、声音还是图像等各种信息，只有以知识的形式表征出来，才有可能实现智能化处理。也就是说，知识是机器实现智能化的基础，而各种信息要成为知识，首先要将其以形式化的表征方式存储在计算机上。这就出现了一个问题：存储在计算机上的什么样的信息可以称之为“知识”？

《牛津英语词典》(*Oxford English Dictionary*) 将知识定义为：①一个人通过经验或教育获得的专门知识（expertise）和技能；在理论上或实践上对一个学科的理解；②某一特定领域所知道的全部事实或信息；③通过经验一个事实或情形所了解到的或熟悉的。知识也被用于意指关于某个学科的确定性理解以及为某个特定目的而恰当使用知识的能力。① 可见，知识的获得是一个复杂的认知过程，包括感知、学习、交流、联想以及推理等。然而，这一知识定义是针对人类而言的，计算机不可能具有人类那样的理解和解决问题的能力。但为了模拟人类智能特征，计算机就必须首先将这些人类知识以形式化的方式表征出来。并且，为了使计算机系统可以合理有效地对这些形式化知识进行调用，人工智能中的知识就必须以系统性的表征方式存在。只有以形式化和系统化的表征方式存储于计算机中的知识，才能构成人工智能可以使用的知识。因此，在人工智能领域，“知识是语言和推理机制的结合”②。在这个意义上，人工智能表征是一种系统形式化的表征方式。

二、分类语境知识表征

20世纪60年代，人工智能的研究者们致力于通过找到通用问题求解方法来模拟复杂思维过程的方法。这些早期研究只注重计算，认为可以通过简单的扩展来解决更为庞大的问题，很少利用知识甚至不使用相关问题域的知识来进行问题求解。这种研究思路虽然取得了一些进展，但没有获得多少突破。于是，整个20世纪70年代，人们致力于表征技术的发展，研究如何将问题求解形式化，使之更易于求解。在这一时期的研究中，领域专家的知识和运用这些知识的算法紧密交织在同一个程序中，不易分开，致使专家系统一旦建成，便不易修改。而事实上，领域专家的知识和经验是不断变化的。编程人员常常要把大量的精力和时间花费在与被模型化的问题领域毫无关系的系统实现上。此外，人们发现，如果在同一个程序中处理的问题越广泛，那么它处理具体问题的能力就越差。直到20世纪70年代后期，研究者们才认识到，一个程序求解问题

① Wikipedia. Knowledge[OL]. http：//en.wikipedia.org/wiki/Knowledge［2008-12-4］.

② 宋炜，张铭. 语义网简明教程［M］. 北京：高等教育出版社，2004：8.

的能力来自它所具有的知识，而不仅仅是它采用的形式化方法和推理策略。[①]计算机要想模拟人类智能，就必须模拟人类所具有的知识、推理等思维模式，没有知识的智能系统是不可能的。从此，以知识表征（knowledge representation）为主要特征的人工智能被提上日程。

产生于20世纪70年代的常识知识工程（commonsense knowledge engineering），企图对世界上全部的常识知识进行编码，但最后以失败而告终。常识知识工程的失败突现了知识表征的困难。在这一问题上，人们获取的最大教训就是，必须对智能机器所研究问题的范畴进行充分限制，这标志着人工智能研究思路从通用的、知识稀少的弱方法向针对特定领域的知识密集型方法的重要转变。从此，人工智能研究进入专家系统时代。专家系统以特定规则的形式使用人类的知识和经验，并以将知识表征和求解问题算法明确分离为主要特征，这意味着表征和计算在人工智能中的相对分离。这种分离是一种技术上或者说是方法论上的进步，使研究人员可以更专注于对表征或计算的单独研究，并且使系统的表征部分和计算部分在不同的领域可以被分别加以重复利用，大大节省了项目开发的成本和时间，提高了资源的使用效率。从此，表征和计算在人工智能中便以相对独立的姿态形成了各自的研究领域。目前，专家系统的基本模式为：专家系统 = 知识 + 推理。也就是说，一个专家系统主要由两个部分组成：①知识库，用于存放关于特定领域知识；②推理机，包括操纵知识库中知识的各种算法。[②]

作为人工智能的一个核心领域，知识表征主要解决计算机如何实现形式化"思考"的问题。也就是说，如何使用符号系统来表征某个领域的常识知识，在其上建立形式化推理，并运用某些逻辑方法来实现对任务的语义理解。为了形式化推理的需要，在设计一个知识表征体系时，最重要的问题就是知识表征所具有的表达性（expressivity）。表达性较好的知识表征体系可以更好地支持建立在其上的智能推理，从而使计算机更具有智能性。可以说，良好的知识表征体系是智能的基础。因此，人工智能表征中的关键问题在于寻找一种支持推理系统的知识表征体系，使用户请求及时（in time）得到满足。而速度是以消耗资源为代价的，在资源有限的前提下，知识表征主要解决如何以最合理的表征方式来满足问题求解的需求。

在人工智能领域，自从知识被用于实现智能，知识表征的基本目标在某种

---

①② 朱福喜，朱三元，伍春香．人工智能基础教程［M］．北京：清华大学出版社，2006：5.

意义上就成为以有利于知识推理的方式来表征知识。因为，通过选择恰当的知识表征方式可以简化所要解决的问题，一定程度上使问题解决变得更为容易。然而，如何组织结构严密的知识表征体系则是一个困扰学界已久的问题。常用的知识表示方法有：逻辑表示法、产生式表示法、语义网络表示法和框架表示法等。可以说，专家系统是为了处理知识而构建的，它使“计算机程序在某一狭小问题范畴里具备了人类专家的行为水平”。[①]而这种构建智能系统的方式或者说知识表征在专家系统中的主要困难之一就是“知识获取瓶颈”，即如何从人类专家那里抽取知识。[①] 与此同时，随着计算机速度的加快和容量的大幅增加，在计算语言学（computational linguistics）中建立起一批大规模的语言信息数据库（databases of language information），使得深度知识表征变为可能。之后，语义网的发展推进了这一趋势，各种人工语言（artificial languages）和标注法（notations）也被用于表征知识，因为它们是典型的基于逻辑和数学的语言形式。但它们往往也深陷于广泛的本体（ontology）领域，[②] 围绕知识表征实现而引发的各种问题成为人工智能实现的主要瓶颈。由此可以看出，人工智能表征是智能实现的基础，其核心就在于知识表征体系的构建。

三、基于语境的分类层次结构

专家系统变革所造成的知识库与推理引擎的相对分离，是人工智能表征发展历程中的一次飞跃，直接导致了以知识库构建为主的表征体系与以专家系统框架为主的计算体系的分离。从此，人工智能表征进入了一个构建大规模知识表征体系工程的时代。

在这一时期，常识知识难以形式化的原因主要表现在以下几个方面：①常识知识的数量极为庞大。不存在不费力的方法去获得实现智能所必需的巨量级数据库。②很难在常识知识和专业知识之间划界。任何领域或学科的知识都是有层次的，人们很难界定哪些知识是常识，哪些更为专业。尤其是在科技迅速发展的今天，知识更新和普及的速度如此之快，某一时期的专业知识用不了多久就很可能就会转变为常识知识，这就使得常识知识和专业知识之间的划界问题更为困难。③常识知识很难将常识世界概念化。要对常识世界中的实体、功

---

① [澳] Michael Negnevitsky. 人工智能智能系统指南 [M]. 顾力栩，沈晋惠等译 . 北京：机械工业出版社，2007：12-14.

② Wikipedia：Knowledge Representation[OL]. http：//en.wikipedia.org/wiki/Knowledge_representation [2008-12-3].

能以及复杂的关系等进行准确描述，就需要将这些对象概念化，而知识之间相互依赖的关系很难在单个对象的概念化中准确体现，很多语句本身就是一种不精确的描述，其表征的只是有关对象的近似事实。④关于某些主题的知识很难通过声明语句捕获。事实上，用语句很难描述形状和其他复杂的物理对象。如果某个东西不能用自然语言描述，我们就有理由相信将不会找到用逻辑描述将其概念化的方式。⑤概念化某些主题的时候，其范畴的定性问题经常是不确定的。很多主题可以根据划分角度和划分标准的不同，同时归属于多个范畴领域。在处理这些主题的概念化问题时，将其归入哪个范畴都会影响其他范畴对这一主题的使用。[①]

由于在常识知识的形式化过程中有如此之多的困难，人工智能系统在组织这些常识知识的时候一般都采用分类层次结构。分类层次结构将知识表征组织为一种层次树状图的形式，以便于描述知识之间的关系，从而简化推理。因此，在人工智能中，分类层次是一个组织知识的基本方式。

在分类层次结构知识体系的实现过程中，从不同的语境因素入手，通常从以下两个角度对知识体系进行构建。

其一是从句法分析入手，对各个层次的句法进行分类，并在这些分类层次的基础上进一步表述各类之间可能的关系，给出同类关系和异类关系的判别依据。在句子中，各个成分之间按一定的线性词序排列为某种句法结构。在自然语言处理中，最常见的是将句子分解为短语结构树，其分析策略主要包括自顶向下、自底向上以及左角分析法等，其中，短语规则指出了从词到短语、从短语到句子的结合规律。也就是说，词可以看做是句子中最小的语法成分，词与词之间通过一定的组成关系构成短语，各种类型的短语又可以根据特定的组合关系构成更大的短语成分，最后，各种短语按照句法语义构成规则组成完整的句子。但是，当一个句子可以分解为两个以上的结构树时，这个句子就会产生歧义。而句法分析的主要目标就是消除句法歧义，此时，就需要通过在句法规则中引入语义知识或语境知识等其他手段来消解这种歧义，也就是说，从句法分析入手的方法也无法回避语义问题，很多情况下必须引入语义知识来协助判断。

其二是从语义分析入手，将有关世界的知识划分为不同层次的语义类别，以抽象的形式表征为一个层次语义网络。通常，不需要精确地描述或定义类中

① [美]Nilsson N J. 人工智能[M]. 郑扣根，庄越挺译. 北京：机械工业出版社，2007：188.

每个对象的属性，而是抽象地描述整个类的共有的显而易见的属性。这种分类层次语义网络给出一系列划分知识语义类别的操作标准，并对知识之间的组合或分解给出基于语义类别的判别依据。这样，就可以根据语义将各种处理对象归入这一分类体系中的某一类，利用已有相关类别的知识来帮助计算机对所处理对象有一个初步的“理解”。这种按事物的语义类别层次而形成的结构是一个树状网络，从树的根结点到叶结点的过程是一个由抽象到具体的过程。也就是说，网络中的每个结点（node）都是某个层次的语义类，不同层次的结点之间又按照各种语义类别的包含关系连接起来。对于某个结点来说，它上一层次的父结点比之更抽象，而其下一层次的子结点则比之更具体，这就使得子结点可以通过各种继承关系得到其父结点的语义特征。实质上，分类层次语义网络给出的是一种概念组织的方法，不同理论中语义网络的结构形式也有所不同。

可以说，以自然语言处理为核心的人工智能表征中所表现出的层次性特征，是对现代语言学奠基人索绪尔（de Saussure）提出的语言符号“线条性”的重大挑战。事实上，“从句法入手还是从语义入手，并不是本质上的差别”[①]。但可以看出，其共同点在于，无论从哪个角度对知识系统进行表征，它们都采用了分类层次的结构体系。冯志伟先生所指出的下述观点也印证了这一特征：“树形图与自然语言处理中广为应用的短语结构语法有着明显的对应关系。乔姆斯基的短语结构语法，既能描述自然语言，也能描述程序设计语言，这种语法已经成为形式语言理论的重要研究内容。在形式语言理论中建立的短语结构语法与树形图之间的对应和联系，正是基于对语言符号层次性认识的基础之上的。短语结构语法和树形图被广泛地使用于自然语言处理中，几乎每一个自然语言处理研究者天天都要与其打交道，天天都要研究语言符号的层次关系。自然语言处理的发展，进一步加深了我们对于语言符号的层次性的认识，语言符号的层次性，确实是一个比索绪尔提出的语言符号的线条性更为深刻的特性。”[②]不仅如此，在人工智能中，尤其是在各种领域本体的构建过程中，所有的推理规则都是建立在对领域本体的分类层次基础上的。可见，分类层次结构是人工智能表征体系的一个主要特征。

然而，上述常识知识在形式化过程中遇到的种种困难，使得分类层次结构

---

① 詹卫东．80年代以来汉语信息处理研究述评——作为现代汉语语法研究的应用背景之一［J］．当代语言学，2000，2：63-73.

② 冯志伟．论语言符号的八大特性［J］．暨南大学华文学院学报，2007，1：40.

在实施过程中遇到很多难以处理的问题。一个主要的问题在于，分类层次结构的构建过程具有很大的主观性，没有客观依据和有效的评价标准，因为很多事物可以从各个角度以及各个层次进行划分，要视其出现的语境而定；并且，有些事物并不适合放在单一的分类层次结构中来加以认识，对其强行进行归类划分不能达到正确认知的效果；更主要的问题是，各个研究机构或研究人员在对相同领域知识进行层次划分时很难形成一致的划分标准，这就使得不同系统之间在进行交流时难以达成一致的认知结果。一般来说，分类层次结构的优劣通常依靠应用系统的实践来评价。由此可知，分类层次结构问题不仅是人工智能表征的一大特征，更是一大难题。

第三节　人工智能表征的语用发展趋势

"智能"问题是当代计算机和认知科学普遍关注的焦点之一。但当前对人类认知与智能机制方面的认识障碍，使得现阶段人工智能表征方面的研究出现某种程度的停滞，难以实现理论上的突破。《国家中长期科学和技术发展规划纲要（2006—2020年）》明确指出："重点研究基于生物特征、以自然语言和动态图像的理解为基础的'以人为中心'的智能信息处理和控制技术。"[①]由此，作为实现人与计算机之间用自然语言进行有效通信的人工智能表征核心技术，自然语言处理成为研究和开发新一代智能计算机的前提和先决条件，主要解决如何在语义平面上对输入的内容进行匹配，并同时具备一定的常识知识和推理能力。这一技术同时涉及计算机科学、语言学、心理学和哲学等多门学科，只有在多学科交叉的领域范围内才有可能获得理论上的突破。尤其是在核心的语义分析及智能推理方面，自然语言处理一直深受相关哲学理论和语言学理论的影响，因此，有必要厘清其发展的关键所在，分析其发展趋势及可能带来的变革。

一、人工智能表征发展的语义瓶颈

在以自然语言处理为核心的人工智能表征领域中，词汇处理是自然语言意义理解的基本单位，无论口语还是书面语，最基本的构成成分都是词。因此，在自然语言处理中，传统的知识库只提供单个词语的概念意义或基于真值的形

① 全文见中华人民共和国国务院．国家中长期科学和技术发展规划纲要（2016—2020年）[OL]. http：//www.gov.cn/jrzg/2006-02/09/content_183787.htm[2006-2-9].

式逻辑来描写语义，对于实现自然语言处理的智能化是远远不够的。在经历了语形处理阶段之后，自然语言处理迈向了语义分析阶段。从语形到语义的发展，是语形处理无法满足精确性要求的结果。在语形处理阶段，程序根据用户输入的自然语言进行关键词比对（keyword match），这是一种局限于字词变化以及句法结构的语形匹配技术，它对于被输入的自然语言的概念语义并无确切掌握，处理结果往往精确度不够，常常会出现大量语义不符的垃圾结果或遗漏很多语义相同而语形不同的有用结果。

有鉴于此，人们希望计算机能够通过语义分析来处理信息，从而提供更加精确、更能接近人类语义处理模式的服务。为此，必须探索人脑理解语言的机制，从认知的角度描写语言知识，重视对语言理解的认知加工过程及形式化问题。但是，因为词汇句法方面的问题长期没有得到有效解决，要实现提供人工智能推理所需的知识库并不现实。由此，在自然语言处理领域开始倾向于面向真实语料的大规模语义知识库的构建工程，这是在经验主义基础上汲取了理性主义优点后，所形成的一种基于功能主义的方法。它为自然语言处理提供了一条现实可行的探索道路，是解决智能问题的必然选择。

但自然语言处理领域一直缺乏统一的理论基础。思维语言（language of thought，LOT）框架与认知科学框架（即概念的联结论构造）作为两种对立的指导方法，长期影响着自然语言处理的发展路径。[①]对于认知科学和人工智能来说，无论哪一种指导理论，都是建立在计算种类、表述载体种类、表述内容种类以及心理学解释种类这四个分析层次之上的。并且，这些层次之间并不是相互独立的，“每一层次的分析都制约着相邻层次的分析”[②]。建立在联结主义计算基础之上的认知科学框架，以整体论的神经科学为指导，把计算机看做是建立大脑模型的手段，试图用计算机模拟神经元的相互作用，构建非概念的表述载体与内容。但由于神经科学尚处于初级阶段且应用范围相对狭窄，其发展受到了很大制约，至今尚未形成一个有影响力的处理自然语言的模式。

而建立在符号主义计算基础之上的思维语言框架，则以哲学中的理性主义和还原论为指导，并借鉴了语言哲学的研究成果。它把计算机看做是操作思想符号的系统，试图通过句法和语义等形式表述系统来表征世界。由于冯・诺伊曼机的普遍应用及其形式表述系统与自然语言的接近性，以思维语言框架为代表的、建立在经典的句法 / 语义表述理论之上的一批自然语言处理理论和技术得

---

① Forder J. The Language of Thought [M]. Boston：Harvard University Press，1975：2.

② 玛格丽特・博登 . 人工智能哲学 [C]. 刘西瑞，王汉琦译 . 上海：上海译文出版社，2005：394.

到了广泛发展与应用。在人工智能表征领域，语义分析可以分为词一级的语义分析、句子级别的语义分析、篇章级别的语义分析等几个层次。无论是哪个层次的语义分析，通常都以某种语法理论为基础，如语义语法、格语法、语义网络、蒙格塔语法、范畴语法、概念依存理论等。而语义分析要在计算机上实现，通常需要语义词典的支持。

目前，自然语言处理还处于词一级的语义分析层次上。基于形式系统的自然语言处理要想实现对人类语言的正确理解，就需要具有丰富的词汇语义知识，只有这样，才能进一步完成对句子、段落甚至语篇语义的正确理解。由此，对词汇层次的自然语言处理进行语境分析就显得非常必要。通过吸收和引进各种语言学理论，近年来，自然语言处理领域出现了一批基于真实语料的大规模语义知识库。其中，以米勒（George A. Miller）主持的词网（WordNet）和菲尔墨主持的框架网络（FrameNet）工程最为著名，也最具代表性。二者均采用“经验主义”语义建模的研究思路，主要以构建大规模语料库为研究目标，进而支持建立在其上的人工智能程序。然而，二者表述载体、表述内容以及心理学解释不同，它们在处理自然语言的不同应用方面虽然各有优劣，但又非常具有互补性，为预测未来自然语言处理的发展趋势提供了基础。从词网和框架网络等大型语义知识库工程中可以看出，现阶段自然语言处理领域的问题集中表现为：

首先，对自然语言的处理一直无法突破单句的界限，进而阻碍了人们对段落理解和语篇理解的研究。其主要表现在对词和单句的分析虽然涉及语境和语用，但无法将这些方法扩展到对段落和篇章所进行的语义分析中，这是语义分析阶段瓶颈难以突破的关键所在。

其次，同句法范畴比起来，语义范畴一直都不太容易形成比较统一的意见，有其相对性的一面。“层级分类结构”（hierarchy）的适用范围、人类认知的多角度性及其造成的层级分类的主观性，导致了语义概念的不确定性、语义知识的相对性以及语义范畴的模糊性。

最后，目前语义知识库记录的内容以静态语义关系知识为主，而对于基于语义关系约束的形式变换规则知识却研究甚少，这使得自然语言处理在动态交互过程中很难发挥应有的作用。

因此，厘清以上问题产生的原因，是发展自然语言处理所需的下一代大型语义知识库迫切需要解决的首要前提。

二、语义瓶颈的语境分析

社会的信息化进程对计算机智能化提出了强烈要求，然而，自然语言处理作为人工智能表征的核心技术，在提升计算机智能方面发展速度相当缓慢，至今尚未取得重大突破。要解决存在于人工智能表征中的上述问题，必然要分析造成这些问题的瓶颈所在，进而才有可能着手解决问题。本书认为，造成自然语言处理发展缓慢的原因主要有以下几点：

（1）自然语言处理的前提假设决定了自然语言处理瓶颈出现的必然性。对于自然语言处理，无论在语言学界还是计算机界，其都建立在以下假设之上：人类对语言的分析和理解是一个层次化的过程，自然语言在人脑的输入和输出是一个分解和构造的过程，并且，在这些过程中，语言的词汇可以被分离出来加以专门研究。这是一种建立在还原论基础上的前提假设。

自然语言内部是一个层次化的结构，一般可以分为词法分析、句法分析和语义分析三个层次。这些层次之间互相影响和互相制约，最终从整体上解决对自然语言的处理问题。从自然语言的具体构成来看，一个句子由词素、词、短语、从句等构成，其中每个层次都受到语法规则的约束，而层次关系的实现则直接体现在自然语言句子的构成上。由此，计算机对自然语言进行处理也应当是一个层次化的过程。并且，根据语言的构成规则，在实现人与计算机之间的自然语言通信过程中，计算机除了需要理解给定的自然语言文本，还必须能以自然语言文本的方式来表达处理结果。

因此，对自然语言进行的处理可以分解为针对输入的自然语言理解和针对输出的自然语言生成两个过程。在输入过程中，系统通过分解文本实现对自然语言的理解；在输出过程中，系统又通过构造生成完整的句子来表达处理结果。这种前提假设从一开始就决定了自然语言处理必然以分解方法为基础，首先从分词、句法等语形处理方式入手，而后再通过语义及语用分析来完成对文本意义的理解。然而，目前相关科学的发展，尚不能确定人类在使用语言的过程中是否存在着这种层次关系。不过，这种对语言层次的划分却直接决定了自然语言处理，必然要经历从对词法和句法所进行的语形分析阶段向语义分析阶段发展的路径。

（2）在缺乏词一级的语义知识库的前提下，现阶段的语义分析系统更大程度上主要依赖于统计学等浅层方法，有待于从理论上和实践上进一步完善和突破。[①] 词网和框架网络等大型语义知识库工程也主要以词语为描述对象，致力于构建一个词一级的、具有一定层级关系的抽象化的语义网络，它无法从理论上突破句法对语义的限制，从而进行段落或篇章一级的语义分析。总的来说，这一现象始终贯穿于自然语言处理发展的两个阶段中。

第一阶段主要建立在对词类和词序分析的基础之上。20 世纪 40 年代末开展的机器翻译试验，大多采用特殊的格式系统来实现人机对话。到了 60 年代，乔姆斯基（Noam Chomsky）的转换生成语法得到了广泛认可。在这一理论的基础上，开发了一批语言处理系统。基于层次化的前提假设，自然语言处理从一开始就致力于对语言形式的处理，在分析过程中以统计方法为主，主要在分词基础上对单个语词进行处理。这些基于语形规则的分析方法，可以称之为自然语言处理中的“理性主义”。

第二阶段则开始引进语义甚至语用和语境分析，构建了一批大规模语义知识库，试图抛开对统计方法的依赖，采用了与“理性主义”相对的“经验主义”研究思路。20 世纪 70 年代以后，随着认知科学的发展，人们认识到转换生成语法缺少表示语义知识的手段，因而相继提出了语义网络、概念依存理论、格语法等语义表征理论，试图将句法与语义、语境相结合，逐步实现由语形处理向语义处理的转变。但这一阶段的研究仍然不能摆脱句法形式的限定，无法灵活地处理自然语言。到了 80 年代，一批新的语法理论脱颖而出，其主要通过对单句中核心词进行分析，进而完成对整个单句的语义分析。[②] 但是，在缺乏词一级的语义知识库的前提下，要实现对自然语言的语义分析是不可能的。

此外，自然语言的语形与其语义之间是一种多对多的关系，从而造成歧义现象广泛存在。这是自然语言处理困难的根本原因。这就要求计算机进行大量的基于常识知识的推理，于是给语言学的研究带来了巨大困难，致使自然语言处理在大规模真实文本的系统研制方面成绩并不显著。已研制出的一些系统大多是小规模的、研究性的演示系统，远远不能满足实用性要求。因此，构建基于真实语料的大规模语义知识库（或语义词典），就成为实现自然语言语义处理的必要条件。

基于以上认识，20 世纪 90 年代以来，自然语言处理中的概率和约束问题，引发了语言理论问题新一轮对的思考，出现了一批有实用价值的大型语义知识

① 由丽萍 . 构建现代汉语框架语义知识库技术研究［D］. 上海师范大学博士学位论文，2006.
② Gardner H .The Mind’s New Science：A History of the Cognitive Revolution［M］. New York：Basic Books，Inc.，Publishers，1985：28-48.

库。这些大型语义知识库在应用领域取得了一定的成绩，但仍然无法突破单句的限制，过多地依赖于统计学方法，这也是现阶段自然语言处理中最主要的瓶颈之一。然而，从理论方法角度看，基于规则的“理性主义”方法虽然一定程度上制约了建立在“经验主义”基础之上的语义知识库的发展，但是出现在“经验主义”方法中的不足也需要依靠“理性主义”方法来弥补。两类方法的融合也正是当前自然语言处理发展的一个重要趋势。①

（3）目前的大型语义知识库大都构建在以经验主义为基础的方法论之上，具有很大的主观性和不确定性，这在一定程度上会导致语义分析过程中出现不确定现象。以国际上最著名的大型语义知识库词网和框架网络为例。

框架网络以菲尔墨的框架语义学为理论基础，以经验为手段来分析和组织概念。它强调概念与意义对人的经验的依赖，寻找语言和人类经验之间的紧密关系，将词语意义跟认知结构或框架相连。通过构建语义框架，框架网络就可以有效地把人的理解捕获到语义结构中。它主要采取的是机会主义自底向上的方法，有一定的理论指导但没有明确的框架体系。构成框架网络语义知识库的基本语义框架，是从分析者的直觉判断开始的，一个框架的确立需要经过一些认识上的反复过程。由于分析者与分析者之间、分析者与使用者之间的知识背景不同，他们的思维方式也不可能完全相同，因而他们对问题的理解和认识也会有所不同，所以框架网络在一定程度上必然存在着主观性和不确定性，这是构建经验主义语义知识库所不能避免的。②

词网最初源自对词汇知识表示的心理学兴趣，它通过同义词集来表示概念，再由概念间的多种语义关系形成概念网络来构建其知识本体。这是一个高度形式化的、通用的、跨语言的知识表示方法，其目标在于通过不断的抽象，在语言认知或者纯粹的语言学理论研究中找到一种跨越不同语言的语法通则。其最大特点是把词语之间简单的同义、同类关系放在非常重要的位置，强调通用、强势的概念体系，从而是一种基于逻辑的理性原则，可视之为自然语言处理中的“理性主义”。可见，同义概念和层级分类组织方式，对于词网来说非常重要。然而，对于同义词的衡量标准以及层级的划分，基本上是人为完成的，其同义概念并不能在任何语境中都具有可替换性，否则语言中的同义词就太少了。因此，人为导致的主观性以及由此造成的不确定性，是基于“理性主义”的词

① 史忠植.智能科学［M］.北京：清华大学出版社，2006：2.

② Fillmore C. Background to frame net［J］. International Journal of Lexicography，2003，16：235-250.

网也不能避免的。[①]

从以上分析可以看出，以经验主义为基础的自然语言语义范畴难以形成统一意见的根本原因就在于：①并不是所有的事物都适合放在“层级分类结构”中来认识，硬要将某些概念定位到一个语义分类体系中，会让人感觉非常牵强。人们到底应该用什么样的结构去认识这些事物，还需要进一步从人类认知的角度去探索。②由于人们认知角度的不同，即便是使用“层级分类结构”的方法，这种分类也不是唯一的。很多事物可以同时属于多个类别，人们可以从多个角度去构造关于某个事物的不同的“层级分类结构”，这是由人类认知的语用特性决定的。像词网这样，在一个语义知识工程中为“本体”做出语义层级分类，必然会产生语义范畴的相对性，从而造成层级分类的不确定性。这种语义范畴的相对性表现在很多方面，而这些方面又常常交织在一起，体现了语义概念的不确定性。

认识到语义知识的这种相对性，有助于我们树立对一个语义知识体系的“实用主义”评价观，即一个“语义知识体系”的好坏，从根本上应该取决于它在某个应用领域中是否够用、好用。从这个意义上说，认识语义范畴最好的办法就是去深入了解语义知识在自然语言处理中能够发挥什么作用以及如何发挥作用。虽然人们对于语义范畴的界定相对模糊，但其目标却是为了比较严格和精确的“形式变换”提供支持和服务。为此，我们有必要重新认识语义范畴，将其直接建立在分解的“形式特征”基础之上，从而更好地为自然语言处理服务。

（4）自然语言作为思想交流工具，不能仅仅局限于静态的文字交流。随着互联网的发展，其创始人提姆·伯纳斯-李（Tim Berners-Lee）于2000年在《科学美国人》上提出“语义网”的概念和体系结构，他希望建立一个以“本体”为基础的、具有语义特征的智能互联网，提供动态的、个性化的、主动的服务。也就是要让具有智能的计算机程序在互联网这种动态开放的无限网络环境中运作，从而实现基于Web的个性化和智能化应用，使得人与计算机之间可以用自然语言顺畅地交流，帮助人类更好地完成工作。基于此种目的，即使是对静态文本进行篇章级别的语义分析，也还远远不能达到信息服务的要求，在更多领域，用户与系统之间以及系统与系统之间，还需要进行大量的实时交流。交流双方所有的提问、回答和讨论都是在不断变化的语境中完成的。在这一过程中，

---

① Miller G. WordNet：An on-line lexical database［J］. International Journal of Lexicography，1990，4：235-312.

每一方的语义应该是连贯的，并且双方都不可能在获得对方的全部言语之后才进行语义分析。这就要求作为交流一方的计算机系统，可以根据交流的进行实时地对双方的语义内容进行新的分析和推理，但现有理论根本无法达到这一点。在语法和句法问题的局限下，人们还不曾探讨动态交互过程中利用语义方法来实现自然语言交流的问题。

因此，突破单句的限制，根据整个动态交互过程中语义和语境的变化情况，对用户实时输入的语句进行处理并生成相应的结果，是实现语义网的必然要求。

三、人工智能表征的语用发展趋势

从智能互联网的总体目标来看，要实现语义网，就必须首先解决“语义表达问题，即如何使得网络中的信息、数据等资源能够有效地表达并被理解，使得它们成为计算机所具有的‘知识’，进而能够被计算机所共享和处理”①。要达到上述对智能的需求，自然语言处理就不能停留在现阶段仅仅对语言形式进行处理的水平上，只有深入到语义和语用层面，才有可能使自然语言处理具有智能色彩。“当前，内容处理已成为网络浏览检索、软件集成（Web 服务）、网格等计算机应用的瓶颈，语义处理也是下一代操作系统的核心技术。形形色色的软件技术最终都卡在语义上，语义处理已成为需要突破的关键技术。人工智能、模式识别等技术已有相当大的进展，但内容处理还处于重大技术突破的前夜，究竟什么时候能真正取得突破性的进展现在还难以预见。”②可见，语义表征问题已成为现阶段自然语言处理中最核心的问题之一，自然语言处理从语形阶段到语义阶段的转向，业已成为认知科学领域研究的新焦点。

伯纳斯－李的语义网概念，便是在此背景下诞生出来的一个远景。然而，语义学理论本身的局限性，决定了语义网不可能完全满足未来人们对网络的需求。自然语言本身具有的不确定性，使得自然语言处理在分析单个语句的语义时，无法实现对用户意图的整体性理解。只有借助于建立在语形和语义基础上的语用思想，才能实现更高层次的智能化服务。因此，构建基于自然语言处理的语用阶段（the pragmatic web）理论体系，将有可能成为下一阶段智能互联网的核心技术之一，这就使得自然语言处理技术本身的语用转向成了必要和可能。在这一思想指导下，本书认为，未来自然语言处理很可能在以下几个方面

① 史忠植．智能科学［M］．北京：清华大学出版社，2006：483.

② 李国杰．对计算机科学的反思［J］．中国计算机学会通讯，2005，12：72-78.

有所突破。

1. 从整体到局部的思想转变，将是下一阶段自然语言处理能否取得突破的关键所在

自然语言处理中涉及大量常识知识问题。20 世纪 70 年代以后，专家系统等人工智能技术的发展使研究者们逐步认识到常识知识在智能系统中的重要作用，但要通过构建海量常识知识库来实现人工智能是不现实的。在没有搞清楚人类是如何组织常识知识的前提下，如何组织如此庞大的海量常识知识对人工智能研究者而言是难以跨越的鸿沟。从认识论的角度来看，常识知识的形式化是人工智能的核心任务，其特点是基于某个透视域对世界进行抽象描述，具有不完全性和不确定性；从本体论的角度来看，常识知识表述形式是对世界的近似表征，必然会忽略某些方面，并且它关注的是世界的本质内容而非语言形式，因此所构建的本体具有一定的相对性；从方法论的角度来看，常识知识库将常识知识形式化地表征为一类数据结构，并在其上进行常识推理等运算，且由于应用的可实现性而专注于对某些特定领域知识的描述，具有某种程度的随意性；从现有的常识知识库来看，普遍关注常识知识的表征形式而常常忽略其本质内容，也是造成语义阶段研究进度缓慢的原因之一。

基于上述考虑，在构建大规模语义知识库的过程中，就需要针对某些有实用价值且应用相对普遍的领域进行构建工作，避免构建大而全的海量常识知识库，从而率先实现语义理解在特定应用领域的突破。这一从整体到局部的思想转变已引起某些人工智能专家的注意，它将是下一阶段自然语言处理能否取得突破的关键所在。

从目前各大型语义知识库的构建工程中可以看出，试图完成所有常识知识的语义描述是不可能的，要想有实用价值，只有针对特定领域才有可能有所突破。以汉语框架语义知识库（Chinese FrameNet，CFN）为例，需要做的不是描述汉语全部词语的语义框架，而是着力开发针对一定应用领域的语义框架和应用系统，诸如网上购书系统、旅游问答系统、天气预报系统、法律法规系统等多个应用领域。这些领域的共同特点有很强的应用价值，并且与领域相关的词汇量不是很大，可以在较短的时间内完成研发工作并投入使用，获得可观的社会效益。

2. 尝试在特定领域突破自下而上的经验主义研究路径，实现自上而下的基于篇章语境描写的框架技术

通过对旅游问答系统、网上购书系统、医疗系统、行政系统及法律法规系统中的真实语料进行词元提取操作，可以发现，在特定领域数据库中，某类词或短语在文章中出现的频率较其他类别的词语高许多，并且它们在文章中的位置相对固定，用法也较为一致。更为可喜的是，这些领域数据库中的文章在体裁、结构甚至表述方法上都有很强的相似性。由此可以大胆提出，完全有可能突破现有的基于词语来分析单句语义的描写方式，转而通过对高频词与核心词的提取，直接针对一些特殊领域的数据库来构建基于篇章的语境描写框架。这就使计算机在对文章中具体的句子进行语义分析之前，应该首先对整篇文章有一个语义上的整体认识，通过构建一个篇章级别的语境描写框架，进而再对具体语句进行语义分析，从而纠正并完善对该篇文章的意义理解。

应当看到，虽然这是一种机会主义的分析方法，但它突破了原有的从词汇开始进行语义分析的自下而向上的技术路线。因为它采取了对整篇文章自上向下的分析视角，排除了在单个词语分析过程中不符合整篇文章意义的歧义内容，使文章中的句子之间产生连贯的语义关系，在此基础之上进行的推理势必可以达到更好的理解效果。现阶段，无论从语言学方面还是从计算机技术方面，我们都不可能实现针对某种语言的全部应用来构造篇章级别的理解框架，只有在特定的应用领域，才有可能提前实现更具智能化的全文机器翻译。这一思路在自然语言处理的很多特定领域中都有着广泛的应用前景，可以为许多公共领域实现更具智能化的信息提供服务。

3. 动态语义分析是亟待解决的关键性难题，也是下一阶段自然语言处理的重要发展方向之一

无论智能互联网的智能主体还是人工智能中的智能机器人，对段落篇章的语义分析都是它们进行推理和理解的前提。然而，仅仅是对静态文本进行篇章分析还远远不能达到信息服务的要求。在更多领域，对智能互联网的人机动态交流的需求要求引入语用技术，使得作为交流一方的计算机系统可以根据实时交流中变换着的语境，对双方的语义内容进行新的分析和推理，而这是现有理论所缺失的。

与篇章分析类似，现阶段我们还不能实现针对某一语言的全部应用来构造

基于动态的理解框架。然而，通过对旅游问答系统、网上购书系统、医疗系统、行政系统及法律法规系统的分析可以看出，在这些特定领域，人们的提问意图、提问方式和提问顺序之间有一种内在的必然联系，我们可以根据这种规律性，构造基于语境的动态理解框架。其实质就是通过对一些逻辑思维的程序化抽象，与数据库中已经存在的动态框架进行匹配，在逐步判断的基础上，实现系统对情境变化的选择与修正，从而实现对对方意图或语义的理解。由于在这些特定领域内，如天气、旅游、司法等专业领域，人们的意图有很强的相似性且种类非常少，使用的词汇也比较集中，应用价值也非常高，因而可以率先在这些领域中进行动态语义知识的研究。

此外，在语言的动态交流过程中，交流双方都是作为一个独立个体来处理外部问题的，它们本身就是语言的使用者。作为交流一方的计算机系统虽然没有生命，但它在某种意义上也应是有立场的，需要站在使用者的立场来分析语言。维特根斯坦曾经指出："意向是植根于情境中的，植根于人类习惯和制度中的。"[①]从语言的使用层面处理语义问题和意向性问题，可以更好地实现对语言的理解。从这个意义上说，自然语言处理需要从语义阶段迈向语用阶段。

4. 理性主义技术路线与经验主义技术路线的融合趋势

要想满足自然语言处理的应用需要，如机器翻译、问答系统、信息抽取等，必须模拟人类理解语言的认知机制，具备一定的推理能力。然而，认知科学是一门以神经生理学、心理学、语言学、哲学为基础的交叉学科，在人类还没有弄清楚人的认知行为之前，自然语言处理的哲学基础是理性主义和经验主义。理性主义认为通往知识的道路是逻辑分析，而计算机中处理的自然语言符号，恰恰是建立在逻辑语言基础之上的，其智能的实现很大程度上要依赖于逻辑理论；经验主义认为知识通过经验来获取，自然语言处理中的很多成果都应归功于大量的实践基础。然而，无论理性主义还是经验主义，在自然语言处理中都遇到了不可逾越的障碍。

从以上对词网和框架网络的分析中可以看出，目前语义知识库中记录的主要是语义关系知识。传统的结构主义语言学把语义关系类型分为聚合关系和组合关系两类。一般来说，聚合关系反映同质语言成分之间的类聚性质（如词网），利用聚合关系构建的语义知识库主要采取理性主义技术路线，而组合关系

① 维特根斯坦．哲学研究［M］．李步楼译．北京：商务印书馆，2005：163.

则体现异质语言成分之间的组配性质（如框架网络），利用组合关系构建的语义知识库多采用经验主义技术路线。[①] 二者在自然语言处理的不同应用中，都可以发挥作用，具有很强的互补性，并且它们都是在计算机对“语言形式”做各种类型的变换（组合）操作时，作为约束（判别）条件来使用的，它们的融合有助于构建功能相对完善的大型语义知识库，是未来语义研究工作的一个重要方向。[②]

5. 自然语言处理正实现着从语形阶段到语义阶段的转向，下一步很有可能向语用阶段的方向发展

早在20世纪30年代，美国哲学家莫里斯（C. Morris）把语言符号划分为三个层面——语形学、语义学和语用学，之后德国逻辑学家卡尔纳普（R. Carnap）也提出了与莫里斯相类似的划分。在自然语言处理中，语义是实词进入句子之后词与词之间的关系，是一种事实上或逻辑上的关系。所谓语义框架分析，就是用形式化的表述方式，将具体句子中的动词与名词的语义结构关系（格局）表示出来。虽然现阶段的框架建立在“场景”（scene）之上，并在一定程度上体现出“立场”（standpoint）的概念，但这仅是局限在单句范围内的“小场景”和“施事”方的“小立场”，还不能反映站在语言使用者角度（或立场），在文章层次或隐喻着社会知识层次的这种“大场景”（即“语境”）下的语义关系。

但是，自然语言中大量存在的歧义性和模糊性等现象，是现阶段以词语为核心的对句子的语义理解所不能处理的。它忽视了作为语言的使用者的“人”的主体地位。例如，维特根斯坦所强调的，人是语言的使用者，语言的使用是同人的生命活动息息相关的。这一思路把语言的使用放在了人类生活这样一个大背景中了，主体的参与性以及不同主体使用语言的不同方式，是考察语言的前提。词语和语句作为工具，它们的意义只能在使用中表现出来，因为，语句的意义并不是隐藏在它的分析中的，而是体现在它在具体的语言游戏的使用中。这就消解了存在于自然语言之中的歧义性、模糊性、隐喻性等一直困扰语言学家的问题，从而向自然语言处理指出了研究的发展方向：只有引进语言的使用者这一角色以及具体的语境描述，才能解决语句的意义问题。

正是在这个意义上，以强调语言使用者的主体性和语境描述为特征，自然语言处理从语义阶段进入到语用阶段，这也是将自然语言处理划分为语义阶段

---

① 由丽萍．构建现代汉语框架语义知识库技术研究［D］. 上海师范大学博士学位论文，2006.

② 冯志伟．基于经验主义的语料库研究［J］. 术语标准化与信息技术，2007，1：29.

和语用阶段的意义所在。实质上，从语义阶段到语用阶段的转换，实现了将语义和语用统一于一个认知模型的过程，“一方面，语义学通过语言表达式的语法规则提供了语言的编码—解码装置，将物理实在与语言代码有机结合起来；另一方面，语用学则诉诸具体言说和行为语境，通过主体意向性在交流中将思想转化为语言推理过程，形成了对世界的认识和对知识的传达。它们构成了解释人类行为和意义的认知系统”[①]。

总之，自然语言处理正经历着一个从语形到语义，再到语用的逐步递进的发展过程。基于自然语言处理的智能互联网，其发展历程似乎正遵循着莫里斯和卡尔纳普的理论，在经历了前一阶段的语形网之后，正逐步迈向语义网这一新的阶段，最终很有可能迈向语用网这一更高层次。人工智能在这一发展过程中体现出对语境理论的需求。同时，相关技术的发展为整体性语境描写方法打下坚实的理论基础，最终使自然语言处理从分解方法向整体性语境构建方法的转化成为可能。

① 殷杰，郭贵春. 哲学对话的新平台——科学语用学的元理论研究［M］. 太原：山西科学技术出版社，2003：97.

第三章

语境论视野下的人工智能计算

“人工智能的目标在于建造一个能够表现出智能行为的机器，来理解人类那样的普遍需要智能的行为。”[①]1936年，阿兰·图灵给出了“图灵机”（turing machines）的严格定义，并指出，他的机器可以执行任何计算（computation）。[①]从此，图灵关于计算的定义对人工智能领域产生了深远影响。在相当长的一段时期内，人们甚至把人工智能完全等同于计算，因为人工智能所解决的问题都是围绕计算而展开的。

然而，“应该说，尽管经过了近50年的研究（从图灵关于可计算性的著名论文开始），对于什么是计算的基本要素的问题至今还没有一致的看法”[②]。随着人工智能的发展，什么是计算以及计算在人工智能中的地位与作用成为人们理解人工智能的核心之一，尤其是在智能实现的程度问题上，“什么是可计算的”这一论题直接决定了计算机可以达到的智能水平。因此，在理解了什么是表征的基础上，有必要从计算的角度分析人工智能面临的困境，探索造成这些困境的瓶颈所在以及可能的解决途径，这也是我们理解“人工智能哲学”这一概念必要的理论基础。

本章通过对哲学、认知心理学以及人工智能领域的计算含义进行分析，试

① Piccinini G. Artificial Intelligence. The Philosophy of Science：An Encyclopedia［K］. New York，London：Routledge，Taylor & Francis Group，2006：27.

②［加］泽农·W. 派利夏恩 . 计算与认知——认知科学的基础［M］. 任晓明，王左立译 . 北京：中国人民大学出版社，2007：74.

图从计算角度说明人工智能哲学与心灵哲学的不同。并且，在不同的人工智能研究范式语境中，人们对计算的含义有着不同的理解，因此也面临着不同的问题，而厘清概念含义是解决诸多认识分歧的根本所在。通过对计算在符号主义、连接主义以及行为主义等不同范式中的含义进行分析，可以知道只有在各范式的具体语境中才能把握人工智能计算的真正含义。通过在各范式中对计算特征进行分析，可以看出在人工智能中，应根据具体问题的语境特征来设计相应的计算方法。所有的计算都是以语用目的为前提的。

第一节　人工智能计算的语境分析

在英文中，与人工智能计算相关的表述主要有 computation 和 computing。在《大英百科全书 2008》中，computation 为名词词性，其释义为：① a：计算机的动作或行为，计算（calculation）；b：计算机的使用或操作；②一个计算系统；③数额计算。而 computing 作为动词 compute 的进行时态，则强调“做计算”或“使用一台计算机”的具体过程。[①] 而在著名的词网工程中，词性为名词的 computation 具有两个用英文表述的义项：①计算的（calculating）程序；用数学或逻辑方法来确定某物。在此义项下，computation 的同义词（synonym）有 calculation 和 computing，也就是说，在这一意义上，computation 与 computing 同义；②涉及数字或数量的问题解决。在此意义上，computation 的同义词是 calculation 和 reckoning。[②] 与《大英百科全书 2008》的最大区别在于，词网将 computing 的词性明确确定为名词，并具有两个义项：①（借助于计算机）研究可计算的（computable）过程和结构的工程学分支，其同义词为计算机科学（computer science）；②计算的程序；用数学或逻辑方法来确定某物，与 calculation 及 computation 同义。[③] 该义项与 computation 在词网中的第一个义项完全相同。

从上述对计算的英文表述的意义分析可以看出，在某些义项上，computation 与 computing 的意义是完全等同的。实际上，在计算机科学以及人工智能的理论与实践发展过程中，computation 与 computing 虽然在使用上各自有所倾向，但常常可以作为同义词来替换。尤其是在汉语中，由于在形式上同样都使用

① Encyclopaedia Britannica 2008 Ultimate Reference Suite. Encyclopaedia Britannica，Inc. 2008.
② 牛津词典 . Computation. http：//www.iciba.com/computation/［2009-2-8］.
③ 牛津词典 . Computing. http：//www.iciba.com/computing/［2009-2-8］.

了“计算”一词，因而汉语的计算比英语的computation与computing意义更为广泛。在本书中，鉴于computation比computing更具有概括性，计算的英文表述通常指computation，一般情况下不再重复说明。但在某些具体语境中，特指computing或calculation等其他单词时，会辅以英文说明。

回顾整个人工智能的发展历程，计算始终是人工智能得以实现的基础。受图灵机理论的深刻影响，“人工智能成为典型的只使用计算机器（computing machines）从事研究的领域”①。借助计算的方式实现智能模拟，是人工智能的主要方式。然而，人工智能从其产生之日起就一直“受到心灵科学、脑科学以及相关哲学的影响，并且，它也反过来影响这些学科”②。作为一个交叉学科，人工智能成功地应用于众多学科领域。这种学科特性使得人工智能的核心概念“计算”与“表征”一样，在各交叉学科中的含义不尽相同，并且在同一学科中也没有形成公认的确定含义。因此，有必要从各主要学科的角度对计算的含义加以认识。

一、心灵哲学计算

1943年，麦卡洛克与皮茨提出“心灵的计算理论”（computational theory of mind）。该理论认为，“脑过程（mental processes）就是计算”③。为了将其变为现实，20世纪40年代晚期，研究人员建造出第一台可以存储程序的计算机。该计算机是由一些交互单元网络生成的计算机器，试图通过模拟神经机制来再现脑过程，这成为连接主义的开端。其他研究人员也编写了很多执行智能活动的计算机程序，如下跳棋和证明定理等。这些实践引发了相关学术领域对心灵的计算理论的高度关注。1950年，图灵在《计算机器与智能》（*Computing Machinery and Intelligence*）一文中指出，如果图灵论题是正确的，可存储程序计算机则可以执行任何计算（直到用尽所有内存）并复制脑过程，并且，无论脑过程是否是计算的，程序计算机似乎都可以展现出智能行为。④

可以看出，从一开始，人工智能的目标就是尝试用计算的方法来模拟人类智能，“让计算机器做那些显然需要通过人的智能才能完成的事情”⑤。图灵机中

---

①②④ Piccinini G. Artificial Intelligence. The Philosophy of Science：An Encyclopedia［K］. New York，London：Routledge，Taylor & Francis Group，2006：27.

③ Piccinini G. Artificial Intelligence. The Philosophy of Science：An Encyclopedia［K］. New York，London：Routledge，Taylor & Francis Group，2006：30.

⑤ 莱斯利·伯克霍尔德（Leslie Burkholder）. 科学哲学指南［C］. 成素梅，殷杰译. 上海：上海科技教育出版社，2006：54.

所蕴含的“作为计算的思维”（thinking as computation）这一思想[①]，引起心灵哲学长久以来关于心身关系问题的又一次大讨论：如果图灵论题成立，那么人脑可以认为是计算的吗？如果计算方法可以复制脑过程，那么通过计算的方法是否可以在非生物系统上造就类似于人类的心灵呢？这触及长久以来存在于心灵哲学中的一元论与二元论之争。由此，20世纪50年代初期，造就心灵还是建立大脑模型，成为人工智能的分歧点，[②]其核心问题就在于如何理解什么是“计算”以及计算与智能的关系。争论的结果是，以纽厄尔和西蒙为代表的符号主义学派在相当长的一段时期内得到充分发展。

纽厄尔和西蒙认为，“心灵和数字计算机都是物理符号系统”。“他们的文章从心灵和计算机因操作离散符号而成为智能的这一学科假设作为开始，但是却以这样一个揭示作为结束：‘有关逻辑和计算机的研究已经向我们揭示，智能存在于物理符号系统之中。’”[③]许多人工智能研究者由此想当然地认为，既然图灵机是符号操作装置，同时图灵已经证明图灵机可以做任何计算，那么他也就证明了所有的智力能力都可以通过逻辑获取。这种自信是建立在将图灵机中未经解释的符号（0和1）和人工智能中从语义上解释的符号混为一谈的基础上的。[③]但这种自信在很长一段时期内使人们产生一种错觉：经过一段时期的努力，人们就可以在物理装置上造就出类似于人类智能的心灵。西蒙的物理符号系统假设助长了这一认识。

在心灵哲学领域，派利夏恩把这一观点推向极致。他认为，“一个计算过程是一个其行为被看作是依赖于它的状态所表征的内容或语义内容的过程。这个过程的出现是由于存在另一个结构层面——可称为‘符号层面’，也可称为句法或逻辑形式”。[④]并且，他强调，“只要（人类的或其他的）认知包括诸如推论这样的语义规律性，并且只要我们将认知看作（任何意义上的）计算，那么我们就必须将它看作是关于符号的计算。任何联结主义的装置，无论有多么复杂，都不能做到这一点，任何模拟计算机也不行”[④]。在此，派利夏恩所说的计算与我们通常所理解的数学计算或计算机程序有了很大不同，他否定了联结主义装置和模拟计算机，但没有否定数字计算机。由于从某种抽象的角度来看，数字计

① ［英］罗姆·哈瑞．认知科学哲学导论［M］．魏屹东译．上海：上海科技教育出版社，2006：105.

② H. L·德雷福斯，S. E·德雷福斯．刘西瑞，王汉琦译．造就心灵还是建立大脑模型：人工智能的分歧点．人工智能哲学［C］．上海．上海世纪出版集团，2006：330.

③ H. L·德雷福斯和S. E·德雷福斯．造就心灵还是建立大脑模型：人工智能的分歧点．人工智能哲学［C］．刘西瑞，王汉琦译．上海：上海世纪出版集团．2006：331，341.

④ ［加］泽农·W. 派利夏恩．计算与认知——认知科学的基础［M］．任晓明，王左立译．北京：中国人民大学出版社，2007：78.

算机与人类心灵都可以具有表征以及相应的计算能力。派利夏恩"试图以鼓励建议性的、挑战各种可能性的方式而不是以严格分析的方式来提出这些问题。我考察的一个中心议题是，如何可能使人类（以及信息［机器］人这个自然种类的其他成员）基于表征的行动变成他们在物理上例示这些表征的认知代码，以及他们的行为如何可能变成执行这些代码的操作之因果后承。既然这正是计算机做的事情，那么我的议题就等于是宣布：认知是一种计算"。在《计算与认知——认知科学的基础》一书的开篇，他巧妙地谈到："看起来，要使人类作为计算机的姊妹的希望不至于被一度想作为类人猿的侄子或侄女的希望搅得心神不定，我们应该记住，这些希望仅仅是为了发现它们的一些运作原理而对它们加以归类的方式。……任何分类……都不能抓住独一无二的人类的一切本质。"①

纵观全书，派利夏恩其实是把"计算"作为在某个层面对人类和计算机加以归类而得出的抽象概念来使用了。虽然他阐述了他所使用的"计算"的含义，但这是一种含混的哲学解读。数学本身就是一门对客观对象进行抽象认识的学科，我们用数学概念"计算"来抽象脑的思维过程或计算机的执行过程都无可厚非。然而，抽象的本质是站在某个视角来认识对象，抽象的结果只是对对象某个方面的认识，并不是对对象的客观全面的本质反映。也就是说，我们可以说人脑在某种意义上是计算的，但不能因此说人脑本质上是计算的，人脑的计算与计算机的计算在某种抽象的层面上可以是等同的，但仅限于抽象层面，不能还原。这不能作为计算机可以模拟出人类心灵的充分论据，派利夏恩在《计算与认知——认知科学的基础》开篇的声明在某种程度上也表明了这个意思。而对派利夏恩著名的"认知是一种计算"这一观点的误读，将"心灵的计算理论"推向极端。事实上，类比思维是人类思维的一大特征，站在抽象的角度，我们可以在很多事物之间抽象出某种类似关系。但我们不能因为这种在抽象层面上的等同，就由此推断人工智能可以等同于人类心灵。

在这一问题上，功能主义者认为，计算机只要具备了人脑的功能，就可以认为它具备了与人类一样的心灵。功能主义的首倡者普特南（Hilary Putnam）提出"计算机是心智的正确模型"这一论点②，并用"多种可实现性"（multiple realizability）对之加以论证。而这一思想根源于纽厄尔和西蒙的假设："人类大

① ［加］泽农·W. 派利夏恩. 计算与认知——认知科学的基础［M］. 任晓明，王左立译. 北京：中国人民大学出版社，2007：2，4.

② Putnam H. Representation and Reality［M］. London：The MIT Press，1988：xi.

脑和数字计算机尽管在结构和机制上全然不同，但是在某一抽象层次上具有共同的功能描述。在这一层次上，人类大脑和恰当编程的数字计算机可被看做同一类装置的两个不同的特例，这一装置通过用形式规则操作符号来生成智能行为。”[1]派利夏恩所讲的基于某种归类的表征与计算的概念本质上亦源于此。然而，几十年来的实践表明，困难恰恰就在于，无论我们怎么模拟，都无法在功能上理想地模拟人脑的整体功能，哪怕是浅层的语义理解，我们都举步维艰。这也正是本书试图脱离心灵哲学过于抽象的层面，还原一个真实的人工智能表征与计算含义的价值所在。本书的目的之一就是要证明，依照目前人工智能的理论与技术路线，实现功能主义所描绘的在计算机上再现人类心灵这一理想图景是不现实的。

二、认知心理学计算

“1956 年是认知心理学发展中相当关键的一年。”这一年，乔姆斯基在麻省理工学院的一次会议上提交了他关于语言理论的论文，米勒报告了关于神奇数字“7”在短时记忆中的意义的论文，纽厄尔和西蒙讨论了极富影响的“通用问题解决者”（general problem solver）计算模型，而人工智能领域则在达特茅斯学院的一次会议上得以创立。“因而，1956 年标志着认知心理学和认知科学的诞生。”从此，各类认知心理学研究著作相继出版，发展出各种各样研究认知心理学的方法，然而“人类认知与计算机功能雷同”的观点对认知心理学产生了深刻影响，到了 70 年代末，各种研究方法被信息加工方法（information-processing approach）统一起来。这种把心理和计算机进行类比的方法成为绝大多数心理学家认可的方法，并被库恩认为是认知心理学中居主导地位的范式或理论趋向。信息加工范式因而成为认知心理学用来研究人类认知的最好方法。[2]

“认知科学的中心假设是，思想（thinking）最好可以根据心灵中的表征结构以及运行于那些结构之上的计算程序被理解。”虽然关于组成思想的表征和计算的性质存在很多争论，但这一中心假设通常足以包含当前认知科学中的各种思想，其中也包括使用计算模型来模拟思想的各种认知心理学理论。作为认

---

① H. L·德雷福斯，S. E·德雷福斯 . 造就心灵还是建立大脑模型：人工智能的分歧点 . 人工智能哲学［C］. 刘西瑞，王汉琦译 . 上海：上海世纪出版集团，2006：331.

② M. W·艾森克，M·T·基恩 . 高定国，肖晓云译 . 认知心理学［M］. 第四版 . 上海：华东师范大学出版社，2006 . 1-3.

知科学中的一个主要研究领域，认知心理学的大多数工作假定，心灵具有与计算机数据结构（computer data structures）类似的心理表征及与算法相似的计算程序。心灵包括作为逻辑命题、规则、概念、图像、类推等在内的心理表征，并且使用诸如推论（deduction）、搜索、匹配、心理程序（mental procedures）、回转（rotating）、检索（retrieval）等以计算为主要特征的心理程序（mental procedures）。“心灵、大脑以及计算中的每一个都常常受其他两个方面的影响而提出新的思想。”由于在不同的计算机或程序设计方法中对心灵工作的方式采取了不同的研究方法，所以在认知心理学中不存在单一的心灵的计算模型。[①]研究者通常根据具体研究课题的需要建立相应的计算模型来完成工作。

总之，在认知心理学领域，计算被在两种意义上使用：①计算作为构成信息加工方法的要素，主要指其所采用的各种算法及程序。在这一意义上，计算与人工智能领域的计算含义完全相同。在认知科学领域，研究者们开发各种计算模型（computational model）来理解人类的认知过程，其最大的优点就是能够对一个现象做出解释性和预测性说明。可以说，计算模型是认知科学方法的标志。[②]在认知心理学中，试验者在实验环境下需要尽可能多地控制一些因素来进行研究，通过操纵自变量、控制无关变量来观察因变量的效应（结果）。这就需要采用各种计算方法来处理实验数据，对自变量和因变量之间的关系进行分析。[③]人工智能产生以后，认知心理学引进计算机模拟方法，通过建立各种计算模型更好地完成对实验数据的处理任务，认知心理学中的计算模型的实质就是人工智能计算在认知心理学中的应用。与心灵哲学的计算不同，认知心理学的研究目的决定了人工智能作为一种工具或研究方法而存在。②计算作为人类认知的一种现象而成为认知心理学研究对象。在这一方面，计算更多的是以智能程序的性质被认知心理学所关注，其含义与心灵哲学中的计算非常接近。

三、人工智能计算

在认识人工智能学科性质的问题上，有人认为，人工智能是一门数学学科，关注处理用的表征信息和技术的形式主义；也有人认为它是工程学的亚学科，

① Tgagard P. Cognitive Science[OL]. http：//plato.stanford.edu/entries/cognitive-science/［1996-9-23］.

② M. W. 艾森克，M. T. 基恩 . 认知心理学［M］. 第四版 . 高定国，肖晓云译 . 上海：华东师范大学出版社，2006：7.

③［美］Sternberg R J. 认知心理学［M］. 第三版 . 杨炳钧，陈燕，邹枝玲译 . 北京：中国轻工业出版社，2006：12.

主要建造智能机器；还有人说它实际上是一门经验主义学科，其主要问题是自然和人工智能主体的智能行为[①]，其实验方法包括建造、测试以及分析人工智能制品[②]；也有少数人认为，人工智能是一种哲学研究形式，它将哲学解释变成计算机程序[③]，其主要方法是推理分析。[④]其实，这些观点并不冲突。“与任何其他科学一样，人工智能工作可以更富有理论性、经验性，或更加受到应用的驱动，它也可以由不同的类型来引导。”[⑤]但有一点是肯定的，那就是人工智能必须建立在计算的基础上，到目前为止，除了计算，我们还找不出任何可替代的方式来产生人工智能。

在人工智能领域，所有研究都受到可计算性以及复杂性理论中数学结果的影响。以形式的或数学的学科为基础，人工智能常常通过探索包含了某些形式主义和技术的人造物的性能来进行研究。只有到了人工智能理论所说的通过什么样的方法可以获得什么样的智能行为这种程度，人工智能才与我们所讲的关于心灵和智能行为的科学理解以及哲学理解相关联。[⑥]也就是说，在基础人工智能领域，很少涉及心灵哲学层面的内容。

在认知科学中，关于计算存在着许多竞争性定义。通常，计算指支配状态转换的一连串可变规则。具体而言，在各种应用领域中，计算通常以下述三种定义形式来使用：①计算是指定状态转换的规则。②计算是指定状态转换的不连续规则。③计算是在可解释的状态之间指定状态转换的规则。可以看出，这三种定义的涵盖范围是由大到小的，第一种定义包含了后两种，而第二种又包含了第三种。

在实际使用过程中，采用上述哪一种定义更为恰当，所面临的困难可以概括为以下几点：①如果允许所有的物理系统都归为计算系统类型，会使计算的定义显得有些空洞。这里的关键问题就在于，这种过于概括和过于抽象的做法扩大了计算所能涵盖的范围，失去了计算概念原有的精确性而更具模糊性。上述第一种定义的问题就在于此。②如果排除了所有的模拟计算（analog

---

① Newell A，Simon H A. Computer Science as an Empirical Enquiry：Symbols and Search［M］. Communications of the ACM 19，1976：113-126.

② Buchanan B G. Artificial Intelligence as an Experimental Science［A］//Fetzer J H. Aspects of Artificial Intelligence.［C］Dordrecht，Netherlands：Kluwer，1988：209-250.

③ Glymour C. Artificial Intelligence Is Philosophy［A］//Fetzer J H. Aspects of Artificial Intelligence[C]. Dordrecht，Netherlands：Kluwer，1988：195-207.

④ Dennett D C. Brainstorms［M］. Cambridge：The MIT Press，1978.

⑤ Piccinini G. Artificial Intelligence. The Philosophy of Science：An Encyclopedia［K］. New York，London：Routledge，Taylor & Francis Group，2006：29.

⑥ Piccinini G. Artificial Intelligence. The Philosophy of Science：An Encyclopedia［K］. New York，London：Routledge，Taylor & Francis Group，2006：29，30.

computation）形式，可能会排除发生在大脑中的某些处理类型。这是上述第二种定义的问题所在。③必须接受所有作为表征系统的计算系统。换句话说，在这一定义中不存在没有表征的计算。这是上述第三种定义的问题所在，它划定了一个相对具体的计算的含义范围，无法包括更为抽象层面的含义。可见，计算概念的定义直接影响我们可以在何种层面上来使用和理解它，也影响到我们对人工智能概念的理解和使用。

在人工智能中，计算主要包括数字计算（digital computation）和模拟计算。在数字计算中，计算是一个机械过程，根据一个应用于所有字符串的固定规则，从旧的字符串（输入加上保存在内存中的字符串）产生新的字符串（即输出），并仅依靠旧的字符串来实现其应用。例如，对任意字符串来说，计算问题可能就是按照字母规则将所有字符串的符号表达出来。初始的字符串就是输入，而按字母规则排列的字符串就是所期望的输出。计算是一个过程，在这个过程中，任何输入被操作（有时与内存中的字符串一起）用来解决所输入的计算问题，从而生成所期望的作为结果的输出。而在模拟计算中，操作的则是自由变量（real variables）。自由变量的数目巨大，被设定用于做实时变换，并生成无数类型的数字。在数字计算中，通过使用更长的字符串可以使精确性得到提高，而精确性被作为可靠性的标准。相比之下，精确性在模拟计算中只有通过更恰当的自由变量才能得到提高。但是，测量实时变量经常出现误差。因此，模拟计算没有数字计算那么灵活和准确，也没有生成很多的人工智能应用。①

从上述分析可以看出，由于人工智能研究大都采用数字计算机，所以人工智能中的计算主要指认知科学对计算的第二种定义。并且，在智能模拟的最核心领域，计算与表征是密切相关的，因此，在这些领域所涉及的计算定义在大多数情况下都是认知科学对计算的第三种定义。

由于在人工智能领域，符号主义、连接主义以及行为主义是三种公认的研究范式，为了后续讨论的需要，本书分别讨论三种范式中计算所特指的含义并加以说明。需要特别指出的是，实际人工智能工程中，三种范式的计算并不相互排斥的。大多数计算都运行在数字计算机上，对计算方法的取舍根据工程需要来决定。

① Gualtiero Piccinini. Artificial Intelligence. The Philosophy of Science：An Encyclopedia［K］. New York & London：Routledge. Taylor & Francis Group. 2006：27，28.

1. 符号主义计算

如上所述，大多数人工智能都运行在数字计算机上。数字计算机是指任何可以通过处理离散形式的信息来解决问题的设备类型。它对数据进行操作，包括那些可以表示为二进制形式的数量、文字、符号等。通过计算、比较和操作这些存储在内存中的阿拉伯数字或依照一组指令形成的它们的联合体，一台数字计算机就可以执行各种自动化的任务。[①] 符号主义计算就是一种运行于数字计算机上的主要计算方式。为了实现对各种符号的处理，符号主义计算通过各种计算机语言来完成指定任务。在当代众多的计算机语言中，尽管符号上存在差异，但它们却提供了许多相同的编程结构。这包括基本的控制结构（control structures）和数据结构（data structures）：控制结构提供表达算法（algorithms）的手段，数据结构提供组织信息的方法。[②]

符号主义方法论认为，人工智能源于数理逻辑，人工智能的研究方法应该是功能模拟方法。功能模拟通过对人类认知系统功能的分析，用计算机模拟的方法来实现人工智能，并力图用数理逻辑方法来建立人工智能的统一理论体系。[③] 然而，目前的符号主义大都是基于知识表征之上的数值计算和推理计算，这使得计算能力和推理能力在很大程度上取决于底层的知识表征结构。因此，在符号主义范式下，表征与计算是相辅相成的。

符号主义中最基础的就是常规计算（ordinary computations），这有点类似于算术加法，主要是关于字符串的形式运算（formal operations）规则的处理，也就是，运算仅仅依赖于字符类型以及字符的连接方式。为了说明一个用于解决计算问题的计算，必须指定一系列形式运算，无论输入的是什么，这些形式运算都必须保证能产生适当的结果，即符合字母规则的字符串。这样的一个规范被称作为运算法则（algorithm）。虽然连接主义计算也可以处理字符串，但连接主义计算处理的字符串是基于连接主义网络单元之间的连接以及其连接强度。

在符号主义计算过程中，运算法则的执行不仅需要许多步骤，还需要一些用于保存中间结果的存储空间。用特定运算法则解决计算问题所需的时间和空

---

① The Zditors of Encyclopaedia Britannica. Digital computer. Encyclopaedia Britannica 2008 Ultimate Reference Suite. Chicago：Encyclopaedia Britannica，Inc. 2008.

② David Hemmendinger.Computer programming language.Encyclopaedia Britannica 2008 Ultimate Reference Suite. Chicago：Encyclopaedia Britannica，Inc. 2008.

③ 蔡自兴，徐光祐 . 人工智能及其应用［M］. 第三版 . 北京：清华大学出版社，2004：451.

间资源会随着输入的增长以及内存中字串的增长而增长：同样的计算，处理一个大的输入比处理一个小的输入需要更多的步骤和存储空间。所需的资源增长率被称为计算的复杂性（computational complexity）。一些计算相对简单，所需的时间和存储空间随着内存中输入的大小和字符串的大小线性增长。一些更复杂的计算所需的资源可能会随着输入以及内存中的字符串的增长呈指数增长。其他计算，包括许多人工智能计算，具有难以想象的复杂性，所需的资源随着内存中输入和字符串的大小指数级地增长。遇到这种情况，即便是非常先进的计算机，也不可能有足够的资源来完成对适中大小的输入和存储字符串的处理。

当所有这些用于解决计算问题的运算法则具有很高的复杂性时，或者是当没有什么熟知的运算法则时，就有可能出现运算的指定序列（specify sequences of operations）。这些指定序列虽然不能保证解决每一个输入的计算问题，但能利用可行的资源数目。这些程序被称作是“启发式的”（heuristics），搜索所期望的输出有可能存在，也有可能不存在，或者也有可能搜索到与所期望的结果相近似的输出。由于大多数人工智能计算都非常复杂，人工智能中大量用到这种启发式的搜索技术。①

符号都有名称，因为它们可以被解释。一串符号也可以依靠自身的组成符号及它们的串联，以某种方式得到解释。在不同的解释中，同一个字符串可以被解释为不同的符号，而这些被解释的字符串通常被称为“表征”。许多人工智能都与发现信息的有效表征方式有关，人工智能研究者们称之为“知识”，并假定知识为智能主体（无论是自然的还是人工的）所拥有。如果一个智能系统要表现出智能行为，它需要以适当的方式对外界环境做出反应。由此，大多数人工智能系统受到内部状态的支配，而这些内部状态被认为是其外部环境的表征。寻求表征外部环境的有效方式是一个难题，但一个更大的难题以框架问题（frame problem）而著称，即要寻找有效的方式以解决面对环境的变化来更新表征的问题。一些从业者认为，框架问题只是更为一般的制造能从环境中学习的机器的问题中的一个部分，框架问题主要被看做是为了制造智能机器所需要做的事情。这是大多数人工智能研究和哲学讨论所关注的问题。②

作为一种解释，一个字符串可能代表一个对字符串的形式操作，在这种情

① Newell A，Simon H A. Computer Science as an Empirical Enquiry：Symbols and Search［J］. Communications of the ACM 19，1976：113-126.

② Ford K M. Pylyshyn Z W. The Bobot’s Dilemma Revisited：The Frame Problem in Artificial Intelligence[M]. Norwood：Ablex，1996.

况下，字符串被称作一个“指令”(instruction)。一个指令序列，代表一个操作序列，被称作“程序”。一个对象域（如数字），也许会用于驱动一些关于这些对象的新信息。倘若输入代表的是一些数字符号，则可能存在一个运算法则或启发式，其产生的输出代表对输入数字进行处理后的运行结果。这个运算法则或启发式继而可以被编入一个程序，并且通过程序生成的计算可以被解释为对数字进行的运算。所以，相对于一个定义在被数字编码的对象域上的任务，操作那些数字的程序可能代表一个运算法则、启发式或是任何（也许是无用的）的形式操作序列。

如果程序存储计算机可以计算任何可计算函数（computable function）（直至耗尽内存），并且计算可以定义在被解释的字符串之上，那么程序存储计算机对于科学研究来说就是一个非常灵活的工具。如果字符串被解释为一个现象的表征以及一系列处理那些表征的形式操作，那么，计算机可被用于模拟通过计算来表征的研究现象。这样，计算机就变成了科学模拟的强有力工具。[①]

2. 连接主义计算

连接主义以并行分布式处理（parallel distributed processing，PDP）以及人工神经网路（artificial neural networks，ANN）而著称，从20世纪80年代中期开始，融入认知科学主流，与符号主义一起，成为人工智能最主要的两个研究范式。与符号主义的不同之处在于，虽然连接主义有着区别于符号主义的典型的计算模式，但至今没有形成统一的研究基础。事实上，在大多数人工智能应用中，连接主义计算主要是作为一种处理符号数据的算法融入符号主义来发挥作用的，只有在智能机器人等少数领域才能独立发挥作用。

连接主义计算最早出现于20世纪40年代，比符号主义和人工智能还要早。为了将图灵等早期的计算机理论付诸实践，研究人员抽象出大脑的简化结构，并建立简单的由交互单元组成的计算网络，试图模拟大脑神经机制来再现脑过程。直至20世纪60年代，探索使用简化神经元的网络来执行心理学任务的可能方法一直都是研究人员关注的重点。但在1970年前后，由于早期网络设计的局限性日益明显，连接主义开始衰落。在经过十多年的沉寂之后，随着并行分布式处理成果的大量发表，连接主义获得了再次发展，并且新发展出的算法将

① Gualtiero Piccinini. Artificial Intelligence. The Philosophy of Science：An Encyclopedia［K］. New York & London：Routledge，Taylor & Francis Group，2006：28，29.

连接主义范式扩展了到新的解释域。

连接主义网络是建立在被称为单元（unit）或节点（nodes）的基本计算基础之上的，这些单元之间通过加权联系相互连接，被称作单一权重（weights）。单元具有一个变化不定的激活的数字层，并且它们通过权重将激活传给其他的单元。权重决定一个单元对其他单元的影响有多大。这种影响可能是正的（刺激性的），也可能是负的（抑制的）。一个单元在某个时刻接收到的净输入是所有与该单元连接的活动单元激活的加权和。假定这一网络输入，一个激活函数决定这个单元的激活，这样，激活并行传递给整个网络。连接主义网络通过将激活的向量值映射到其他类似的向量来实现函数的计算。

连接主义的各种计算中，多层前馈网络（multilayer feedforward networks）是当代研究最多和使用最为广泛的分类模型网络。在多层前馈网络中，单元被安排在不同的层中：从一个输入层开始，经过许多中间的隐藏层，最终是一个输出层。由于没有反向连接，所以激活在整个网络中是单向流动的。模型将表征意义赋值到网络输入层和输出层的激活向量，从而在模型和被说明的认知任务之间建立连接。

连接主义计算的网络模型的复杂程度是根据每个任务的需要来设计的，没有统一固定不变的结构。对于简单网络来说，可以手工连线来计算某些函数，但在包含几百个单元的复杂网络中，这是不可能的。连接主义系统通常也因此不用于传统意义上的编程，它主要通过固定一个学习规则，并使网络重复受到一个映射它想要学习的输入－输出子集（subset）来得到训练。这一规则然后系统地调整网络中的权重，直到其输出接近目标输出值为止。通过“学习”，连接主义网络学会处理某种任务。在连接主义网络的学习过程中，常常根据学习方法的不同来给学习规则进行分类。给学习规则分类的一个常用方法是依照它们是否需要一个外部训练者：不需要外部训练者或误差信号源（source of error signal）的学习规则称为无人管理的学习，如 Hebbian 学习；而在需要管理的学习中，当其执行出现错误时，则需要来自网络外部的东西。最流行的需要管理的学习规则是反向传播 [或译为后向传播（backpropagation，BP）] 规则。

在反向传播学习中，网络的权重最初可设为某个范围内的一个任意值。由于给出的是一个任意的权重，所以网络的响应很可能与要达到的映射相差甚远。这种输出与目标之间的差距需要通过外部训练者来计算或通过网络发送一个后向的错误信号。由于信号的传播，每层之间的权重被微小地调整，这样，经过很多次的重复训练，网络性能逐步接近目标值。当输出处于某个目标的标准范围之内时，训练结束。由于错误被逐步减少，反向传播就成了一个梯度下降算法（gradient-descent algorithm）的实例。[①]

反向传播训练网络在很多领域都取得了成功，包括：动词的过去式转换，从样本中产生原型、读取单个词语、由阴影恢复形状的抽取、可视对象的识别、模拟深层阅读障碍缺陷的出现等。它们的形式特征是众所周知的，然而却遇到了很多问题。例如，利用反向传播学习的速度非常慢，并且提高学习速度参数将会出现超出解决该任务最适宜权重范围的情况。

前馈网络常见的另一个问题是，除了由学习产生的权重发生改变外，处理输入的每种情况之间彼此独立。但通常一个认知主体不仅仅对从许多情况中学到的知识敏感，而且也对最近处理过的知识敏感。在前馈网络中，对文本获取敏感的主要方法表现为一个经常移动的输入窗口。例如，在 NETtalk 中，输入指定了被播放语音之前和之后的三个语音。但这种解决方案明显是一种拼凑，它只是利用了固定窗口（fixed window）这种算法（algorithm）来实现。如果这个项目的敏感性难以纠正其性能（performance），网络则不能正确完成任务。

在连接主义计算中，简单循环网络（simple recurrent network，SRN）是一个日益受到重视的可以替代前馈网络的体系结构，[②]它既是前馈连接又是循环连接。在标准模型中，输入层将激活传送到隐藏层，隐藏层中有两套输出连接：一套连接到其他隐藏层并最终到达输出层，另一套连接到一个指定的文本层。文本层中单元的权重使之可以构造这个隐藏单元的活动拷贝，然后这些单元上的激活，在下一个时间处理进程中被处理成一个针对同一隐藏单元的附加输入。这样的处理结构考虑到了短时记忆（short-term memory）的限制形式，因为当前处理周期的活动模式会影响下一个周期。由于当前周期的活动受到其自身在一个较早循环中的影响，这就涉及多个之前的处理周期的存储扩展（尽管对不止一个周期后退的敏感性将减少）。

一旦在反向传播的变化中训练数据，许多简单循环网络就能够在时间序列事件组中发现模式。艾尔曼（Elman）训练的简单循环网络在连续表示单词方面，尝试教它们去预示句子中下一个单词的语法范畴。网络可以在这一任务中

① Wieskopf D，Bechtel W. Connectionism. The Philosophy of Science：An Encyclopedia［K］. New York，London：Routledge，Taylor & Francis Group，2006：150-157.

② Elman J L. Distributed Representations，Simple Recurrent Networks，and Grammatical Structure［J］. Machine Learning，1991：195-225.

获得相当好的性能。由于网络从未获得关于语法范畴的充足信息，所以它们导致了比表示自然的训练数据更抽象的单词间的相似表征。此外，在连接主义计算中还存在许多其他类型的自然网络结构体系。①

3. 行为主义计算

行为主义认为，智能行为产生于主体与环境的交互过程，智能主体能以快速反馈替代传统人工智能中精确的数学模型，从而达到适应复杂、不确定和非结构化的客观环境的目的。复杂的行为可以通过分解成若干个简单的行为加以研究，人工智能可以像人类智能一样逐步进化。

1988 年，在控制论和连接主义的基础上，行为主义的代表人物布鲁克斯发明了六足行走机器人，这种机器人被看做是新一代的“控制论动物”。目前，由布鲁克斯领导的麻省理工学院“计算机科学与人工智能实验室”研制出的机器人 Domo、Mertz 以及 Obrero 等成为行为主义研究的典型代表。

布鲁克斯指出，他的计算模型不打算作为神经系统工作的真实模型，可以称为“以低智能为前提”的体系结构，其目的是对有智能、有立场以及具身化的智能主体进行编程。他们的计算原则是：①通过一个固定且单向连接的拓扑学网络，计算被组织为一个主动计算元件的异步网（它们是被扩张的限定状态机器）；②在连接上传送的信息没有暗含的语义——它们是很小的数字（典型的为 8 位或 16 位，但在一些机器人中仅有 1 位），并且它们的意义依赖于动力学，被设计在发送器和接收器中；③传感器和执行器通常通过异步双面缓冲区（asynchronous two-sided buffers）被连接到这一网络。

关于行为主义机器人行为方式的实现，布鲁克斯认为，控制论（cybernetics）起到了相当重要的作用。控制论与传统人工智能有着根本不同的风格，它与控制理论以及统计信息理论同步发展，是关于数学和机器的研究，并不依照一台机器的功能元件或它们是如何连接的，也不依据一台机器眼下可以做什么，而是依照单独一台机器可以产生的所有可能的行为。因此，在机器人的设计过程中，需要引入相关的控制论。

在关于计算如何实现的问题上，布鲁克斯指出，可以通过将更多的特定行为网络增加到已有网络中，来使系统的行为能力得到提高。他称这一过程为“分层”——这是一个对进化发展过程的过于简单且粗略的类似——层或行为都

① Wieskopf D，Bechtel W. Connectionism. The Philosophy of Science：An Encyclopedia［K］. New York，London：Routledge，Taylor & Francis Group，2006：150-157.

以并行方式运行，当不同的行为试图给出不同的执行器命令时，可能需要一个冲突解决机制。很显然，这些原则非常不同于通常在冯·诺伊曼机中所使用的编程原则，它必须强制编程人员使用一种不同的元件类型来为智能进行编程。这也经常影响建造思维机器的方法，这些方法存在于纯逻辑的或科学的思考领域之外。①

虽然在布鲁克斯的努力倡导下，行为主义已经以一种研究范式的姿态出现在人工智能研究领域，然而，从行为主义计算的本质上来看，它并没有提出明显有别于连接主义计算的新的模式。正如 Gualtiero Piccinini 所指出的，“连接主义模型的复兴是许多不同领域共同驱动的结果：数学家和计算机科学家尝试去描述抽象网络体系结构的形式的和数学的性质；心理学家和神经科学家使用网络去模拟行为、认知以及生物学现象；机器人专家也使用网络来控制很多类型的涉及人工智能主体的系统；最后，工程师将连接主义系统用于很多工业和商业应用软件。这样，研究受到了一个更广泛的相关领域的驱动，范围从纯理论的应用程序到解决问题的应用程序，涉及基于应用程序或工程需要的不同科学领域的问题”②。连接主义似乎可以作为一个研究程序、一个建模工具或介于两者之间的什么东西的最好的思想。鉴于连接主义网络被赋予很多用途，并且有很多学科包括了这些特性，这些学科之间似乎不太可能会有任何通用的统一方法、启发式或原理等，因此，作为交叉学科，连接主义缺乏特征上的统一，而是寄期望于一个研究程序；在不同的学科研究领域，连接主义主要是作为一种建模工具或计算工具来使用的。连接主义似乎成为模拟某些现象的便利工具。

而连接主义计算正是作为一种建模工具以及计算方法出现在行为主义智能机器人应用领域之中的。也许在认识什么是智能以及智能的产生方式上，行为主义提出了一些有别于连接主义的理论认识，然而，从计算角度来看，行为主义计算并没有超出连接主义的范畴。从行为主义最早的机器人到布鲁克斯最新研制的智能机器人 Domo、Mertz 和 Obrero 所使用的技术特征来看，行为主义派所使用的视觉感知、触觉处理等技术都沿用了控制论和连接主义的算法和技术特征。也正因为如此，行为主义计算在本质上是连接主义计算和控制论在智能机器人领域的应用与延伸。

---

① Brooks R A. Intelligence without Reason［A］//Proc. of the 12th Intl. Joint Conf on Artificial Intelligence（IJCAI-91）[C]. San Francisco：Morgan Kaufmann，1991.

② Wieskopf D，Bechtel W. The Philosophy of Science：An Encyclopedia［K］. New York，London：Routledge，Taylor & Francis Group，2006：151.

第二节 人工智能计算的特征

最早的计算机主要都用于数值计算（numerical calculations）。然而，当所有信息都可以用数字来编码时，人们很快便意识到计算机可以作为通用信息处理工具。计算机处理大量数据的能力以及速度和价格上的优势，使得人工智能在文本处理、大规模数据库以及智能机器人等领域获得长足发展。“尽管连接主义与符号主义之间的冲突在20世纪90年代形成僵局，但在更广泛的认知科学共同体内部则达成了些许一致，连接主义方法作为部分建模工具（modeling toolkit）被加入符号方法中。对一些任务来说，连接主义模型被证明是比符号模型更有用的工具，而对其他任务来说符号模型仍旧是首选。在另外一些任务中，则将连接主义模式与符号模式集成为混合模式。”①

从上述对人工智能计算的分析可知，人工智能计算主要以符号主义计算和连接主义计算为主，对于人工智能计算特征的分析也以对这两种计算的分析为主。

一、符号主义计算的特征

由于符号主义主要建立在数字计算机的基础上，所以计算处理的对象主要是离散符号，它在给定问题的情况下，编写相应的程序来处理问题。数字计算机采用的是一种典型的计数型表示方式，所以它主要利用脉冲的编码来表示数字并进行计算。通常，当用符号主义来解决一个具体问题时，首先需要从具体问题中抽象出一个适当的数学模型，然后设计一个解此模型的算法，最后编写程序、进行测试直至得出结果。在此，构造数据模型的实质是分析问题，从中提取操作的对象，并找出这些操作对象之间的关系，然后用数学语言加以描述。

在符号模型中，计算的对象是数据（data）。数据是对客观事物的符号表示，是所有能输入计算机并被计算机程序处理的符号的总称。②它是一种基本表征单元的符号，既有某种句法形式，又有典型直观的语义特征，类似于自然语言中

① Wieskopf D，Bechtel W. The Philosophy of Science：An Encyclopedia［K］. New York，London：Routledge，Taylor & Francis Group，2006：157.

② 严蔚敏，吴伟民．数据结构［M］．北京：清华大学出版社，1995：1-3.

的单词元素。符号是离散的，可以形成具有内部句法结构的复杂符号，像用于形式逻辑的符号串一样，这些复杂符号表现出不同的约束和范围。在计算过程中，系统动态受规则支配，这些规则通过响应其句法或形式特性把符号转换成其他符号。因此，符号主义计算在某种意义上是一种基于表征的符号转换过程，并且其结果具有确定性。

此外，符号主义认为，“思想的组合性可解释为效率（productivity）和系统性（systematicity）”[①]。在符号主义模型中，支配转换过程的规则是组合性的，经过一些数量有限的转换规则，可以实现复杂而庞大的数据处理任务。因而，这种支持计算的转换规则便具有了效率和系统性。符号主义与连接主义相比，其优越性就在于，计算可以“在一个原则性强的方式内去解释效率和系统性，而不仅仅是在连接主义网络之上执行一个符号体系”[②]。

二、连接主义计算的特征

1. 连接主义计算模型越来越缺少其核心地位

前面提到，连接主义计算的出现要早于符号主义计算。连接主义主要是作为一种模拟和理解人类认知思维的模型工具，但其一度由于效果不理想而受到冷落。而连接主义的再度复兴则是多个领域共同驱动的结果。这些不同领域根据各自需要，发展出各种网络计算模型。不同的应用需求以及动机，使连接主义作为一种模拟任务的计算工具出现在各种研究领域，这便赋予了连接主义很多用途，致使各个研究领域中的连接主义计算很难形成一个统一的计算模型工具。以致连接主义范式本身也缺乏特征上的统一性，更多的是作为一个交叉学科，寄期望于一个又一个的研究程序。

Lakatos之后，连接主义可以被看做是一个研究计划，它包括：在解释和理解认知中的一组关于网络角色的核心理论原则，引导研究的一组积极或消极的启发式，一系列连接主义模型的重要任务以及一组规定了反对经验主义的计算成果如何被说明的原理和策略。连接主义越来越缺少其核心地位，“更多的是存在于这些方面的不统一，更少的是连接主义与一个研究计划的类似，更重要的

---

① Wieskopf D，Bechtel W. The Philosophy of Science：An Encyclopedia［K］. New York，London：Routledge，Taylor & Francis Group，2006：153.

② Franklin S，Garzon M. Neural Computability［A］.//Omidvar O M. Progress in Neural Networks［C］. vol. 1. Norwood：Ablex，1990：127-145.

则是它似乎成为模拟某些现象的便利工具。如果它是一个模拟工具，连接主义不需要提供超越它所利用的特定的数学和形式设备的工具来拥有所有的通用功能"[①]。正因为如此，直至今日，连接主义还没有形成范式理论所应具有的统一方法或理论指导。

具有讽刺意味的是，这种状况是由 Rumelhart 预言的，在 20 世纪 80 年代，他是振兴连接主义的理论家之一。在 1993 年的一次会晤中，Rumelhart 声称，由于网络在很多学科的应用变得更加广泛，"神经网络将会越来越失去其核心地位，并且，'有一个人在［她的］领域做一些有益的工作，［她］把神经网络作为一个工具来使用'"。[②]网络建模在这些领域将依次"作为一个可以确认的独立的东西而消失"，并成为"做科学或做工程的一部分"[②]。然而，这样的消失可能不是有害的。连接主义网络，像其他科学研究工具一样，将通过它们产生的结果的质量来确定其价值。考虑到这一点，它们显然证明了它们自身的价值，并且，在一个让人印象深刻的多种学科组成的研究中，这种现象有时候是不可缺少的。[③]

2. 连接主义计算具有功能组合性（functional compositionality），但缺乏统一性、效率以及系统性

连接主义计算模型由数目众多的单元以及这些单元组成的分布式结构组成。单个单元中记录了常见对象的可重复、但非词汇的微观特征（microfeatures），并通过具有这种属性的向量来表征它们自己。在意义复杂的网络中，我们很难辨别一个特定单元中执行的是什么内容。计算网络中也没有与符号句法结构完全相似的东西。单元获得或传输激活值，导致了更大的共同激活（coactivation）模式，但这些单元的模式并不按照句法结构来构成，并且，程序和数据之间也没有清晰的区别。无论一个利用学习规则的网络是线性处理（hand-wired）的还是被训练的，都会修改单元之间的权重。新权重的设置将决定网络未来的激活过程，并同时构成网络中存储的数据。但网络中不存在明确支配系统动态的系统规则。[④] 可以说，连接主义计算是由单元与分布式结构的组合来实现的。并且连接主义程序可以展现的功能不仅依靠程序本身的构造，更离不开后续对程序

①③ Wieskopf D，Bechtel W. The Philosophy of Science：An Encyclopedia［K］. New York，London：Routledge. Taylor & Francis Group，2006：150-157.

② Anderson J A，Rosenfeld E. Talking Nets：An Oral History of Neural Networks［M］. Cambridge：The MIT Press，1998：290，291.

④ Wieskopf D，Bechtel W. The Philosophy of Science：An Encyclopedia［K］. New York，London：Routledge，Taylor & Francis Group，2006：153.

进行的大量训练，训练的方式与程度往往决定一个程序处理任务的质量，对于不同的程序往往采取不同的训练方法。因此，无论从程序的构造还是后续的训练来说，连接主义计算都缺乏一定的统一性。

此外，每一个连接主义程序只能完成功能相对单一的数据处理任务，对于功能多样的复杂任务则需要多个连接主义程序共同完成。因此，在这个意义上，连接主义计算具有功能组合性。

上述对符号主义计算特征的分析中曾经指出，符号主义计算经过一些数量有限的转换规则，可以实现复杂而庞大的数据处理任务，因而便具有了效率和系统性。然而，对于连接主义计算来说，不存在普遍适用的系统规则。每一个计算模型都是针对特定任务而专门构造的，一个构造好的系统模型，在使用条件发生改变时就不再适用。因此，连接主义计算不能根据数量有限的系统规则来实现复杂而庞大的数据处理任务。在这个意义上，连接主义计算缺乏效率和系统性。因此，一些连接主义否认思想是效率或系统性的。但很显然，很多思想确实显示出了一定程度的效率和系统性。[①] 在这一问题上，连接主义计算显然是缺失的。

最后，从对连接主义计算结果的影响因素的分析中可以看出，训练方式与训练程度是决定一个程序处理任务质量的重要因素。换句话说，同一个连接主义程序对相同任务的处理，每一次的处理结果基本上都是不相同的。因此，连接主义计算在本质上是一种不确定性计算。

---

① Wieskopf D，Bechtel W. The Philosophy of Science：An Encyclopedia［K］. New York，London：Routledge，Taylor & Francis Group，2006：153.

第四章 人工智能语境论范式的构造

通过对人工智能的符号主义、连接主义和行为主义等主导性范式中存在的瓶颈问题进行分析，本书认为，独特的表征理论和计算理论是现有范式理论得以成立的基础。对于现有的范式理论而言，即使实现了这三种范式的融合，人工智能也难以实现对人类全部智能功能的模拟。当前，存在于人工智能表征中的分解方法以及存在于人工智能计算中的不确定性计算，成为以形式系统为基础的人工智能发展的核心问题。而这些问题在本质上又都是语境问题，用语境论的思想来认识和分析现阶段的人工智能，便成为人工智能可能取得突破的关键所在。由此，人工智能语境论范式的提出便具有了现实基础和理论需求。

第一节 人工智能范式发展的语境分析

一、人工智能范式发展的瓶颈

本书第一章曾经提到，范式作为科学共同体的公认模式，代表了某个学科在一个科学发展阶段研究问题、观察问题、分析问题、解决问题所使用的一套概念、方法及原则。范式的出现有其积极意义的一面，但也可能由于思维模式的相对固化而影响学科的发展。如今，理论界对人工智能领域的范式发展趋势尚未形成定论，人工智能学科何去何从成为相关科学领域关注的焦点。在人工智能的范式发展过程中，最显著的问题就在于没有出现库恩意义上的“科学革命”。

库恩“科学范式”理论的提出，是对传统归纳主义关于科学知识渐进积累而没有科学革命的科学发展观以及波普尔强调科学理论“不断革命论”的科学发展观的批判，他认为科学发展是一个包含长期稳定发展阶段的“阶段革命论”。库恩意义上的科学革命就是“那些非积累的发展事件，在其中一套较陈旧的范式全部或局部被一套新的不相容的范式所代替”①，就是新范式战胜和取代旧范式，并强调新旧范式不相容，革命是质变，是飞跃。②然而，在人工智能中，范式的出现与发展则没有表现出库恩意义上的“科学革命”的特征。

从这三种范式的出现来看，连接主义范式出现得最早。如前所述，早在20世纪40年代，为了将图灵等早期的计算机理论付诸实践，连接主义以计算的方式出现。而符号主义范式的产生则是50年代达特茅斯会议以后的事了。符号主义一经出现便引起学术界的高度关注，它摒弃连接主义单纯的计算方式，引入符号表征，试图以表征的方式来模拟人类智能。

符号主义的迅速崛起，使两种范式有过一段共同发展的起步阶段。在这一阶段，无论从学术理论还是科研资金方面，两种范式之间主要是一种竞争的关系。竞争的结果是，连接主义范式于20世纪70年代开始衰落，而符号主义范式则争取到大量的资金支持并获得长足发展。然而，符号主义的发展并没有像其代表人物西蒙所畅想的那样在几十年内达到人类智能的水平。

此后，连接主义经过了十多年的沉寂，又随着并行分布式处理成果的大量发表，重新燃起了人们的热情并获得发展。并且，新发展出的算法将连接主义范式扩展到了新的解释域。人们寄希望于连接主义范式对人脑结构的模拟，可以探索出模拟人类智能的新路径。而事实的进展让人失望，连接主义除了作为一种计算工具应用于众多领域之外，其本身在人类智能模拟上并没有展示出比符号主义更强的优势。借此，两种研究范式再度分庭抗争，但它们在人类智能模拟上都没有显著进展。

20世纪90年代，以布鲁克斯“没有表征的智能”和“没有推理的智能”两篇论文为代表，行为主义范式走入人工智能研究的历史舞台。行为主义范式试图绕过符号主义和连接主义在表征和计算上遇到的瓶颈，从刺激－响应等低级行为模拟入手，试图逐步进化出更为高级的智能模式。

---

①［美］托马斯·库恩．科学革命的结构［M］．金吾伦，胡新和译．北京：北京大学出版社，2003：75-76.

② 林超然．现代科学哲学教程［M］．杭州：浙江大学出版社，1988：156.

然而，行为主义范式的提出饱受非议。行为主义机器人是否没有表征，其计算模式是否是对连接主义、控制论以及已有智能机器人研究的突破，甚至行为主义是否算得上是一种范式，即便是一种范式，它是人工智能这一大研究领域的范式还是仅仅是智能机器人研究领域的范式，等等。不管如何界定，显然，行为主义在人类智能模拟上也没有展示出令人信服的研究前景。

目前，这三种主导性范式是一种并存的关系，并且，这种并存仅仅是一种学术讨论上的并存。在更多的应用领域，计算机研究人员在实际工程的实施当中，其实并不严格区分哪些是符号主义、哪些是连接主义和行为主义。所有的工程应用与功能实现都以现有的技术为基础，以解决问题为核心，什么好用用什么，什么能解决问题用什么。这样，在实际研发过程中，人工智能事实上已经摆脱了单个范式的束缚，将多种范式中的方法以解决问题为目的融合到了一起。

人工智能从诞生那天起就面临着表征与计算的问题。从第二章和第三章的分析可以看出，表征理论和计算理论是引起人工智能范式转变的根本动因。如果说半个多世纪的人工智能研究证明了些什么的话，那就是在机器中实现人类智能是一件非常困难的事情。现有的范式理论都不具备实现强人工智能的理论基础。在人工智能范式发展的问题上，学术界提出了许多有益的理论与看法，但同样也存在一定的争议。

（一）关于范式融合的争论

在人工智能范式的发展问题上，最主要的争论集中在“符号主义范式和连接主义范式是否可以融合”这一问题上。

1. 符号主义与连接主义范式的融合观

赞成符号主义与连接主义可以融合的一方认为，二者可以通过取长补短，以至最终融合成统一的认知科学新范式。“尽管连接主义与符号主义之间的冲突在 20 世纪 90 年代形成僵局，但在更广泛的认知科学共同体内部则达成了些许一致。连接主义方法作为部分建模工具被加入符号方法中。对一些任务来说，连接主义模型被证明是比符号模型更有用的工具，而对其他任务来说符号模型仍旧是首选。对于另外一些任务，则将连接主义模式与符号模式集成为混合模式。”[①]认知科学的发展客观上需要统一的研究范式，这种新范式既不是连接主义

① Chomsky N. The Philosophy of Science—An Encyclopedia. Routledge［K］. New York，London：Taylor & Francis Group，2006：154.

吞并符号主义，也不是后者吞并前者。符号主义和连接主义可以融合的原因主要包括以下几点：

第一，符号主义与连接主义在心智研究的不同层次上具有互补性。在较低层次上，像模式识别、言语识别，连接主义模型可能是有用的；但从较高层次上看，如言语产生、理解和阅读等，则需要符号主义模式。无论是认知的高级过程还是认知的低级方面，其本质应该是一致的，可以得到统一的解释。认知科学的未来总是走向统一的研究范式。西蒙指出，人的感觉输入和运动控制有许多成分是并行处理的，但在大脑皮层水平的记忆、思维、注意等过程则多是串行处理的。符号主义范式对于人的串行活动的解释力，是连接主义者不得不承认的事实。他指出，不要"符号"或"规则"的极端连接主义是错误的。西蒙对把符号系统模型与连接主义模型结合起来的主张也表示赞同。

第二，符号主义和连接主义都具有并行处理的特征。在这一点上，威伦斯基（Robert Wilensky）所做的分析很具有代表性。他认为，实质上连接并不是什么全新的观念，它与符号主义并不是根本对立的。信息处理是人工智能的中心，连接主义也是关于信息处理的。"大规模并行处理"概念并不是新东西，并不能区别于符号主义人工智能，人工智能自开始以来，一直存在着对"并行处理"的兴趣。因此，某种东西必须以大规模并行方式被处理的概念，并不能将连接主义与符号主义区别开来。[①] 此外，一些学者认为，符号主义范式具有很强的解释力。它既能解释较高级的认知过程，如思维、问题求解、言语理解等，又能理解低级的认知过程，如知觉、模式识别、身体运动等。西蒙指出，人的感觉输入和运动控制有许多成分是并行处理的，但在大脑皮层水平的记忆、思维、注意等过程则多是串行处理的。"现在的计算机基本上是串行处理。计算机也可以模拟人的并行处理过程，是用分时（time-sharing）或时间切割的方法进行的。因此，按串行处理原理设计的计算机既能模拟人的并行处理过程，也能模拟串行处理过程。"[②]

第三，符号主义和连接主义的研究路径可以统一起来。首先，它们都是计算机隐喻的结果，本质上都是计算。"这两种研究范式都是从计算机隐喻出发，只是由于研究路径的差异而产生了不同的理论。"并且，"从系统论的角度看，符号主义范式的黑箱最终会递归到大脑神经元"。"按照系统论的黑箱理论，我

① 熊哲宏. 关于符号处理范式在认知科学中的地位和前景［J］. 华中师范大学学报（人文社会科学版），1999，38，4：58-65.

②［美］H. 西蒙. 人类的认知——思维的信息加工理论［M］. 荆其诚译. 北京：科学出版社，1986：35.

们可以把一个大的黑箱递归地分解成一套彼此相互联结的更小、更简单的黑箱。每一个小黑箱本身又能被递归地分解为更小的黑箱。按照这样无限退行的方式，大脑这个巨黑箱一定会递归分解到神经元这个层级。事实上，将大脑看做是一台计算机，最后分解到神经元，而神经元作为细胞自动机，还是一台处理符号的微型计算机，只不过在神经元里处理的是亚符号而已，如同连接主义模型中的单元一样。由此看来，符号主义范式和连接主义范式之间是具有通约性的。我们相信这两种截然不同的探索心智的方法终究会达成一致，融为一体。"[①]这其实就是帕尔默在他的《关于认知的信息处理方法》一文中所提出的著名的"递归分解假定"（recursive decomposition assumption）。帕尔默说："认知科学的标准假定是，这种递归分解能在小步骤中发生，这种分解过程将是'进行顺利的事情'（smooth）。在其极端的形式中，格式塔理论家说，你从一个黑箱——它是心智——开始，然后你不得不直接把它分解成以非常滑稽的方式彼此联结的千千万万个神经元。"[②]由此，符号主义和连接主义便实现了统一。

2. 符号主义与连接主义范式的对立观

在认为符号主义与连接主义不可以融合的一方中，豪杰兰德的观点最具代表性。他认为，符号主义不能整合连接主义，它们刚好是对立的。"这是因为，某些人喜欢的一种可能性——如福多和皮利辛考虑并严肃对待这种可能性——是心智的构架（architecture of the mind），即理解智能和认知是怎样可能的方式，必须是符号处理。但是这种符号处理机在人那里被实现的方式，就像虚拟机在联结主义硬件那里被实现一样，它们适应人脑看起来像网络这一事实。但豪杰兰德认为，这并不意味着把连接主义整合到物理符号系统假设中去，而相反是把这一实现——如虚拟机在联结主义硬件上实现——适应于关于脑的事实。"[③]连接主义适合于低层次认知、符号处理适合于高层次认知，这种区分与纽威尔或皮利辛等的设想是情投意合的。但豪杰兰德认为，许多"高层次"能力全然不是符号的。像专家直觉、理解在一种情境中发生的东西、评价什么重要和不重要、艺术家的创造性等，都不是符号性的，即使在它们的更高层次上[④]。

---

① 商卫星．论认知科学的心智观［D］．武汉大学博士学位论文，2004.

②③ 熊哲宏．关于符号处理范式在认知科学中的地位和前景［J］．华中师范大学学报（人文社会科学版）．1999，38，4：58-65.

④ Baumgartner P，Payr S. Speaking Minds：Interviews with twenty eminent cognitive scientists［M］. Princeton：Princeton University Press，1995：113.

3. 以上争论的问题所在

首先，针对融合观的第一个观点以及对立观之间的分歧，本书认为：

从目前人工智能整体理论和计算实现的发展水平来看，认为由符号主义来处理高层次智能问题、连接主义处理低层次智能问题来达到互补，进而互相配合共同完成智能任务的思想在人工智能领域是现实可行的。人工智能只有短短60多年的发展历史，它离实现模拟豪杰兰德所说的知觉、意向性等功能的要求还相去甚远。在心灵哲学领域，豪杰兰德的思想对于判断符号主义和连接主义的分歧无疑是正确的。的确，在相当长的一段时期内，要想通过二者的联合实现人类那样的智能是不可能的，现有理论离揭开大脑之谜还相距甚远。然而，在人工智能这一科学领域，技术的发展趋势是不以心灵哲学的需求为主要目标的。事实上，纵观人工智能的发展历史，尤其是近年来，它更多的是在市场需求的引导下朝着应用的方向发展。这两种观点的对立从一个侧面反映出，在人工智能领域的研究现状和认知科学想要实现的目标之间存在着很大的脱节。人工智能领域的理论虽然可以为研究一些哲学问题提供借鉴，但不一定适合解决哲学中存在的问题，很多情况下，它们都不是一个层面上的理论。我们不排除由于误解存在而造成了一些不恰当的哲学判断。

其次，针对融合观的第二个观点，本书认为：

虽然并行处理是符号主义和连接主义共有的特征，但符号主义的并行处理与连接主义的并行处理并不是一个层面的概念。符号主义的并行处理是建立在串行处理基础上的。符号主义在实现并行处理的过程中，首先由一个系统将要实现的功能分为一个个子模块，交由不同的处理器以串行的方式进行处理，然后将处理结果都反馈给原系统进行整合，最后才反馈给用户。由于这些处理器处理各个子模块的过程在时间上是并行的或者说可以看做是并行的，所以将这些处理器共同完成一个功能的方式叫做并行处理。而在连接主义中，最基本的处理单元（即神经元）之间就是一种并行处理关系，功能模块之间就更是如此。可以看出，二者在本质上不是一个层面的概念。符号主义的并行处理是一种高层的并行关系，但不具有连接主义意义上的“大规模并行处理”的特征；而连接主义的并行处理则是一种自下而上的彻底的并行关系，是真正意义上的“大规模并行处理”。因此，并行处理虽然是符号主义和连接主义共有的特征，但“大规模并行处理”却是连接主义独有的。不能由此推断符号主义和连接主义具有融合的趋势。

此外，西蒙所提出的符号主义可以通过分时操作系统实现并行处理的功能，并不能成为符号主义可以实现连接主义并行处理功能的强有力理由。分时操作系统是将操作系统的运算时间切割成小段，对将要完成的多项任务（如任务 A、任务 B 和任务 C）顺序按时间段轮流进行处理，其实质还是串行处理。只不过由于中央处理器的运行速度太快，以至于用户感觉这些任务是同时完成的。我们使用的 Windows 操作系统就是一种典型的分时操作系统。但符号主义是建立在静态表征之上的，在处理外部动态环境问题时，必须先把不断变化的外界环境表征为静态符号，还必须具备相当完备的常识知识才能正确处理。而符号主义在常识知识方面的失败表明，即便解决了计算机的计算速度问题，符号主义要想完成类似连接主义视觉处理中的景深这种最基本的问题都存在很大困难，就更不用说更为复杂的人类环境问题了。由此本书认为，动态处理与静态处理在算法上的本质差别是造成符号主义范式不能与其他两种范式直接融合的主要原因之一。

总之，虽然本书不否认符号主义和连接主义具有联合的趋势，但并行处理绝对不是可以支持二者联合的理由。

最后，针对融合观的第三个观点，本书认为：

从理论层次来看，虽然帕尔默的递归分解假定被证明是正确的，但要用现有的表征和计算技术将其实现则存在很大的难度。这一思想最大的现实问题在于：符号主义以自上而下的确定性计算为主要特征，连接主义则以自下而上的不确定性计算为主要特征。从前面的分析可以知道，在符号主义范式下实现不确定性计算与在连接主义范式下实现确定性计算都存在难以逾越的方法论障碍。要想实现递归分解假定，只有从符号主义的抽象功能入手，按确定性计算的法则，逐步递归分解为多个层次，直至神经元一级。在连接主义神经网络中，模拟神经元的单位叫做处理单元（processing element，PE）。神经网络要求“处理单元具有局部内存，并可以完成局部操作。可以把人工神经网络看成是以处理单元为结点，用加权有向弧（链）相互联结而成的有向图”，并且，“这些加权参数可以是连续的”。[①] 而符号主义最基本的表征单元不具备局部计算的功能，表征单元之间也不能作为相对独立的个体交流数据，并且，建立在这些表征单元之上的计算也是离散的。这样的组织特征和计算方法与连接主义是截然不同的。从实现的可能性来看，一个基本单元不可能同时进行两种不同模式的计算。

① 李德毅，杜鹢．不确定性人工智能［M］．北京：国防工业出版社，2005：44-45.

因此，符号主义基本单元不具备替代连接主义处理单元的可能性。递归分解假定的实质就是想把符号主义的抽象功能逐层分解为连接主义的具体实现。但基本处理单元的不同以及算法的不同，决定了要在符号主义框架下实现连接主义或是在连接主义框架下实现符号主义都是不太可能的。其实，递归分解假定的最大问题在于没有区分开符号主义的功能抽象与连接主义的结构抽象在算法实现上的本质区别。由此，符号主义范式的黑箱想要递归到大脑神经元，在现有计算理论下是无法实现的。

（二）一种新的范式理论——机制主义

针对以上三种范式中存在的不足，“机器知行学”原理提出了一套新的理论。“机器知行学”致力于对机器知行能力的研究，认为连接主义、符号主义和行为主义分别从结构、功能以及行为等三个不同的角度对智能进行了研究，不能从根本上展现和解释智能的全局本质。“从方法论的角度来考察，对于智能这种复杂系统，真正能够解释全局本质的，应当是系统的‘工作机制’。”因为从智能生成的共性核心机制入手探讨智能的本质，可将这一理论称为“机制主义”。[①]

机制主义认为，“智能生成的共性核心机制”可以理解为：在给定问题—环境—目标的前提下获得相关的信息，并在此基础上完成由信息到知识的转换以及由知识到智能的转换（简记为“信息—知识—智能转换”）。[②]在认识论范畴，“信息”不是简单的一维系统，而是由“语法信息、语义信息、语用信息”构成的三维“全信息”系统；“知识”也不是一成不变的固定系统，而是由“经验知识、规范知识、常识知识”构成的知识生态系统。结构主义（即连接主义）的智能生成机制可表示为“信息—经验知识—智能”转换，功能主义（即符号主义）的智能生成机制可表示为“信息—规范知识—智能”转换，行为主义的智能生成机制可表示为“信息—常识知识—智能”转换，三者可在“机制主义”的框架下实现统一。并且，与“智能”生成机制相似，“情感”生成机制也是“信息—知识—情感”转换，且情感与智能之间存在深刻的相互作用。“而且，结构主义方法获得的经验性知识经过验证就可以成为功能主义方法所需要的规范性知识，功能主义方法的规范性知识经过普及处理就可以成为行为主义方法所需要的常识性知识；而常识性知识则是结构主义方法和功能主义方法不可缺

① 钟义信. 机器知行学原理：信息、知识、智能的转换与统一理论［M］. 北京：科学出版社，2007：250.

② 钟义信. 知行学引论——信息–知识–智能转换理论［J］. 中国工程科学，2004，6：1-8.

少的基础。”①

本书认为，在现有的计算机系统中，想要将信息和知识这种难以用量化表征的概念加以区别和表征就已经很难，进而在此基础上要将一个具有多种可能状态的变量的每一种状态，都用“全信息”理论进一步细化为“语法信息”“语义信息”和“语用信息”三个度量值，以及将“知识”这一概念相应地细化为“形式性知识”“内容性知识”和“价值性知识”三个分量②，其在实现上的难度几乎不亚于常识知识工程的难度。并且，这种表征更适合在符号主义范式下使用。事实上，正是由于符号主义表征的复杂性，连接主义和行为主义才得以兴起，且后两种范式的隐性表征方式似乎不需要将表征对象做以上复杂的区分。此外，认为连接主义获得的是经验性知识、符号主义具有的是规范性知识以及行为主义具有的是常识性知识，也是一个值得商榷的问题。既然常识性知识是结构主义方法和功能主义方法不可缺少的基础，那么将其仅仅归纳为行为主义的智能转换的知识形式就有些不合适了。并且，如果符号主义的规范性知识可以很容易地经过普及处理就转换为行为主义所需的常识性知识的话，行为主义研究就不会只局限于简单的行为动作研究了。

此外，本书不赞同对这一理论所做的以下说明：“‘信息—知识—智能转换’是一种广义的转换，它既可以是传统数学意义下的严格数学变换和映射，也可以是各种不确定型数学描述下的转换，还可以是逻辑学和算法意义下的转换。这样，‘信息—知识—智能转换’的理论既可以得到数学方法的有力支持，又不会受到现有数学方法发展过程中不可避免存在的不完善状况的限制。”③机制主义从数据转换的角度，对三大范式做一概括，理论过于抽象和笼统，万般皆可用，不能体现已有的技术特征。在这一高度抽象理论下，很难建立确切的表征理论和典型的算法理论，这是机制主义最大的问题所在。借用吉尔伯特·赖尔在论述范畴错误时所举的例子做一比喻：外国人现在想知道的是，牛津大学了除了基督学院、博德莱恩图书馆和阿什莫林博物馆之外，还有什么其他机构没有，而不是想问牛津大学在哪里。同理，人工智能领域现在的迫切需要是探索是否可以解决存在于符号主义、连接主义以及行为主义范式发展中的实际问题，而不是仅仅从更高层面的某个角度来对人工智能的现有理论进行抽象概括。机制主义所做的，其实是换个角度来诠释什么是人工智能。

①③ 钟义信. 机器知行学原理：信息、知识、智能的转换与统一理论［M］. 北京：科学出版社，2007：259.
② 钟义信. 人工智能理论：从分立到统一的奥秘［J］. 北京邮电大学学报，2006，6：1-6.

即便如此，机制主义毕竟站在范式融合的角度，第一次从人工智能理论的高度对范式发展问题做了有益的前瞻性探讨。新生事物总会存在这样或那样的问题，它是一个在发展中不断完善的过程。在范式融合的道路上，还有更多重大而紧迫的问题有待进一步深化和探讨。

二、构建语境论视野下的范式发展观

为什么要构建语境论视野下的范式发展观？本书认为，现阶段人工智能领域的理论和技术在模拟人类智能上还处于一个很低的层次，大脑的生物机制以及一些重要特征并不必然为人工智能技术所拥有，人类很难在短期内实现强人工智能所设想的目标。对于范式发展的探讨，心灵哲学和认知科学领域所探讨的问题与人工智能领域是不相一致的。因此，短期内人工智能很难成为解决人类认知问题的有效途径。然而，人工智能作为计算机科学的重要实践领域，在其发展过程中逐渐形成了自身的学科体系。因此，有必要在一定程度上对心灵哲学和人工智能哲学加以区分，以利于站在相对客观的立场来看待人工智能的范式发展问题。人工智能作为计算机科学的一个分支，应该像物理哲学那样，逐步形成相对独立的哲学观，不能总放在心灵哲学的框架内讨论问题。在语境论视野下，本书提倡构建基于人工智能语境的范式发展观。

从上述分析可以看出，独特的表征理论和计算理论是现有范式理论得以成立的基础。从布鲁克斯的最新研究成果，我们可以看出，行为主义是连接主义和控制论的有机融合。也就是说，二者在表征和算法上都不冲突。然而，符号主义与连接主义要实现联合，还存在一定困难：首先，通过对“递归分解假定”的分析可以看出，符号主义的表征理论和算法理论与连接主义的相应理论难以直接以硬件为基础融为一体，这是造成符号主义范式与其他两种范式难以直接融合的主要原因；其次，连接主义所处的发展阶段还没有达到与符号主义完全融合（紧耦合）的技术要求，作为研发课题还为时尚早。事实上，连接主义更多的是作为一种算法被嵌入符号主义系统。一些计算机科学家已经在做有关这方面的尝试，出现了一些符号主义与连接主义的松耦合系统。但由于在表征方面存在较大的差异且连接主义本身也不成熟，要实现符号主义与连接主义的紧耦合这一目标还存在很大的理论和技术障碍，这是一个值得我们期待的技术飞跃。

同时，我们也应该看到，即使实现了三种范式的融合，人工智能也难以实现对人类全部智能功能的模拟。人工智能是否可以模拟全部的人类智能功能，目前还是一个存在很大争议的理论问题。因此，以不确定性计算为代表的新算法的出现，将和已有的技术一起，共同丰富人工智能的理论和技术，人工智能的发展必然不会仅仅停留在现有的范式之内。

从应用角度来看，人工智能在发展过程中表现出了很强的以市场因素和应用需求为主导的发展趋势，大大超出了仅对人类智能进行模拟的局限。无论是哪种范式，要想具备很强的生命力，获得更多的资金支持，必须与应用工程以及市场因素相结合。在很大程度上，人工智能技术都不是对人类智能的纯粹模拟，而是更多地表现出其作为工具的应用价值。这是我们在判断人工智能发展趋势时极容易忽略的一个重要因素。

此外，从人工智能范式的发展历程来看，它并没有完全表现出库恩意义上的范式建立、转换和替代的革命过程，其结果也不以新范式彻底地取代旧范式而告终，“而是以多个范式并存的形式从不同的侧面和在不同的时空阶段发展和推动着科学的历程”①。人工智能领域所表现出的范式融合观，在一定程度上预示着，需要重新审视库恩的范式理论，更需要在具体的人工智能语境中建立相应的哲学理论体系来深化对范式理论的认识。人工智能要想获得更大的突破，必须突破现有范式理论的局限，以人工智能表征和人工智能计算为基础，用语境分析方法来解决核心问题，在语境论视野下探讨下一代人工智能范式发展的可能趋势。

第二节　人工智能表征的分解方法

从第二章的分析中可以看出，人工智能表征作为人工智能的核心基础之一，以自然语言处理为主要任务，其发展经历了语形阶段、语义阶段，进而有可能迈向语用阶段，表现出鲜明的语境论特征。而人工智能表征的方法及相关理论问题，也一直是困扰学界的核心问题。

从方法角度来看，当代人工智能表征的症结何在？本书认为，分解方法（analysis method）是建立在形式系统之上的人工智能表征的必然选择，也是造成现阶段人工智能表征在自然语言语义理解方面各种瓶颈问题的理论根源。因此，有必要对其进行反思。

句子的层次结构以及语形、语义、语用等三个平面的划界理论，是分解方

---

① 盛晓明，项后军.从人工智能看科学哲学的创新［J］.自然辩证法研究，2002，2：9-11.

法难以实现段落或篇章语义理解的关键所在。基于词汇的语境描写方法难以突破单句限制，人工智能表征要想获得突破，就必须借助基于段落或篇章的整体性语境描写方法，而这正是分解方法所缺失的。

多年来，人工智能表征取得的成就表明，脱离分解方法去谈整体性语境构建方法是不切实际的。整体性语境构建方法应当以分解方法为基础，二者之间是一脉相承而非矛盾的关系。二者的有机融合，是解决人工智能表征分解方法瓶颈的关键所在。

“认知科学必然以这样一个信念为基础：那就是划分一个单独的称之为‘表征层’的分析层是合理的。”[①]在人工智能早期阶段，表征（representation）融于计算之中，这对于编程人员和专家系统的领域专家来说都是一件烦琐的事情。系统程序一旦编好，要想修改就非常困难。并且，不能重复利用已有系统，这在很大程度上浪费了人力和资源，不利于人工智能理论与工程的发展。到了专家系统阶段，知识库和推理机的分离机制使人工智能表征和计算以相对独立的姿态在各自领域展开研究。这是人工智能发展史上的一次巨大进步。

作为人工智能的核心领域之一，表征理论的发展水平直接决定了计算机可以达到的智能水平。然而，基于形式系统的人工智能在模拟人类智能的过程中，在表征问题上发展得非常缓慢，遇到了难以逾越的鸿沟，所有的瓶颈问题最后都落在了理解自然语言的语义问题上。本书认为，基于分解（analysis）的方法是造成人工智能表征瓶颈的关键所在。因此，有必要从处理人工智能表征的思想方法入手，探索解决这一难题的可能途径。

一、分解方法的瓶颈

自 1956 年达特茅斯会议提出“人工智能”以来，作为人工智能核心技术之一的表征，其发展速度相当缓慢，至今尚未取得重大突破，这是一个值得深刻反思的问题。建立在形式系统之上的人工智能，在处理表征的方法问题上，通常认为“句子的意义由其语法（grammar）以及单词的意义决定”[②]，而语法“用于制定如何由词造句的原则”[③]。并且，受乔姆斯基三个语法模式理论的深刻影

---

① Gardner H.The Mind’s New Science：A History of the Cognitive Revolution［M］.New York：Basic Books，Inc. Publishers，1985：38.

② Intelligence A. The Cambridge Dictionary of Philosophy［K］. 2nd ed. Cambridge：Cambridge University Press，1999：54.

③ Grammar. The Cambridge Dictionary of Philosophy［K］. 2nd ed. Cambridge：Cambridge University Press，1999：352.

响，将句子分解为层次结构的思想成为人工智能表征的主要方法之一。[①]

以上述思想为预设，人工智能在处理表征问题时主要采用句法分析（syntax analysis）、语义分析（semantic analysis）以及词汇分析（lexical analysis）等[②]基于分解的方法。而这些分解方法实现的基础是首先将句子分解为单词，只有这样计算机才可以采取进一步的智能处理。可见，无论是哪个角度、哪个层面的处理，人工智能表征所采取的方法都是基于分解思想的。从人工智能理论发展的历程来看，分解是建立在形式系统之上的人工智能表征的必然选择。然而，在发展到一定程度之后，分解方法的弊端逐步突现。因此，思想方法的转变成为下一步人工智能能否取得突破的关键所在。不过，新的方法必然要以分解方法为基础，我们很难在形式系统上构建完全脱离分解思想的新的表征方法。由此，正确认识分解方法的思想本质成为新方法建立的前提。

1. 分解思想是造成人工智能表征各种瓶颈问题的理论根源

人工智能表征在发展到专家系统阶段之后，就逐步从自然语言处理的语形阶段向语义阶段迈进。而在自然语言处理的思想方法问题上，其对语言意义的处理深受相关哲学思想的影响。其思想方法的哲学根源在于：为了获得关于语言本性的认识，首要的就是把意义概念置于首位。因此，“从一开始，包括弗雷格、罗素、卡尔纳普，以及语言学家乔姆斯基等，在探讨意义理论时就未加分析地预设了许多前提。”对于自然语言处理影响最深的思想就是，“意义本质上在于把词和事物联系起来，句子的意义由它各组成部分的意义构成的，或是它各部分的意义的函数，句子的本质作用是描述事态。这些理论或者采取的是意义规则的一种运算的和语形的形式，或者是一种自然语言的语义学形式”[③]。这种以分解为基础的指导思想映射到自然语言中就表现为，一个句子可以看做是由词素、词、短语、从句等不同层次的成分构成，其中每个层次都受到相应语法规则的约束，层次之间互相影响和互相制约，而层次关系的实现则直接体现在自然语言句子的构成上。各个层次分解的意义最终组合成人们对整个自然语言句子的理解。

受这一思想的深刻影响，大多数自然语言处理都遵循以下方法：计算机对

---

① Ludlow P，Chomsky N. The Philosophy of Science：An Encyclopedia［K］. New York，London：Routledge，Taylor & Francis Group，2006：108.

② Analysis. http：//en.wikipedia.org/wiki/Analysis［2009-1-28］.

③ 殷杰，郭贵春. 哲学对话的新平台——科学语用学的元理论研究［M］. 太原：山西科学技术出版社，2003：167-168.

自然语言的处理是一个层次化过程，计算机用分解方法对输入的自然语言进行理解，并以构造方法生成所要输出的自然语言。并且，在这个过程中，语言的词汇可以被分离出来加以专门研究。这是一种建立在分解基础上的指导思想。根据语言的构成规则，在实现人与计算机之间的自然语言通信过程中，计算机除了需要理解给定的自然语言文本，还必须能以自然语言文本的方式来表达处理结果。因此，自然语言处理的核心技术主要包括：针对输入的自然语言理解（natural language understanding）和针对输出的自然语言生成（natural language generation）两个过程。在输入过程中，系统以分解的方式，把自然语言逐层转化为计算机程序可以处理的表征形式，并利用各种层次的相关知识，进而实现对自然语言的语义理解；在输出过程中，系统又通过构造的方式生成完整句子，从而将所要表达的处理结果转换为人类可以读懂的自然语言。这样，智能系统不仅可以“听懂”人的语言，而且可以“说出”它想要表达的意思。这种基于分解的指导思想从一开始就决定了自然语言处理必须先从分词、句法分析、文本分割等语形处理方法入手，而后再通过语义及语用分析来完成对文本意义的理解。

然而，语境论指出，语词的意义由其所在的句子决定，而句子的意义由其所在的上下文（context）（即“语境”）决定。计算机在基于分解的语形处理基础上，必须借助于知识库中的常识知识才能进一步实现语义及语用处理。而常识知识工程的失败表明，用于语义理解的知识“是语境相关的。也就是说，关于知识的主张的正确与否，会随着会话和交流的目的而变化，因而，知识主张的适当性也是随着语境的特征变化着的”[①]。基于静态知识描写的常识知识工程不可能将语词在所有可能语境中的意义都预先表征出来。并且，语境在本质上是动态的和整体论的。在缺乏整体性知识的前提下，这种以静态知识表征为主要特征的分解方法在文本语义理解方面一直无法突破单句的限制，从而不能实现对句群甚至语篇的理解。即使在单句范围内，对句子语义理解的正确率也很低。这也是我们在使用一些搜索引擎或翻译软件时，其处理结果一直不能如人所愿的根本原因。

2. 句法、语义以及语用平面的划界问题是分解方法难以突破的一大难题

根据现代符号学和语言学理论的观点，一般认为，语言可以分为句法、语

① 殷杰．语境主义世界观的特征［J］．哲学研究，2006，5：97.

义和语用三个平面。莫里斯指出，“句法学是对符号间的形式关系的研究”，“语义学是对符号和它所标示的对象间关系的研究”，而“语用学是对符号和解释者之间关系的研究”[①]。后来，他依照行为理论进一步扩张了语用学的研究范围，认为“语用学研究符号之来源、使用和效果”，“语义学研究符号在全部表述方式中的意义”[②]。莫里斯给出的这种纲领式划界观，对后来的语言学、语言哲学等领域产生了深刻影响。

对基于形式系统的自然语言处理来说，句法、语义、语用平面之间的划界问题并不像语言学或哲学中那么容易。虽然在某种程度上我们可以分别从句法、语义和语用的平面来对自然语言进行语义分析，然而，语义理解在本质上是三个平面共同作用的结果。可以说，三个平面理论本身就是用一种分解的思想来审视自然语言。在以形式系统为基础的自然语言处理中，分解方法无法突破三个平面之间的划界问题来实现对语言意义的整体性理解。

无论是层次性的处理方法，还是三个平面的划界问题，都以基于分解的思想方法为指导。这成为自然语言处理在语义问题上难以逾越的方法性障碍。只有厘清造成分解方法瓶颈的原因所在，才有可能找到解决瓶颈问题的新方法。

二、分解方法的语境分析

客观地说，在自然语言处理的各个层次中，每个层次语义的确定无不由语境所决定。然而，在整体性语义理解问题上，“语境”可以起到什么样的作用以及如何起作用，是一个尚待解决的问题。本书认为，在探索分解方法的过程中，最关键的是要厘清：在自然语言处理进入语义阶段之后，当代人工智能表征的分解方法是否依然合理有效。只有将这个问题搞清楚了，才能进一步对各个层次的语境问题进行深入分析，找到分解方法的瓶颈所在，进而探讨如何构建一个更为合理的解决模式。

（一）计算机的形式化体系决定了人工智能表征必然要以分解方法为基础

人工智能所依托的计算机是一个纯粹的形式系统，建立在这一形式系统

---

① Morris C.Foundation of the Theory of Signs（1938）[A] //Carleton W M. Writing on the General Theory of Signs [C] .The Hague：Mouton，1971：21-22.

② Morris C. Signs，Language and Behavior [M]. Prentice Hall：Englewood Cliffs，1946：219.

之上的计算机语言，从早期第一代机器语言到第二代汇编语言、第三代高级语言，直至目前的面向对象的语言，都必然以系统的形式化表征为主要特征。人工智能要想模拟人类智能，就必然以形式化的描述方式来处理语言、声音、图像等各种信息。在人工智能中，"形式化"意味着机器可读。各种信息必须在首先以形式化的方式表征出来之后，才能被机器读取从而实现进一步的智能化处理。这就出现了一个非常关键的问题：以什么样的形式化方法来表征信息？

在这一问题上，乔姆斯基的三个语法模式理论为自然语言处理的产生与发展做出了巨大贡献。一开始，乔姆斯基在图灵机基础上提出了"有限状态语法"（finite-state grammar），认为"有限状态语法是一种最简单的语法，它用一些有限的装置就可以产生无限多的句子"[①]。这是一种不受语境影响的语法规则。但由于这种语法模式只能处理特定类型且长度有限的句子，它很快就不能适应自然语言处理的需要了。接下来提出的"短语结构语法"（phrase-structure grammar）是基于对句子进行直接的结构分解，成为自然语言处理中句子层次结构划分的重要理论基础。而后来的"转换生成语法"（transformational grammar）作为短语结构语法的替代物，"提供了一套进一步的转换规则，用于表明一切复杂的句子都是由简单的成分构成的……转换规则表明，任何不同的语法形式都可以转换为某种给定的语法形式"[②]。形式计算系统的本质特征以及乔姆斯基三个语法模式理论的奠基性工作，直接确立了分解思想在人工智能表征方法中的指导地位。

（二）句子层次结构是分解方法在人工智能表征中的一个主要特征，也是造成分解方法瓶颈的重要原因

从上述分析可以看出，分解方法是自然语言处理智能化发展过程中的必由之路。受乔姆斯基三个语法模式理论的影响，对句子进行逐层分解成为自然语言形式处理的主要模式。

在人机交互系统中，在早期自然语言处理运用有限词汇与人会话时，分解方法表现出良好的适用性。然而，当把这类系统的处理范围拓展到充满不确定性的真实语境中时，分解方法就出现了很多难以克服的问题。其中，最关键的问题在于缺乏相应的常识知识来对句子的语义进行判断。因此，自然语言处理

---

① Chomsky N.Syntactic Structures［M］.The Hague/Paris：Mouton，1957：19.

② 尼古拉斯·布宁，余纪元 . 西方哲学英汉对照词典［K］. 北京：人民出版社，2001：1018.

在语形阶段发展相对成熟之后，就开始向语义处理阶段迈进。

本书在第二章第二节的第三个问题“基于语境的分类层次结构”中曾经介绍过，自然语言处理在句法分析问题上主要通过剖析树等方法将句子分解为由基本语法成分组成的层次结构。在句子分解过程中，要想完成对语义的正确理解，其所涉及的每一步几乎都要涉及语义知识或语境知识。从技术层面来看，其主要的研究难点在于：

（1）在分词过程中，由于印欧语系的文字在书写上单词与单词之间有间隔，很容易实现对单词的自动识别。但对于像中文、日文、泰文等语言文字来说，在书写上没有单词之间的分界线。而句子剖析树的生成是以对单词的正确识别为基础的，这直接影响到智能系统对句法、语义，甚至语用的后续处理。如果分词发生错误，就不可能产生正确的语义理解，后续工作就没有任何意义。因此，分词是实现文本语义理解的第一步。在书写方式上没有单词分界线的语言中，分词对于计算机来说是一件非常困难的工作。因为在这类语言中，对于“词”的概念以及词的具体界定通常很难达成共识，普通人的语感与语言学标准之间常常有较大差异。并且，应用目的不同会造成对分词单位认识上的不同。① 所以，很多分词系统往往从工程需要的角度出发制定相应的分词规范，从而解决信息处理用的“词”的划界问题。而自动分词系统很难将所有句子的单词都分割正确，句子中的某个字应该与前面的字组成词还是和后面的字组成词，往往需要根据整个句子中前后词语间的语义关系来确定。对于不具备人类认知能力的计算机来说，对这类语言进行分词常常会出现错误，通常都需要在自动分词的基础上耗费大量人工进一步校正。

（2）在分词的基础上，需要通过词性标注才能进一步生成短语。词性标注难的根本原因在于词的兼类现象，即一个词具有多个词性。在一段文字中，一个词只能有一个意义，因而也只能有一个词性。想要对句子语义有一个正确的理解，就必须先正确判断每个词的词性。而在词性的确定过程中，一旦出现歧义现象，就需要引入相应的语义知识或语境知识。

（3）很多字词不止有一个义项，在自然语言处理中必须通过词义消歧，从众多的义项中选出最为适合的一个。而词义消歧的选择过程也需要引入足够的语义知识或语境知识来协助判断。

（4）自然语言的语法通常模棱两可，对一个句子进行剖析可能会产生多棵

① 刘开瑛．中文文本自动分词和标注［M］．北京：商务印书馆，2000：10-12.

剖析树。当一个句子可以分解为两种以上的剖析树时，这个句子就会产生句法歧义，而句法分析的主要目标就是消除句法歧义。此时，系统就必须根据相关的语义知识或语境知识，从中选出一棵最为适合的剖析树，从而达到消解歧义的目的。[①]

上述分析只是自然语言处理句子结构时遇到的几个特点较为显著的问题。其实，在诸如语音分割、段落划分、主题划分等众多领域，都面临着同样的问题。以分解方法为基础的自然语言处理，要解决在每个层次中遇到的歧义问题，都需要更大范围的语义知识或语境知识。而分解方法在引入语义知识或语境知识的过程中，最大的弊病在于，这些协助语义判断的知识都是针对某个单词或短语引入的，在缺乏对句子整体意义甚至语篇语境理解的情况下，所引入的语义或语境知识所能发挥的作用非常有限。正如语境原则（context principle）所揭示的："一个词只有在句子的语境中才有意义。"[②]而一个表达式也只有处于一个更大范围的语境中，才能确定其意义。因此，分解方法的本质特征决定了其很难突破自身的局限性，形成对句子或篇章的整体性认知。由此可以推断，缺乏整体性语义知识和语境知识的分解方法，在自然语言处理的语义阶段，很难实现较好的语义处理效果。

（三）三个平面的划界理论使分解方法难以逾越语义理解的障碍

莫里斯对句法、语义、语用平面的划分在不同的语言领域都产生了极大影响。随着研究的深入，人们发现，三个平面在不同语言的语义理解中作用不同，存在句法优先、语义优先或者语用优先等不同的语法体系。然而，无论是在哪个平面优先的语法体系中，以分解为特征的句法处理都是自然语言处理的基础。这是由计算机的形式特性决定的。因此，在所有的自然语言处理系统中，对语言意义的剖析都从形式分析开始。

1. 语形平面划界的问题分析

由于计算机在处理自然语言时很难像人一样分析句子，所以需要在汲取现有语言学研究成果基础上，建立一套计算机可以"读懂"的句法规则。句法规则的确立，就是要为计算机处理自然语言提供一个确切的句法描述方式，使计算机"学会"鉴别句子中的各种成分。然而，由于自然语言的极端复杂性，这

① http：//en.wikipedia.org/wiki/Natural_language_processing［2008-12-8］.

② Dummett M.Origins of Analytic Philosophy［M］.Harvard University Press，1993：5.

种句法规则的建立并不能使计算机百分之百正确地分析句子成分。很多在语言学中简单的成分界定问题，对于计算机来说就变得非常困难。因此，在制定句法规则过程中，其最大特征就在于可执行性。一个机器无法执行的句法规则，哪怕其制定得再完美，也没有用。更确切地说，对于自然语言处理来说，所谓的句法平面更注重对句子结构形式化分析的实现，从而为进一步的语义理解提供一个形式化基础。

制定自然语言处理的句法规则时，由于句法平面、语义平面以及语用平面在不同语系中的优先程度不同，对于句法分解方式的具体处理也不尽相同。还是以上面提到的印欧语言与汉语的区别为例：

在印欧语言中，句法虽然在某种程度上受到语义以及语用因素的制约，但仍有较大的独立性。事实上，在西方语言学的发展过程中，语言学家们主要关注于语言的形式特征，句法在很长一段时期内都是研究重点。直到20世纪60年代以后，语言学家们才开始系统研究语义问题。这是在深刻认识到仅仅依靠句法分析无法解决语义问题之后，语言学发展的必然趋势。鉴于印欧语言句法优先的本质特征以及丰富的句法学研究成果，其在人工智能表征的形式化处理过程中比汉语具有更大优势，句法平面的划界问题也较为容易。尽管如此，印欧语言的自然语言处理要想完全脱离语义及语用因素来处理句法问题，在实践中也存在很多困难。例如，在句子分割问题上，要判断“Mr. Smith is a doctor.”是一句话还是两句话，仅仅根据句法的形式符号标记“.”作为判据，系统就会误认为这是两句话。此时，只有借助于语义知识，系统才会做出正确判断。类似问题在印欧语言的自然语言处理系统中大量存在。从句法研究向语义研究的转向充分说明，将句法平面完全割裂开来无法解决对语言意义的理解问题。

而在汉语中，虽然计算机对句法平面的划界是必要的，但三个平面之间的界限则相对比较模糊，很难明确区分开来，句法平面的界定也因此要困难得多。其原因就在于“汉语的句法独立性太弱，难以建立独立于语义、语用而相对自主的句法体系”①。从上述对句子层次结构的分析中可以看出，由于汉语文本是按句连写的，并且汉语自身的特性决定了不可能用语法功能单一的标准对词类进行划分，因此需要掺杂各种意义标准。这就使得汉语的句法平面从一开始就和语义、语用平面纠缠在一起。对于缺乏各个层次语义知识和语境知识的计算机来说，要想将汉语的句法平面与语义、语用平面完全区分开来非常困难，甚至几乎不可能。这

① 刘丹青．语义优先还是语用优先——汉语语法学体系建设断想［J］．语文研究，1995，2：10-15.

也是汉语自然语言处理系统在语义理解问题上举步维艰的根本所在。

从上述分析可以看出，在句法平面的划界问题上，虽然印欧语言与汉语之间存在着较大差别，但无论在哪种语言中，要想将句法平面完全割裂开来单独加以研究，进而解决自然语言的语义理解都非常困难。而分解方法恰恰是通过将语形平面割裂出来，逐层分解为更小的语言单位，才能实现对自然语言意义的理解。在逐层分解过程中，每一层级语形单位的界定往往需要相关的语义知识和语用知识。而这又使三个平面在每个层级都紧紧交织在一起。在实际应用系统中，即便是印欧语系，在缺乏相关语义知识和语用知识的自然语言处理系统中，其处理结果的正确率也非常低。在缺乏整体性语义知识的前提下，句法平面的划界问题成为分解方法难以克服的障碍。

2. 语义平面与语用平面的划界问题

自然语言处理的最终目的就是实现计算机对自然语言语义的正确理解。建立在分解思想基础上的自然语言处理方法认为，只要掌握了每个词的意义以及词与词之间的语法关系，就能够掌握句子的意义。也就是说，对句子意义的理解以对组成句子的每个词语的意义理解为基础。因此，在自然语言处理系统中，词义在语义理解系统中占有突出位置。一些句子中的核心词甚至直接就可以表明句子的意思。机器对词语意义的“理解”来自机器词典。机器词典描述了每个词的词法、句法、语义甚至是语用知识。如果不知道句子中每个词的相关知识，就无法对句子级别的语义进行“理解”。而一个具有多个义项的词在其所在句子中应该取哪个意思，仅仅依靠机器词典并不能完成。这是因为，义项中所蕴含的意义具有概括性和稳定性，不包括词语在特定语境中可能出现的具体的、临时的意义，并且，一个多义词中各义项所蕴含的语义之间通常也存在某种程度的交叉。在一个具体语境中，某个词的语义与该词的哪个义项最为接近，往往是很难确定的。无论是印欧语言还是汉语，很多情况下都需要借助该词所在的更大范围的语境甚至语用知识，才能形成对一个多义词义项的正确选择。由此，语义平面就很难和语用平面完全割裂开来，而这也是现阶段分解方法无法跨越的瓶颈之所在。可以肯定地说，几乎所有的自然语言处理系统都不能很好地完成这一工作，这也是我们在使用一些翻译软件时，翻译效果很不理想的根本原因。

一般地讲，自然语言处理不能将语义平面孤立起来进行研究，因为语义是在语境中产生的，并通过语法形式来体现。语用平面是语义平面的延伸，在自然语言处理中引入语用因素，是为了更好地处理语义问题。实际上，语用只是指明了一个阐明语义的角度问题。随着研究的不断深入，人们发现，在自然语言处理中，语义平面和语用平面存在着明显的交叉现象。因为语用本身就是为研究语义服务的，所不同的是语用研究的语义是人在语言使用中产生的意义。而人对语言的使用必然又会涉及语境问题。因此，语义和语用在语境的基础上存在着相当程度的关联性。

正如 K. M. Jaszczolt 指出的："语义学与语用学之间的最大区别在于，语境因素的参与程度不同。"[①]而"参与程度"是一个模糊概念，这意味着二者之间很难截然分开。自然语言处理想要很好地解决语义问题，就很难将语义与语用以相对分离的方式进行研究，要实现二者的统一，只有借助整体性的语境方法。但这并不意味着对语义和语用的消解，而是将二者作为要素，与语形一起融入整体性的语境处理中。这正是分解方法所缺失的。

三、整体性语境构建方法的提出

从上述分析可知，分解方法是建立在形式系统之上的计算机处理人工智能表征的必然选择。多年来，自然语言处理取得的成就表明，用分解方法来处理自然语言的思想是正确的，这也是人工智能表征所取得的成就。每个学科的发展都有其历史必然性，在自然语言处理的早期阶段就谈整体性方法，是不切实际的。早期阶段的研究只有通过分解的方式，才有可能实现对自然语言的形式化处理。而今天在自然语言处理经过半个多世纪的发展，基于分解的思想方法取得丰硕研究成果而不能继续前行之际，我们就应该反思方法的变革问题了。

目前，句子层次结构和三个平面的划界，是分解方法在实现自然语言语义理解过程中所不能克服的瓶颈问题。尽管在著名的框架网络在建工程中，菲尔墨在词语的语义理解中一定程度上引入了语境描写技术，但这是一种自下而上基于分解思想的局部语境描写，很难突破单句的限制实现对更大范围语言文本的意义理解。如果仅仅针对单词级别的语义理解运用语境描写技术，而不是从自上而下的整体角度去加以构建，势必造成自然语言处理不能完成对段落或篇章级别语言文本的整体性语义理解。此外，亦很难提高需要篇章级别语境知识才能判定的单句语义理解的正确率。自然语言处理在语义处理阶段难以取得突

① Jaszczolt K M. Semantics and Pragmatics：Meaning in Language and Discourse［M］. London：Longman，2002：2.

破性进展的根本原因正在于此。因此，有必要在已有的基于分解方法的局部语境描写基础上，构建整体性的语境描写框架。

在构建整体性语境描写框架的过程中，首先应该明确的是，整体性语境构建是建立在分解基础上的语境重构。大规模数据库时代，基于统计和语形匹配搜索的计算模式，要求自然语言处理首先必须是分解的。分解是形式系统处理自然语言的必然选择，整体性语境构建方法要想在形式系统上实现，首先必须是基于分解的。可见，分解方法是整体性语境构建方法的基础，而整体性语境构建方法是分解方法的必然发展趋势，二者之间是一脉相承而非矛盾的关系。

其次，整体性语境构建方法所要解决的主要问题是，在认识到语形、语义、语用三个平面无法完全割裂开来研究的前提下，如何构建基于语境的新的表征方式来实现三个平面的统一。从上述对印欧语系以及汉语的对比分析中可知，无论是哪个平面优先的语言，最大的共同点就在于三个平面可以在语境的基础上达成一致。由此，要实现对自然语言语义的理解，必然要建立基于整体性语境的描写框架。这种整体性语境的构建不仅需要各个层次自下而上的基于词汇的语境常识知识，更需要自上而下的段落或篇章级别的语境描写框架。这就要求分解方法与整体性语境构建方法相结合，二者的互补是实现整体性语义理解的必要基础。

菲尔墨的框架网络从自下而上的分解方法角度做出了有益探索。框架网络试图用"框架"将具有共同认知结构的词语以描写的方式在场景中统一起来，突破静态语境的局限，实现对人类动态语境甚至社会语境的描写。这为整体性语境理解提供了必要的词一级的语义理解基础。然而，语境描写技术的引入并不意味着就实现了整体性语境构建方法，框架网络工程只是迈出了第一步。更重要的是，要使自然语言处理突破单句的限制，实现对段落和篇章级别的语义理解。这才是整体性语境构建方法要解决的核心问题。

常识知识工程的失败表明，要在全部自然语言范围内实现整体性语境构建方法，在较长的一段时期内还不太可能。然而，我们可以尝试在篇章结构相似度较强的特定领域突破分解方法自下而上的研究路径，实现自上而下的基于篇章语境描写的框架技术。基于篇章的语境描写框架，可以使计算机首先对整篇文章有一个整体上的语义理解，进而再结合词一级的框架语义描写对文章中句子的意义进行补充和修正。[①] 这就实现了整体性语境构建方法与分解方法的有机

① 殷杰，董佳蓉．论自然语言处理的发展趋势［J］．自然辩证法研究，2008，3：35.

融合，也是解决人工智能表征分解方法瓶颈的关键所在。

第三节　人工智能的不确定性计算

对于确定性的追求曾经一直是人类探求知识真理的原动力，而数学似乎是知识确定性的理想保障。康德就曾经说过："在任何特定的理论中，只有其中包含数学的部分才是真正的科学。"[①] 在近代，牛顿理论使人们对确定性的推崇达到了前所未有的高峰。然而，"人类对于宇宙以及数学地位的认识已被迫作出了根本性的改变"[②]，数学理论本身确定性的丧失以及量子力学的提出，无论是在自然科学领域还是社会科学领域，都掀起了对确定性和不确定认识的大讨论。人们逐步认识到，无论在主观世界还是客观世界，都普遍存在着不确定性（uncertainty）现象。"人类正处于一个转折点上，正处于一种新理性的开端。在这种新理性中，科学不再等同于确定性，概率不再等同于无知。"[③]人类似乎进入了一个确定性终结的时代。

在人工智能研究领域，对不确定现象的研究，大都集中于以不确定性数学为基础的不确定性计算上，而针对由于主观因素产生的不确定性现象的专门研究却涉及甚少，尚未形成一个明确的特定研究领域。而事实上，主观因素在很多应用系统中对于人工智能计算的结果起着至关重要的作用，因此有必要对之加以专门研究。本节内容得益于李德毅与杜鹢合著的《不确定性人工智能》一书，对其中涉及的相关概念做进一步分析。

一、不确定性计算的瓶颈

1. 人工智能中的不确定性含义忽略了主观因素造成的不确定性

"不确定性"一词最早于1836年出现在詹姆斯·穆勒的《政治经济学是否有用》一文中。诺贝尔经济学奖、图灵奖获得者西蒙，从认知科学和行为科学出发，认为"不可避免的是，如果经济学家要与不确定性打交道，就必须理解人类行为面临的不确定性"。进入21世纪，科学不确定性问题的研究工作受到越来越多的关注，但是不确定性的内含并没有得到公认的、必要的说明。在科

①③［比利时］伊利亚·普利高津．确定性的终结——时间、混沌与新自然法则［M］．湛敏译．上海：上海科技教育出版社，1998：引言．

②［美］克莱因．数学：确定性的丧失［M］．李宏魁译．湖南科技出版社，2007：序言．

学研究领域，人们目前所说的不确定性的含义很广泛，主要包括随机性、模糊性、不完全性、不稳定性和不一致性等多个方面，“随机性和模糊性是不确定性的最基本内涵”[①]。而各种概率理论、模糊集理论、粗糙集理论、混沌理论、云模型等都是处理随机性与模糊性的主要数学工具。在讨论人工智能的不确定性问题之前，首先应搞清楚不确定性在人工智能中的确切含义。哲学上讨论的不确定性，大都是在认识论意义上，作为与确定性相对立的概念来讲的。暂且抛开认识论层面的哲学问题，人工智能中的不确定性关心的是如何处理各类不确定性现象。在长期的探索过程中，人们逐步认识到客观世界与人类智能中普遍存在的不确定性。用人工智能的方法对这些不确定性加以处理和模拟，就成为人工智能不确定性所要完成的核心任务。然而，人工智能在具体处理各种不确定性问题时，无论从处理对象上来看，还是从所采取的处理方法上来看，主要针对的都是客观存在的不确定性现象。

因此，对人工智能不确定性概念的认识问题主要存在两个方面：①没有明确区分不确定性问题中的主观性与客观性；②没有对人工智能可处理的不确定性问题进行分析，从而明晰哪些不确定性是不可模拟的。对不确定性问题中主观因素的忽略，造成了人工智能处理不确定性问题时的局限性。

2. 人工智能不确定性计算很少涉及主观不确定性问题

人类对世界的认识是一个漫长而复杂的过程，直到现在也没有形成完全一致的看法。世界本身是确定性的还是不确定性的？人类对世界的认识又是怎样的？当人们在科学领域首先发现不确定性问题时，无论站在哪个角度去分析，首先确立的都是不确定性的客观性。然而，随着对不确定性研究的深入，人们发现，在人工智能领域，尤其是在智能模拟领域，纯粹客观的不确定性在很多情况下都不能很好地模拟智能问题。以不确定性研究中最基础的随机性和模糊性为例：

第一，在随机性问题上，人们首先认识到，随机性作为偶然性的一种形式，是具有某一概率的事件集合中，各个事件所表现出的非因果性的不确定性。无论在自然科学、社会科学还是思维科学领域，都存在大量的随机性事件。人们认为，随机性来源于大数现象或群体效应。而对于随机性的数学处理，人们一般则采取各种概率计算方法。在实际情况中，大多数关于随机性的计算都需要

---

① 李德毅，刘常昱等．不确定性人工智能［J］．软件学报，2004：1584.

指定一组相关变量以及相关初始假设，只有符合这些前提假设的情况才能用该计算模型加以处理。然而，需要概率计算的情况远不是所有条件都是客观的那么简单。很多情况下，主观因素的参与直接影响随机运算的结果。因此，在随机性计算中引入相关的主观因素便成为解决这一问题的主要方法。例如，主观概率法、主观贝叶斯算法的出现。而在人工智能中，很多应用所面临的环境更为复杂，在编辑这些随机性事件的处理模型时，编程人员很难将所有的应用情况都考虑在内，计算模型的确立本身就是一种不确定的主观抽象结果。尤其是受到主观因素影响较大的情况，设计计算模型时首先要把相关主观因素作为先验条件来处理。但问题是，主观因素一旦发生改变，该模型就没有任何价值了。因此，人工智能的随机性问题在涉及主观因素时，计算模型通常都有很大的局限性。

第二，在模糊性问题上，用纯粹的客观性方法来处理会遇到更多的问题。在对随机性的研究过程中，人们发现有一类不确定现象无法用随机性来描述。这类不确定性现象是由于对事物类属边界划分或性态的不明晰而引起的判断上的不确定性。“它的出现是由于概念本身模糊，一个对象是否符合这个概念难以确定，在质上没有明确含义，在量上没有明确界限。这种边界不清的性质，不是由人的主观认识造成的，而是事物的一种客观属性。”①这就是模糊性。模糊性是由概念外延的不分明性引起的。而对于模糊性的性质，则存在两种不同的观点：一种观点认为，“模糊性关系到主体对对象类属边界、性态的把握，其测度又与主体密切相关”②,“是在人类认识客观事物的认知过程中产生的，它表征的不是客观事物的内在属性，而是认识主体在认知、表达过程中产生的不确定性。按照这种理解，模糊性只是认识主体的感觉与判断，客观对象本身无所谓清晰与模糊”。③根据这种观点，模糊性是一种主观的不确定性。另一种观点认为，前种观点是一种片面的理解，模糊性首先是客观事物自身具有的内在属性。有的事物明显地呈现出非此即彼的性态，有的则呈现出亦此亦彼的性态，这种差别是客观存在的。人类认识是对客观事物的反映，主观感觉的清晰与模糊，只是反映了这种客观存在的差别。如果客观事物都是非此即彼、界限分明的，那么模糊性问题和模糊概念也就不复存在了。因此说，模糊性是根植于客观事物差异的中介过渡性。这种客观存在，是客观事物所固有的。④也就

① 李德毅，刘常昱，杜鹢，等.不确定性人工智能［J］.软件学报，2004：1585.
② 李晓明.模糊性：人类认识之谜［M］.北京，人民出版社，1985：12，13.
③④ 李德毅.杜鹢.不确定性人工智能［M］.北京：国防工业出版社，2005：65.

是说，模糊性是一种客观的不确定性。此外，在处理方法上，模糊性主要用模糊数学来研究。在人工智能中，李德毅等认为："人工智能对模糊性的研究方法，通常是将原有的精确知识的处理方法以各种方式模糊化，如模糊谓词、模糊规则、模糊框架、模糊语义网、模糊逻辑等。模糊逻辑后来又发展成为一种可能性推理方法，借助于可能性度量与必然性度量，更好地处理模糊性。"① 可见，在人工智能领域，对于模糊性产生的原因及其处理方法，都力求通过客观性途径来实现。

通过上述对作为不确定性基础的随机性和模糊性的研究，可以看出，在对不确定性的认识上，人工智能理论界的观点基本上是站在客观性立场上的，即世界具有不确定性，这种不确定性是客观存在的；人类认识是对客观世界的反映，因此人类认识中的不确定根源于客观世界的不确定性。在不确定性的计算机模拟问题上，"不确定性是理解人类智能和机器智能之间巨大差别的关键所在。不确定性人工智能，必须超越不确定本身而寻求不确定中的基本规律性，寻求表示并处理不确定性的理论和方法，使机器能够模拟主客观世界的不确定性，使定性的人类思维可以用带有不确定性的定量方法去研究，最终使机器具有更高的智能，在不同尺度上模拟和代替人脑的思维活动。不确定性人工智能要以机器为载体，模仿人类智能，必须找到人脑的定性分析和机器的定量处理之间建立联系的方法。这个任务首先要由形式化来担当"②。

这一认识的问题在于，虽然世界的不确定性是客观存在的，但人的认识并不完全都是对客观世界的真实反映。并且，人的主观认识中的确定性与不确定性也不完全和客观世界中的确定性与不确定性一一对应。例如，人类认识到"世界具有不确定性"，但这一认识本身是确定性的。这说明，世界的确定性与否与人类认识的确定性与否是两个层面的问题。目前，人工智能中的不确定性计算解决的大都是客观世界的不确定性问题及其在人类主观认知中所反映出的那部分确定性知识，而对于主观认识中的不确定性涉及甚少。并且，在对不确定性的研究方法上，大都利用数学方法来解决。但数学中的不确定性计算并不能解决所有的不确定问题，在数学无能为力的领域，我们是否可以探索用非数学的方法来处理一部分不确定性问题？尤其是在人工智能领域，除了计算，我们还可以更多地借助于表征或表征与计算相结合的方法，从而拓宽解决不确定性问题的领域范围。这正是本书在此所要探讨的问题。

---

① 李德毅，刘常昱，杜鹢等．不确定性人工智能［J］．软件学报，2004：1585.
② 李德毅，刘常昱，杜鹢等．不确定性人工智能［J］．软件学报，2004：1590.

二、不确定性的语境分析

造成人工智能不确定性研究发展瓶颈的原因是多种多样的。首先，这是一个新兴的研究领域，有太多的问题等待我们去探讨。其次，认识上的局限以及由此造成的处理方法的单一，也是阻碍人工智能不确定性研究的主要原因。因此，探讨人工智能中的不确定性问题，首先要从认识上和处理方法上入手。

1. 不恰当的设计目标是阻碍人工智能不确定性发展的原因之一

人工智能在处理确定性问题方面已经取得很大成就，但在人类不确定性智能处理方面始终没有太大进展，对不确定性问题的处理是人工智能可能取得突破的关键所在。无论从表征方面还是计算方面，以形式化为基础的计算机在处理确定性问题上都有着先天的优势，而在处理不确定性问题方面，受形式系统自身的局限，往往需要将不确定性问题以一定的方式进行转化，然后用确定性的方法加以处理。尤其是在模拟人类思维的过程中，在如何使计算机更好地模拟人类思维的问题上，至今还没有形成一个公认的发展模式。究其原因，主要是由于人们不能明确自己要求智能机器达到一个什么样的智能水平。虽然很多理论都“希望机器可以像人一样思考”，但这本身就是一个非常模糊的目标描述。很明显，人们对待自己与对待智能机器采用了不同的标准。

人类自身有很强的“容错”能力，对于没有表述清楚或表述完整的内容，人们很容易运用自己的智能、经验以及各种语境信息将其完整化。并且，人们很少强求自己或他人不许犯错，对于不能完成或接受的事件，人们很容易自我调节，思维会自然而然地进入到下一个事件中去。因此，人类思维是一种带有很强的不确定性的智能过程，人与人之间的沟通也是在“强容错”的条件下完成的。

然而，人们对于机器则不然。从人工智能这一领域诞生之日起，虽然人们一直希望智能机器可以达到人类自身的智能水平，但人们从未允许智能机器可以真正像人一样地进行思考；人们一直希望智能机器能像童话中的魔镜一样，对于提出的任何问题都可以给出一个确定性的答案。因此，在设计智能机器的过程中，我们虽然也意识到了客观世界的不确定性和人类自身的不确定性，但却从未停止过用确定性的思想来设计机器的思维方式。无论是符号主义范式，还是连接主义范式，抑或是行为主义范式，虽然它们采用了不同的表征和计算方法，但要求智能机器给出确定性答案的目标始终如一。也就是说，我们理想中的机器智能是不可错的。在这一目标导向下，人们至今也没能找到智能机器不能很好地模拟人类思维，而只能模拟人类思维中具有逻辑性的那一部分的原因。

因此，人工智能领域至今无法形成一个公认的发展模式，有一部分原因是由人们的价值取向所导致的，即是由智能模式的设计目标导致的。深受功能主义影响发展起来的人工智能，将机器看做是人类的工具，在设计机器的过程中，人们自然而然地把自己放在了主体地位，把智能机器放在客体地位，从未将其看做是与我们平等交流的“主体对象”。这直接导致了人们在设计机器的过程中，虽然意识到了存在各种不同类型的不确定性，然而却总是使用确定性的方法对之进行处理，不允许智能机器出现类似于人类的错误。尽管逻辑学理论和数学理论也在不断发展，然而，目标的不明确直接导致了方法论的偏执，以“用”为目的的设计理念很可能就是导致目前的人工智能一直没能找到明确的发展方向的主要障碍。而这一问题没有引起科学界的注意，否则在概率论和模糊学等理论发展了这么多年之后，人们不可能还在遵循着用确定性的方式来描述不确定的现象这种计算思想了。

2. 对不确定性认识的不明确，导致处理不确定性问题方法的不恰当

对于确定性或不确定性的认识，往往涉及多个学科领域。受数学和物理学等自然科学的影响，哲学、社会学等社会科学领域也对确定性以及不确定性的性质展开深刻讨论。然而，这种讨论似乎很难形成定论。问题就在于，世界是客观的，而人类认识是主观的，这样就引发了关于确定性与不确定性的主观性与客观性之间的争论。确定性与不确定性、主观性与客观性、本体论与认识论成为这场讨论的焦点。

在哲学领域，主要存在以下几种观点：

第一种观点认为，不确定性是普遍存在的，是现实世界的本质属性。现代科学哲学揭示，尽管科学事实是个别的陈述，人们可以通过各种手段来使观察对象的性质重复出现，但是它本身总是相对的、可错的。这既决定了科学知识和理论的不确定性，也反映了科学事实本身具有不确定性。因此，不确定性具有本体论的含义。准确地理解不确定性在本体论上的含义，目前还没有形成一致的看法。

知识是对客观事物的描述，在描述中难免会受到人为因素的干扰，使知识无法准确地表述客观事物，进而产生不确定性。但是，这并不等于说，不确定性是单纯地由知识本身的不确定性产生的。其实，不确定性涉及认识主体与客

体以及两者之间的复杂关系。

从而，不确定性除了本体论上的含义外，还有认识论的含义。哲学家早就知道，当人们用概念、符号、语言、模型等来认识世界时，人们获得的认识也是不完全的，无法回避主观性的错误。一般来看，这些主观性错误来源于：一是人在认识的过程中，受外界因素的影响，不能准确地把握认识对象；二是在认识对象时，需要做简化处理，略去了其中一些次要因素，而其中有些因素可能导致认识产生极大的误差；三是受到主体自我意识、概念系统、理论思维、认知结构、思维方式、先前经验，以及主体的价值观念、需要、兴趣、情绪、性格等影响，因而在处理问题的认识过程中会产生偏差；四是认识所依据的先前认识与经验，多数只是初步的认识成果，具有个别性、现象性、具体性等不足，掺杂着一些虚假的成分。

然而，人类的实践和认识活动并不仅仅在于追求确定性，更重要的是消除不确定性。不确定性渗透在人类的思想、行动之中，是各种理论的前提和基础。它根源于客观事物或过程自身、认识主体，以及认识主体与客体之间的复杂关系中，具有本体论与认识论的含义。

越来越多的科学研究结果表明，现实世界本性与我们所追求的目标是两回事：不确定性是现实世界的本性，确定性只是我们探索现实世界所追求的目标和结果；而目标和结果并不是科学探索本身的前提。因此，不确定性是事物运动、变化和发展的普遍规定性。

西蒙深入到人类的认知结构来理解不确定性。他认为，对任何一个经济行为主体而言，面对环境它都是极其复杂的。在这种情况下，人类的认识能力和计算能力都是有限的，因此无知是人类无法克服的问题。这样一来，经济行为主体只能追求有限的知识，在主观上表现出有限的理性，追求有限的结果。

现实世界中的各种客观事物或过程本身具有不确定性，透过人类的认识和实践活动，也同样会造成认识上的不确定性，进一步加剧人类在认识过程中所产生的不确定性，使主体对客体的认识出现差距。因此，在认识论意义上不确定性的含义是指人们对客观事物或过程缺乏有效的信息、知识和了解。

总之，不确定性是现实世界的基本问题，这个问题可以通过自然科学知识和社会科学知识反映出来。人类实践虽然追求确定性，但其实质在于消除不确定性，人类社会的进步事业是不确定的。因此，指导人类实践活动的理论前提应当以不确定性作为核心。透过不确定性意蕴的哲学挖掘，将会使我们更加明晰人类实践行动的社会意义和价值。[①]

第二种观点认为，确定性就是现实只发生必然性的可能性中的一种，并且“是且仅是”一种。确定性与不确定性，是相互否定的概念。那么，不确定性要否定确定性中的什么呢？如果认为不确定性就是现实发生的过程与结果不只是必然性的可能性中的一种，而是两种或两种以上的过程与结果，这在认识论中是可能的，而在本体论中是不可能发生的。这样还兼顾证明了不确定性不是本体论的范畴，而是认识论的范畴。因此，不确定性就是主体认识和判断不具备完全条件和不具备完全掌握准确的对象事物属性和规律性的情况下，对对象事物所做出的趋势性和追溯推理性过程和结果的可能性判断，所发生的不准确程度。在不确定问题上只有主观判断行为，因为要确定是什么引起的不完备条件下判断的不确定性。因此不确定性是认识论范畴的事情，而不是本体论范畴的事情，本体论范畴没有不确定性。

确立不确定性为主体主观判断客体过程中因不掌握完备的全面条件和道理所导致的判断对象未来趋势和追溯推理结论的不确定性。这是一个十分明确的主题，是对不确定性有了明确定义和定性范畴的情况下，对主体所思所为在逻辑结构框架准备方面的技术方案的确立法则。

是主体要确定些什么才会产生不确定问题，没有主体的认识和判断行为，就不会产生不确定性问题。核心的前提，必须是要确定，才产生不确定的问题，不要确定，就没有不确定的问题。

第三种观点认为，不确定性首要的问题就是谁是主体的问题，也就是，是谁不确定。很显然是人不能够确定，自然界丝毫没有不确定性，否则自然也不会是这样的“安然”存在。不确定既然是人所不能够确定的，就不是自然的问题，人类对科学的追求就是要解决自己所不能够确定的事情，怎样才能够让自己能够把握住事物发展变化的规律，由不能够确定变成可以确定。

把“确定与不确定”引入科学范畴是极大的错误，也是造成混乱的原因。不确定性问题给人类带来的好处就只有时刻提醒人们，人的意识和思维并不总是符合事物和现实的，应该根据事实情况和随着事实情况的变化而变化，还应该注意验证和修正自己的意识与观念、思维与逻辑。因此，①不确定性不是“自然相对于人的不确定”，而是人对自然发展变化的趋势判断的问题，是问题或者是缺陷，再或者就是人的局限性，才产生的人对自然的“不确定性”或者

---

① 欧庭高，陈多闻．现实世界不确定性的哲学意蕴［J］．山西师大学报（社会科学版），2004，3：12-17.

是难以准确判断的问题。②自然本身不存在“不确定”，这样有悖于因果规律，而是自然的多样性和变化性。

主体对客体的反映是可变的、多变的和多样的。这也正是为什么人形成的一切精神性的结果，还必须都经过事实对象的检验，才能够确定是对还是错。对错的问题，也只有此时，只有在精神的世界里才有。自然界的本身是不存在对错的，也就是没有对错的问题。自然总是因果关系确定的，只有在人的判断性无法达到精确的保证条件完全同一的时候，才出现的误差，才造成的判断不确定性。研究自然和逻辑，要用必然性与偶然性、可能性与现实性，而确定性与不确定性是属于主观范畴的。

因此：①确定性与不确定性属于关系过程的范畴，是有主体和客体的。②确定性与不确定性是在主体与客体对象发生相互作用关系的过程中，客体作为主体的条件因素，若是在相同的条件因素前提下，主体多次的结果都不能够是一样的，这是一种不确定性，也是无规律性。另一种就是结果不是唯一的，这种不确定是从来都没有的。③确定性与不确定性是在客体与主体发生相互作用关系的过程中，主体作为客体的条件因素，若是在相同的条件因素前提下，客体多次的结果都不能够是一样的，这也是一种不确定性。

但是，当我们仔细的辨析①、②的时候，我们可以发现，确定与不确定必须是谁对于谁的确定与不确定的问题，也就是这个问题必须是主体对客体的判断或结果对原因的关系是否是一一对应的问题，以及在相同客体的条件下，主体的变化结果是否一致或同一的问题。这是①、②组合的结果，这种不确定性，应该叫做主观不确定性。另一种就是①、③组合的结果，叫做客观不确定性。

确定与不确定，是人能不能够确定事实对象发展变化趋势的结果问题。消除不确定性，也就是人要通过更加准确地把握事实对象和它所处的条件，来消解自己判断的不确定程度。这不是客观原因造成的，而是人的主观判断能力造成的。但科学领域的研究成果表明，世界除了因果关系之外，还存在另一种关系，就是“不确定关系”。受科学不确定概念的影响，有人不从自己的观念出发，总认为既然是被公认的，就不必要去想其所以然了，接续着用就是了。所以就接续地得出了“世界就是确定与不确定的统一”的结论。这其实是两个不同参照系下的过程和结果，是被硬性地拉到了一起，人为得出这样的结论，其实它们是不可同日而语的。[①]

---

① http：//qkxue.com/bbs/blog.php?tid=2235&starttime=0&endtime=0［2009-2-18］.

上述三种观点代表了哲学中对于不确定性的主要观点。之所以产生这些认识上的分歧，原因是复杂的，但造成这种混乱的原因主要在于：首先，各种观点中虽然都使用了“不确定性”这一术语，但不确定性在不同观点中的含义是不完全相同的。其次，研究“不确定性”的层次不同，有的在本体论层次，而有的在认识论层次，有的站在主观立场，而有的则站在客观性立场。研究视角的不同必然会产生对“不确定性”这一术语的不同理解。但在各主要观点中，也存在一些问题。

第一种观点认为，不确定性是普遍存在的，人们用概念、符号、语言、模型等来认识世界时所获得的认识是不完全的。并且，它把认识论意义上不确定性的含义，理解为人们对客观事物或过程缺乏有效的信息、知识和了解。这种观点的问题在于：首先，关于不确定性的含义，虽然人们由于自身认识能力和计算能力的有限而造成对客观事物或过程缺乏有效的信息、知识和了解，但这只是造成认识不确定性的部分原因，并非全部。因此，不能把认识论意义上不确定性的含义，片面地理解为人们对客观事物或过程缺乏有效的信息、知识和了解。其次，虽然知识是对客观事物的描述，人们用概念、符号、语言、模型等来表征知识，并且知识可能无法准确地表述客观事物，但不能由此就认为进而会产生认识的不确定性。事实上，使用不确定性的概念、符号、语言、模型等所获得的认识不一定都是不确定性的认识。正如 1957 年英国语言学家丹尼尔·琼斯（Daniel Joans）所写道的：“我们大家（包括那些追求精确无误的人）在说话和写作时常常使用不精确的、含糊的、难以下定义的术语和原则。这并不妨碍我们所使用的词是非常有用的，而且确实是必不可少的。”① 这是对当时学术界把一切自然语言的概念都精确化的批判。哲学家罗素也早在 1923 年就指出：“认为模糊知识必定是靠不住的，这种看法大错特错了。” 20 世纪 50 年代，控制论的创始人诺伯特·维纳（Norbert Wiener）也曾指出：同计算机相比，人脑的一个优越性似乎是“能够掌握尚未完全明确的含糊观念”②。这些都肯定了不确定性思维以及不确定性语言在人类认识中的积极意义。人类在认识或描述世界的过程中所出现的不确定性，并不是科学发展和人类认识中的障碍。最后，虽然不确定性是普遍存在的，但认为认识的不确定性无法回避主观性的错误的看法是不恰当的。这里的问题在于，认识的正确与否与这种认识确定与否并不构成必然联系。例如，古希腊的恩培多克勒（Empedocles）的“四根说”认为，世界由土、气、火、水组成。直到中世纪，

① 伍铁平. 模糊语言学［M］. 上海：上海外语教育出版社，1999.

② 李德毅，杜鹚. 等. 不确定性人工智能［M］. 北京：国防工业出版社，2005：65.

人们仍然认为这四种元素是组成事物的基本元素。[1] 依现代科学来看，这显然是一种错误的观点。但对于恩培多克勒及其信徒来说，这是一种确定性的认识。可见，错误认识不是造成认识不确定性的原因。

在第二种观点中，作者对不确定性概念的理解得太过狭隘。即便在本体论中，确定性的含义也绝不仅仅是现实只发生必然性的可能性中的唯一一种。不确定性也不能仅仅理解为是与确定性相互否定的概念。混沌理论是对这种确定性定义的最大否定。过去，科学家们认为，确定的系统只能产生确定的结果，绝对不会产生随机性，把产生随机现象的原因归结为外部的影响。而越来越多的研究表明：大多数确定性系统也会产生随机的、复杂的行为。因此，确定性的系统也可以产生随机的结果。[2] 并且，这种观点中对不确定性的理解是从认识论范畴而言的，完全否定了不确定性在本体论范畴的存在。这一认识的前提就是对所谓的本体论中确定性理解的狭隘。

第三种观点首先否认客观世界存在不确定性，认为自然界只有多样性和变化性，把“确定与不确定”引入科学范畴是极大的错误，也是造成混乱的原因，不确定只能是人的不确定。显然，这种观点其实是否定了科学上的不确定性，使确定与不确定只存在于哲学领域。认为“自然总是因果关系确定的，只有人的判断性无法达到精确的保证条件完全同一的时候，所出现的误差，所造成的判断不确定性”，这种观点其实是抹杀了可能造成不确定性的其他原因。其实，不确定概念在自然科学领域出现的原因，恰恰就是人们认识到，自然不完全是因果关系确定的。虽然人类的所有认识不是终极真理，但很多认识经过实践的检验证明是正确的。科学领域对不确定性现象的认识，以及用不确定性这一概念来总结这种认识，是有其客观原因的。其次，第三种观点中存在着自相矛盾：虽然否定了客观世界存在确定性与不确定性，认为确定性与不确定性只属于主观范畴，却又提出了主观不确定性与客观不确定性的概念。最后，第三种观点对“世界就是确定与不确定的统一”这一认识产生原因的理解也不正确。

在以表征和计算为基础的人工智能研究领域讨论不确定性问题时，应考虑哪些不确定性问题是用数学方法可以解决的，而哪些不确定性问题是数学不可解的。在数学不可解的不确定性领域，人工智能或计算机可能做些什么。要讨论这一问题，首先应该追问：引起人工智能不确定性问题的原因有哪些？

---

① ［英］戴维·鲁宾森，朱迪·葛洛夫．视读哲学［M］．杨菁菁译．合肥：安徽文艺出版社，2007：12.
② 李德毅，刘常昱，杜鹉，等．不确定性人工智能［J］．软件学报，2004：1586.

在李德毅与杜鹢合著的《不确定性人工智能》中，作者将引起不确定性的原因归结为知识的不确定性，主要包括随机性、模糊性、自然语言中的不确定性、常识知识的不确定性、知识的不完备性、知识的不协调性以及知识的非恒常性等。作者认为，知识的不确定性，首先反映在语言的不确定性上，因为语言是知识的载体。知识的不确定性，还反映在常识知识上，因为它通常是知识的知识，也称为元知识，是其他专业知识的基础。常识通常也是用自然语言表达的。语言中的基本单元是语言值，它对应一个个概念，概念的不确定性有多个方面，主要有随机性和模糊性。[①] “人类用语言描述和记载客观世界，描述和记载情感、心理和认知活动。因此，无论研究人类智能还是人工智能，都应该从研究自然语言开始；研究不确定性人类智能和不确定性人工智能，也应该从研究自然语言的不确定性开始。” [②]因此，不确定性人工智能以自然语言值为切入点，并且所有对于知识的不确定性研究也围绕自然语言而展开。

随机性和模糊性在前面已经做过讨论，在此就不再累述。而关于自然语言中的随机性，李德毅等认为，自然语言中存在随机性。著名的 Zipf 定律最初就是从语言学中发现的。Zipf 定律揭示了在语言中经常使用的词汇只占词汇总量的少数，绝大部分词汇很少被使用。中文中的字和词也有很多类似的统计性质，被用来作为许多汉字输入方法的数学基础。目前，计算机中输入法的常用字库和一、二级扩展字库就反映了这一特性。[③]这里的问题在于，不能把自然语言中的词汇用于数据库时的统计结果作为自然语言的本质属性，正如我们不能把经过统计得出人口老龄化这一统计结果作为人的本质属性。任何事物都可以用统计方法来寻找其数量上的规律性，但这不是事物本身的属性。因此，本书认为，在这个意义上，自然语言不具备随机性，但自然语言可以用随机数学方法来处理。

关于自然语言的模糊性，李德毅等认为，人类感觉器官感受的客观事物往往是连续的，如温度、颜色、气味、声音等。但是，语言符号是离散的，用离散的符号去表示连续的事物，边界必然不明确，必然产生模糊性。例如，“冷”“热”“美”“丑”等描述人类感官的词语，“一堆”“三十几岁”“两点左右”等描述数量的词语，还有在日常生活中使用频率很高的“很”“非常”“也许”“大概”“差不多”“可能”等表示程度的词语都具有模糊性。[④]这里的问题在于：虽然自然语言中的很多词汇具有模糊性是显而易见的，但造成这种模糊性的原因

① 李德毅，杜鹢．不确定性人工智能［M］．北京：国防工业出版社．2005. 57.

②③④ 李德毅，刘常昱，杜鹢，等．不确定性人工智能［J］．软件学报．2004, 1589.

却不是因为“语言符号是离散的，用离散的符号去表示连续的事物，边界必然不明确，产生模糊性”。语言符号本身的是否离散并不是产生语言模糊性的原因。例如，我们可以用离散的数学符号来表示连续函数。其实，造成语言模糊性的原因非常多，根据上述这些例子，有以下几种情况：一种是由于语言词汇描述的现象是连续的，没有清晰的边界，因而用词汇来描述这些现象时就无法赋予词汇一个明确的界限。如果非要给这类词汇加一个边界的话，这种描述反而是错误的。另一种原因是，由于语用的因素，不同的人对同一个概念的主观理解或主观感受不是完全相同的，虽然对于语言的意义大致上有一定的共识，但语用的不同使得无法给一些词汇界定一个明显的界限，如“冷”“热”“美”“丑”等描述人类主观感受的词语。第三种原因是在语言交流过程中，一些词语不需要精确描述就可以说明问题，如“一堆”“三十几岁”“两点左右”等描述数量的词语，或“这儿”“那儿”“很”“非常”等代词或副词，这些词语本身虽然是模糊的，但放在语境中说话双方完全可以明白对方所指的是什么。但是，“也许”“大概”“可能”等词不属于模糊性，确切地说，这类词应属于含混性，是由于对象信息不充分而导致的主观认识上的不明确。由于自然语言在使用中的极端复杂性，产生语言模糊性的原因也非常多。在人工智能中，有些模糊性词语可以用模糊数学的方法来处理，有些却是模糊数学方法无法解决的。从对自然语言的模糊性产生原因的分析中可以看出，造成模糊性的有些原因是客观的，而另一些原因则是主观的。因此，在人工智能处理自然语言的过程中，需要对产生语言模糊性的原因进行分析，从而判断用什么样的方法加以处理更为恰当。

关于自然语言的不确定性，李德毅等认为，自然语言中的不确定性，本质上来源于人脑思维的不确定性，这非但没有妨碍反而更加便利了人们的使用和交流。人脑的思维过程从来不是纯数学的、纯定量的，这种不确定性使得人们通过语言交互有了更富裕的理解空间和认知能力。20 世纪的确定性人工智能，建立了形形色色的比自然语言更精确、更严密的符号语言，与自然语言相比，它们过分地机械化和理想化了，缺少随机、模糊、混沌、分形以及不确定性。能让计算机不用精确、严密的符号语言“计算”，而直接利用自然语言来“思考”，这才是人工智能的研究方向。这也许就是扎德呼吁的“词计算”(computing with words）的方向。[1] 词计算就是用概念、语言值或者单词取代数值进行计算

---

① 李德毅，刘常昱，杜鹢，等. 不确定性人工智能［J］. 软件学报，2004：1590.

和推理的方法，它更强调自然语言在人类智能中的作用，更强调概念、语言值和单词中不确定性的处理方法。词计算的概念是1996年由扎德提出来的。词计算主要是基于模糊集合处理不确定性，云模型作为定性概念与定量表示之间的不确定转换模型，是表示自然语言值的随机性、模糊性及其关联性的一种方法。基于云的词计算，包括代数运算、逻辑运算和语气运算。云运算的结果可以看做是某个不同粒度的新词，也就是一个子概念或者复合概念。然而，正如作者自己所言：我们对不确定性人工智能的研究过程，实际上是一个不断完善的过程，也是一个否定之否定的过程。这种对问题的认识方法，也必然存在一定的局限性。以云运算为例，在构造正态云模型的基础上，一个很自然的研究方向就是云运算，其包括代数运算、逻辑运算，甚至还可以构造出综合云、几何云、虚拟云等形态。当定义各种运算的时候，常常容易陷入为定义而定义的局面，追求形式上的完美，然而数学形式上的“完美”一定是有现实意义的吗？是否违背了不确定性人工智能的研究目标呢？[①]的确，计算的方法是有局限的，无论是确定性计算还是不确定性计算，在本质上都有其规律性，不可能完全解决模拟极端复杂的人类思维及人类语言的问题。语境论指出，语言的意义是由其所在的语境决定的。在人工智能中，除了计算的方式，在形式系统上引入基于语境的表征方式来模拟人类语言，也许会拓展可处理的不确定性范围。

关于常识知识的不确定性，李德毅等指出，人工智能界有这样的共识：有无常识是人和机器的根本区别之一，人的常识知识能否被物化，将决定人工智能最终能否实现。而研究常识知识有两种主流方法：以麦卡锡为代表的学派主张从建立常识的逻辑体系入手，并提出了一整套的非单调逻辑、认知逻辑等形式体系；而费根鲍姆则提出通过建设大规模常识知识库实现人工智能的计划。由于两者实现起来都非常困难，所以这两种方法的前景并不明朗。更为重要的是，他们指出，人工智能研究中的各种知识的表示方法，如一阶逻辑、产生式系统、语义网络、神经元网络等，各种形式化推理方法，如定性推理、模糊推理、单调推理、次协调推理、信念推理、基于案例的推理等，虽然都被应用到常识知识的研究中，但是这些研究成果离真正人类对常识知识的运用还有很大的距离，更谈不上实用了。[②]这一见解对于理解人工智能表征与计算，以及由表征和计算所决定的智能模拟可以实现的程度有着重要的启示作用。可以看出，常识知识是建立在表征和计算之上的人工智能智能程度的关键因素。目前，所

---

① 李德毅，杜鹢．不确定性人工智能［M］．北京：国防工业出版社，2005：373，399.
② 李德毅，杜鹢．不确定性人工智能［M］．北京：国防工业出版社，2005：76.

有的理论和技术都无法解决常识知识问题，关键原因就在于，常识知识无论从表征还是计算的角度来看，其在本质上都是语境问题。而对语境的理解是生物智能的本质特征，是与生俱来的认知能力。建立在形式系统上的人工智能如果无法模拟这种生物认知能力，就不可能具有常识知识，自然也就达不到人类的智能水平。在科学完全揭开人类大脑之谜之前，人工智能达不到人类智能水平将是必然的。人工智能研究的意义不仅仅在于模拟人类大脑这一梦想，更多的是作为人类的有用工具，为社会的进步发展服务。

要把知识中所有的不确定性讲清楚是一件很困难的事情。在人工智能领域，对于不确定性的理解主要从工程应用以及解决现实问题出发，根据不同的问题提供相应的解决方法。没有对不确定性的类型及其产生原因形成系统完整的认识，这主要是由于不确定性人工智能作为一个专门的学科研究领域才刚刚起步，有太多的问题需要我们去认识和解决。这也是本书在此讨论这一问题的主要原因。总之，对不确定性认识的不明确，是导致处理不确定性问题方法不恰当的主要原因。无法采取更多合理有效的方法来处理所遇到的不确定性问题，是不确定性人工智能发展中的一个主要障碍。

3. 始终把对确定性的追求当做人类认识的目标

纵观发展了半个多世纪的人工智能科学，它“似乎更倾向于对知识进行形式化表示，更多地用符号逻辑的方法去模拟人脑的思维活动”[①]，是建立在确定性基础之上发展起来的。即使是当前，其所涉及的不确定性问题大多都以对客观现象的模拟以及数据库数据的处理为主，并主要集中于数学计算的相关方法与理论上。并且，即便是在人工智能的不确定性研究领域，“人工智能学家的任务，就是寻找并且能够形式化地表示不确定性中的规律性，至少是某种程度的规律性，从而使机器能够模拟人类认识客观世界、认识人类本身的认知过程”[②]。这再一次地验证了，寻找规律这一主要的科学方法，是迄今为止所有科学领域的共性。从这个角度来看，人类认识世界的历史大致经历了以下两个阶段：

第一阶段，以牛顿为代表的确定性科学，指出了给世界以精确描绘的方法，认为世界是确定性的，不确定现象只是出于人们的无知，而非事物的本来面貌。如果我们清楚地知道事物的一切初始条件和边界条件，就会掌握事物的全部发

① 李德毅，杜鹢．不确定性人工智能［M］．北京：国防工业出版社，2005：10.
② 李德毅，刘常昱，杜鹢，等．不确定性人工智能［J］．软件学报，2004：1584.

展规律。[①] 从牛顿到拉普拉斯，再到爱因斯坦，描绘的都是一幅幅完全确定的科学世界图景。确定性科学的影响曾经如此强大，以至于在相当长的一段时期内，限制了人们认识宇宙的方式，虽然人们整天生活在充满了复杂混乱的现实世界中，科学却将不确定性排除在其研究对象范围之外。其实，人类知识的发展史，尤其是包括数学、物理、计算机、哲学、语言学等在内的各种文理学科，无不是朝着对真理知识的追求，向更加确定的认识方向发展的。各种理科毋庸置疑，就连哲学、语言学等文科亦是如此。包括人工智能在内的各种交叉学科研究的深入，从根本上说也是由于单一学科无法满足对某些认识对象的确定性研究而必须引入其他学科的结果。

第二阶段发生于 19 世纪以后，随着科学的发展，确定论思想在越来越多的研究领域遇到了无法克服的困难。当自然科学进入到由大量要素组成的多自由度体系时，确定论不再有效。[②] 人们逐步认识到，客观世界是不确定的，主观世界也是不确定的。因此，人类在认知过程中表现出的智能和知识，不可避免地伴随有不确定性。19 世纪的数理学科领域，人们发现自然界的很多现象不能用数学公式精确表示和计算，尤其是复杂性系统理论的出现，引发了学术界对不确定性现象的极大关注。在这之前，许多科学家都信奉“自然界的基本规律是简单的”这一还原论思想，简单性一向是现代自然科学、特别是物理学的一条指导原则，虽然复杂现象比比皆是，但人们还是努力要把它们还原成更简单的组分或过程。复杂性理论使人们开始关注显示世界中大量存在的不能用简单的还原论方法进行处理的事物和现象。尽管如此，所有这些关注的焦点都集中于确定性知识所不能穷尽的客观不确定性问题上，是建立在确定性基础上一种不确定性研究。

可以看出，确定性是人工智能得以发展的理论基石，却也是阻碍人工智能进一步发展的桎梏。在人工智能所要模拟的人类智能中，存在着大量不以客观世界现象为转移的主观不确定现象，但对这些现象的研究还处于起步阶段。很多主观不确定现象还没有引起人工智能研究领域的足够重视。而这些被忽略的因素，恰恰就是人工智能无法很好地模拟人类智能的关键所在。

4. 没有明确什么是不确定性人工智能可以模拟的

在人工智能研究所经历的 60 多年的历史中，人们寻找不同的切入点进行人

---

① [英] 牛顿. 自然哲学之数学原理 [M]. 王克迪译. 武汉：武汉出版社，1992.

② 李德毅，杜鹢. 不确定性人工智能 [M]. 北京：国防工业出版社，2005：10.

工智能研究：①从物理符号假说层次切入，形成了逻辑学派，认为认知基元是符号，智能行为通过符号操作来实现，着重问题求解中的启发式搜索和推理过程；②从人脑的神经构造层次切入，建立了人工神经网络，形成了仿生学派，认为人的思维基元是神经元，把智能理解为相互联结的神经元竞争与协作的结果，着重结构模拟，研究神经元特征、神经元网络拓扑、学习规则、网络的非线性动力学性质和自适应的协同行为；③从感知－行为切入，形成了控制论学派，认为没有反馈就没有智能，强调智能系统与环境的交互，从运行的环境中获取信息（感知），通过自己的动作对环境施加影响；④从细胞和亚细胞切入，通过研究脑细胞、亚细胞的电化学反应来了解人在感情和活动上的变化；⑤从数与形切入，采用数学方法来研究人工智能。事实上，数学公理常常要依靠自然语言来描述其背景和条件，它是与自然语言紧密联系的，人们在对数学的深入研究过程中，常常沉迷于越来越复杂的形式化符号，而忽略了最基本的公理系统的不可证明性和不确定性。这也是数学确定性终结的主要原因；⑥从语言值切入，采用自然语言方法。自然语言是人类智能的结晶，是人类智能的重要体现，具有不可替代性。因此从自然语言切入研究人工智能，研究自然语言中的不确定性及其形式化表示方法，是不确定性人工智能的基础，是一个无法回避的切入层面。[①]

其实，这里所说的第①个切入点，就是我们在前面所谈到的符号主义范式，第②个切入点即连接主义范式，而第③个切入点则是行为主义范式。通过前面的分析我们已经知道，连接主义在本质上是一种不确定性计算，而行为主义由于主要采用了连接主义处理数据的结构与方法，且面临的环境也是不确定的，所以，第②、③个切入点的实质就是从不确定性角度来研究人工智能。而第⑥个切入点，认为“人脑的思维基本上不是纯数学的，自然语言才是思维的载体……人脑将客观的物体形状、颜色、序列及主观的情绪状态等进行分类，并通过分类结果产生另一层次的表示，这就是抽象的概念并通过语言值表现出来。人脑进一步选取概念，并激发其产生相应的词语，或反过来，根据从另外一个人那里接受到的词语抽取相应的概念……概念可能带有主观色彩，但本质上是反映事物一般或最重要的属性的某种分类规则……以概念为基础的语言、理论、模型是人类描述和理解世界的方法。自然语言中，常常是通过语言值，也就是词来表示概念”[②]。因此，不确定性人工智能对自然语言中不确定性现象的处理，

① 李德毅，杜鹢．不确定性人工智能［M］．北京：国防工业出版社，2005：139-140.
② 李德毅，杜鹢．不确定性人工智能［M］．北京：国防工业出版社，2005：140-141.

主要采取的是利用不确定性数学计算的方法，如通过定性定量转换模型，来把定性的语言概念转换为定量的数据加以处理。然而，这里忽略了一个重要的问题，就是上面所谈到的“概念可能带有主观色彩”，利用不确定性数学计算的方法虽然可以在一些问题上较好地处理一部分不确定性语言的理解问题，但对于处处充满着不确定性的人类语言处理来说还显然不够。语境论表明，大部分词语在不同的语境中都不尽相同，利用数学不确定性计算的方法来处理不能从根本上解决自然语言中大量存在的不确定性问题。自然语言作为一种可形式化的语言符号，在人工智能中主要还是通过符号主义方式来加以处理的。因此，利用符号的方法（即第①个切入点）来解决自然语言的不确定性问题，是目前不确定性人工智能所缺失的。第⑤个切入点表明，数学理论本身就存在着不确定性。克莱因在他著名的《数学：确定性的丧失》一书的序言中指出：数学曾经被认为是精确论证的顶峰，真理的化身，是关于宇宙设计的真理。在数学以外的领域，数学概念及其推论为重大的科学理论提供精髓……数学依赖于一种特殊的方法去达到它惊人而有力的结果，即从不证自明的公理出发进行演绎推理。它的实质是，若公理为真，则可以保证由它演绎出的结论为真……数学的这套方法今天仍然沿用……19 世纪初的创造……迫使数学家们极不情愿地勉强承认绝对意义上的数学以及科学中的数学真理并不都是真理……事实上，数学已经不合逻辑地发展……数学家们在重建的数学中就发现了矛盾，并试图建立数学的相容性。然而，哥德尔的一篇著名论文，证明了那几个学派所接受的逻辑原理无法证明数学的一致性。哥德尔定理引起了一场巨变。随后的发展给数学增加了多种可能的结构，同时也把数学家分成了更多的相异群体。数学的当前困境是有许多种数学而不是只有一种，而且由于种种原因每一种都无法使对立学派满意。显然，普遍接受的概念、正确无误的推理体系现在都成了痴心妄想。与未来数学相关的不确定性和可疑，取代了过去的确定性和自满。关于“最确定的”科学的基础意见不一致，导致了对于正确的数学是什么所存在的分歧以及不同基础的多样性。这不仅严重影响数学本身，还波及最为生机勃勃的自然科学。最先进的自然科学理论，全都是数学化的。[①] 这种存在于保障自然科学精确性基础中的确定性的丧失表明，即便在以形式和数学计算为核心的人工智能领域，完全意义上的确定性也不存在。计算机并不总是能给予我们确定的和正确的答案。而第④个切入点试图通过分析人在感情和活动上的变化，从而使计

---

①［美］克莱因．数学：确定性的丧失［M］．李宏魁译．长沙：湖南科技出版社，2007：序言．

算机可以模拟人的情感。这其实是一种根据脑物理现象来推测情感发生机制的研究方法，在人工智能中的情感计算作出了有益探索。然而，人的情感是多变的、不确定的，在人工智能中模拟情感问题所采用的方法大多也是不确定的。其中，最关键的问题在于："情感状态和表达模式之间的对应关系是什么？……众所公认的观点是，没有哪一个单一信号能忠实地标示出情感反应，相反，需要多种信号的多种模式。"[①]并且，情感问题在更大程度上是主观感受的问题，这就表明，在情感模拟问题上，只借助于客观的不确定性数学计算是不可能实现的，只有包括符号表征在内的各种方式的综合处理，才有可能找到解决情感模拟的途径。更重要的是，情感模拟的实现程度有多少是一个值得思考的问题。

从上述分析中可以看出，以表征和计算为主的人工智能在模拟人类思维上能走多远，主要取决于对不确定性问题的解决。而目前在不确定性人工智能研究的各个切入点中，人们更多地关注于以不确定性计算为主的方法来处理各种不确定性问题，这种处理方法的实质是将包括主观因素和客观因素引起的所有不确定问题都客观化。但这种客观化在处理自然语言以及情感模拟等领域可以走多远值得反思。在不确定性思维模拟问题上：什么是人工智能可以模拟的而什么不是；人工智能可以模拟的不确定性问题有哪些类型，对于每种类型的不确定性问题需要采用什么样的研究方法；在数学不可解的不确定性领域，人工智能可以做些什么；不确定性计算在不确定性思维模拟中可以起到的作用有哪些，我们是否可以引入表征性的方法来进行处理，等等。对这些问题的认识不明确，有可能直接导致我们在处理具体人工智能智能不确定性问题上的方法误区。

三、主观不确定性的提出

从上述对造成人工智能不确定性研究发展瓶颈的分析中可以看出，对造成不确定性原因类型认识的不明确以及解决不确定性问题方法的单一性，是目前人工智能不确定性研究面临的主要瓶颈。要解决瓶颈问题，首先需要明晰不确定性问题的产生原因，进而才有可能找到解决问题的恰当方法。

---

① [美] 罗莎琳德·皮卡德. 情感计算 [M]. 罗森林译. 北京：北京理工大学出版社，2005：123.

1. 什么是人工智能的不确定性

要厘清造成人工智能不确定性的原因，首先需要搞清楚什么是人工智能中的不确定性。对这一概念的理解，哲学界已有过相当长一段时期的讨论，本书前面也做过一些分析。要理解不确定性，就需要将其与确定性联系起来。人工智能模拟的是人类智能，而人类智能则主要表现在思维和知识上。

关于人类的知识，传统知识论以追求确定性知识为目标。而现代科学对微观世界中主客体不可分和数学基础研究中对数学理论不完备性的揭示，突现了知识的主观性和不确定性的方面，也从根本上揭示了传统追求绝对确定性知识的思维方式的片面性和局限性。这使得科学知识具有了主观、相对和非逻辑的方面。但科学知识中的这些方面，并不是科学的全部，正像确定性（certainty）不是科学知识的全部一样。其实，不论是客观世界还是主观思维，都充满着各种可能的不确定性的东西。过去，认识总是在思维中舍弃对象世界和自身的不确定性因素，通过思维中的确定性来构建对象世界的确定性，从而达到对对象世界的确定性认识。[①] 而今，科学发展使我们深刻认识到了普遍存在于对象世界和主观思维中的不确定性。这种不确定性认识的突现，构成了人工智能模拟不确定性问题的原动力。

“不确定性”作为一个运用广泛且含义模糊的概念，是相对于“确定性”而言的。其实，无论是在客观世界还是在主观思维中，完全确定性的东西是很少的。人类对大多数事物认识的确定性程度是不同的，罗素就曾经在《人类的知识——其范围与限度》一书中对心理学意义上的主观确定性程度做过专门论述。他论述道：“由于确信的程度达不到主观的确定性，一个人可能或多或少确信某种事物。我们感到确信明天会出太阳，拿破仑也确有其人；我们相信量子论和有过佐罗亚斯德这个人的程度就差一些；对于爱丁敦得出的电子数完全正确，或者在特洛伊城被围时有个名叫亚加梅农的国王，我们相信的程度就更差了。这是一些已经取得一致意见的问题，但是另外还有一些存在意见分歧的问题。有些人确信丘吉尔是个好人而斯大林是个坏人，其他一些人的意见却正好相反；有些人完全确信上帝站在协约国一边，其他一些人则认为上帝站在德国一边。”[②] 这段论述说明，从完全的确定性到完全的不确定性是一个渐变过程。从一个角度看论述的是确定性的程度，从相反的角度来看就是不确定性的程度。

---

① 王荣江 . 未来科学知识论——科学知识“不确定性”的历史考察与反思［M］. 北京：社会科学文献出版社，2005：内容提要 .

②［英］罗素 . 人类的知识——其范围与限度［M］. 张金言译 . 北京：商务印书馆，2005：474.

从人工智能处理不确定性问题的实用角度出发，本书所说的“确定性”是指：对于所要处理的问题来说，计算机可以给出一个确实可靠且无歧义的唯一处理结果，即得出这一结果的概率为 1。如果将不同的确定程度看做是概率区间［0，1］，那么“不确定性”就是指位于区间［0，1）的处理结果。由于计算机作为一个无生命的形式系统，不具有真正人类意义上的主观性，其运行的过程以及结果从本质上讲都是客观的。然而，作为模拟人类思维的工具，尤其是在处理自然语言等反映人类思维领域的问题时，人类思维中的主观因素便会影响到计算机处理问题的方法和结果。从人类思维中的主观因素是否对计算机处理结果产生影响的角度，本书将计算机处理的结果分为客观的和主观的。客观的处理结果指的是不以人的主观意志为转移或不受人类主观思维影响的计算结果，而主观的处理结果则是指受到各种人类思维主观因素影响的处理结果。这样，影响计算机的处理结果的主要因素如图 4-1 所示。

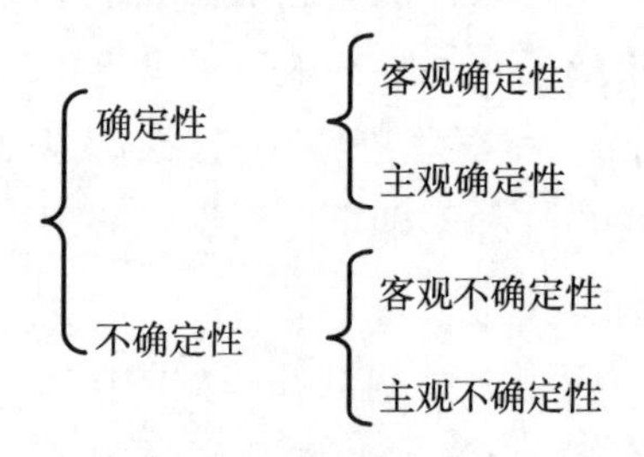

图 4-1　影响计算机处理结果的主要因素

之所以做这样的区分，是为了在后续采取处理方法上讨论的方便。由于人工智能在模拟人类智能的过程中，对于确定性思维的模拟要好于对不确定性思维的模拟，对受客观性因素影响的问题的模拟要好于受主观因素影响的问题，理论界普遍认识到，不确定性是理解人类智能和机器智能之间巨大差别的关键所在，但要使机器能够模拟主客观世界的不确定性，首先就需要认识到主观不确定性和客观不确定性的特征和区别，进而才有可能有的放矢地采取相应合理的有效处理方法。

2. 引起不确定性的原因分析——主观不确定性与客观不确定性

从计算的角度来看，无论是确定性计算还是不确定性计算，显然计算机的计算能力都远胜于人。可见，计算机在模拟人类智能过程中举步维艰的主要原因并不在于计算。在计算无能为力的地方，我们是否可以用表征的方法来处理一部分不确定性问题，尤其是这一思路在人工智能中的可行性有多大。

从前述对不确定性认识的分析可以看出，在人工智能模拟人类智能的过程中，自然语言是最为重要的一个切入点。对于客观确定性思维的模拟，人工智能表现得相当出色，而对不确定性思维以及主观思维的模拟才刚刚起步。在人工智能所面临的随机性、模糊性、自然语言中的不确定性、常识知识的不确定性等主要不确定性类型中，其采取的主要方法是剔除语言中的主观因素，通过定性定量转换等方法，寻找存在于自然语言中的数学规律。然而，正如本书在上面所指出的，计算方法是有局限的，无论是确定性计算还是不确定性计算，在本质上都有其规律性，不可能很好地模拟极具主观性的人类思维及人类语言。语境论指出，语言的意义由其所在的语境决定。而构成语境的三大要素对于人工智能来说，语形是基础，语义在很大程度上是由语用决定的。而语用的本质就是人对语言的使用意图，即表述语言的人的主观意向性。在人工智能模拟人类思维的过程中，如果将以主观性为主要特征的自然语言完全客观化地处理，必然会丢失自然语言中最为宝贵的因素。可以推断，仅仅通过语形以及脱离语境的词语的固定意义来解决自然语言的模拟问题，可以实现模拟人类智能的程度是很有限的。

因此，在解决人工智能的不确定性问题上，以自然语言为主要切入点，首先需要明确的是，造成不确定性的原因除了客观因素，更为主要的还有主观因素。对于引起不确定性的主观因素，哲学上做过大量讨论。与本书所讨论的人工智能不确定性最为相关的哲学论述，是李晓明在《模糊性：人类认识之谜》中提到的下述观点：

他认为，在人类认识活动中，不确定因素可归为三大类：与主体目的价值活动相关的不确定性因素；与主体心理、情感活动相关的不确定因素；与主体思维机制相关的不确定因素。尽管三者彼此联系，相互渗透，但各自侧重不同，由不同学科来加以考察。仅哲学、数学、语言学和逻辑学等涉及的主体思维机制中的不确定性有：①模糊性（fuzziness），即人们认识中关于对象类属边界和性态的不确定性。（关于对象的信息充分并且有序，只是边界划分不明确。）②随机性（radomness），表征对象出现条件的概率特征。③含混性（vagueness），由于对象信息不充分又无序所导致的不清晰特征。④歧义性（ambiguousness），指概念、命题在语言语义上的多义特征。⑤不精确性（impreciseness），反映运算推理的误差特征。⑥不确切性（inexactness），刻画外延和内涵与指称对象不贴切所造成的词不达意的特征。就人类思维机制而言，其中具有基本意义的显然是模糊性和随机性。并且，从认识本质上来看，模糊性是比随机性更为基本的不确定性。二者的关系表现为：以事物出现条件为判据，随机性与必然性相对；以事物性态、类属边界为判据，模糊性与精确性相对。认识的模糊性实质上就是宇宙普遍联系和连续运动在人类思维活动中的反映（模糊性并不等于连续性，精确性也不等于离散性）。理解了模糊性所刻画的是对象差异连续过渡特征这一事实，就不会把精确性和模糊性视为对象固有的、可测量的内在属性。那种把不确定性、模糊性单纯归结为客体固有属性的机械唯物主义观点，那种把模糊性片面归结为主观意识产物的唯心主义立场都是极其错误的，既不可能把握模糊性的实质，也不可能说明人类认识模糊性和精确性的关系，更不可能正确地阐释模糊认识和精确认识彼此转化的内在机制。模糊性是主客体之间活动中产生的客观特性，它反映着人类与对象世界之间认知关系结构的历史状态。模糊化认识是人们在长期社会实践中形成的一种能动认识能力，是人类信息变换活动的重要特征，是认识达到关于对象本质和规律的基本环节之一。离开对认识模糊性的分析，就无法解释人类思维能动机制的客观特征，或者陷入旧唯物主义消极静观的反映论；或者导致夸大意识能动作用，把人类思维本体论化的唯心主义先验论。并且，自然语言在语音、语义和语法等方面都带有强烈的模糊特征，但它却能准确地表达和交流思想。①

从这种观点可以看出，在人类认识活动的三种不确定因素中，前两种都属于主观不确定性因素。而从对仅哲学、数学、语言学和逻辑学等涉及的第三种因素的分析中，虽然作者列举的六种不确定性中一部分是客观因素造成的，并且作者极力强调其核心即模糊性的客观特性，但从本书前面对造成自然语言模糊性的原因分析中可以看出，很多主观因素也是造成这些不确定性的原因。

本书认为，引起人工智能不确定性的因素主要可以分为客观因素和主观因素。在此，把由客观因素引起的不确定性称为客观不确定性，把由主观因素引起的不确定性称为主观不确定性。

具体来说，造成客观不确定性的原因就是客观世界中存在的各种不以人类主观意志为转移的不确定性现象，如近期的天气变化、掷骰子将会出现的点数、一个原子未来的运动轨迹、下一个小时世界上将会降生的人口数、某个词在互联网上使用的频率等。

而引起主观不确定性的原因则要复杂得多。根据本书讨论的需要，在此将引起主观不确定性的原因主要概括为以下两种：

---

① 李晓明. 模糊性：人类认识之谜［M］. 北京：人民出版社，1985：8-32.

一种是由语言本身的不确定性造成的，语言本身的不确定性致使表达者在表达自己意思的时候不能表达得很准确。在人工智能中，由于大多数思想都通过文字来表达，所以这种主观不确定性主要就表现为文字的不确定性。"一旦接触到用文字表达的知识，我们似乎就不可避免地失掉一些我们想要叙述的经验的特殊性，因为所有的文字都表示类别。"①而"一个词的意义就是它在语言中的使用"②。

例如，前面讨论中所提到的自然语言中词语本身的模糊性、歧义性、不确切性以及由于语境因素造成的词语意义的不确定性等情况。关于这类不确定性，维特根斯坦在《哲学研究》中做过大量探讨，在此就这些情况在计算机处理中的问题做简单讨论。关于模糊概念，一个有着模糊的边缘的概念也算是概念吗？弗雷格把概念同一块区域相比，认为边界含混的区域根本不能称之为区域。这句话的意思大概是说我们不可能用它来做任何事情。但是，如果我们说，"请你大致上站在这儿"，假定我和某个人站在市中心广场上说这句话时，我并没有划出任何边界，而只是用手指了指，这种说法便指定了一个特定的地点。可见，一个模糊概念也算是概念。"但是，这个说明不是很不确切吗？"然而，不确切并不是意指"不合用"③。事实上，"语言有表达和传达两种功用"，它的用途就是"能让我们使用符号来处理与外面世界的关系"④。

造成主观不确定性的另一种原因，是表述者主观认识上的不明确，自己也不清楚自己到底想要怎么样而造成的，这是一种心理上的不确定性。人的心理有时是不确定的，很多时候我们并不能明确自己想要怎么样，也不能确定自己的感受是否真实。事实上，我们经常能感受到自己的思想似乎处于某种游离状态。这些感受有时候虽然可以用语言表述出来，但所表述的意思必定是不确定的。然而，这种不确定性绝不是由语言因素造成的，而是因为表述者自己就不清楚所要表述的内容。维特根斯坦曾经做过类似的描述："这样问是有意义的：'我是真的爱她吗？我不只是装的吗？'""'我正反复思索着明天离开的决定。'（这可以称为是对一种精神状态的描述）"⑤

总之，在人工智能中，不确定性应该包括两个主要组成部分：客观不确定性与主观不确定性。隐藏在这一含义后的是这样一种前提：客观世界与人类思

---

①［英］罗素．人类的知识——其范围与限度［M］．张金言译．北京：商务印书馆，2005：505.
②［奥］维特根斯坦．哲学研究［M］．李步楼译．北京：商务印书馆，2005：31.
③［奥］维特根斯坦．哲学研究［M］．李步楼译．北京：商务印书馆，2005：50-51，61-62.
④［英］罗素．人类的知识——其范围与限度［M］．张金言译．北京：商务印书馆，2005：70，73.
⑤［奥］维特根斯坦．哲学研究［M］．李步楼译．北京：商务印书馆，2005：233，234.

维都具有不确定性。之所以做这种区分，是因为针对不同类型的不确定性问题，人工智能需要采取的处理方式不同，甚至有些类型的不确定性问题是人工智能无法处理的。并且，主客观的划分、确定性与不确定性的划分都要根据具体处理的问题具体分析，不能一概而论。

四、区分主客观不确定性的意义

在人工智能中区分主观不确定性和客观不确定性的意义在于，针对不同原因引起的不确定性问题，应采取不同的处理方法。以表征和计算为基础的人工智能形式系统，其本质特征决定了它对形式计算问题的处理具有先天优势。而在模拟人类智能的问题上，仅仅依靠计算的方法来处理人类思维的主要载体——自然语言，却面临着极大的困难。可见，计算机在模拟人类智能过程中举步维艰的主要原因并不在于计算。这也是人工智能作为一个交叉学科，集计算机、数学、语言学、哲学等学科领域于一身的主要原因。而早期对自然语言的处理，也以形式处理为主要特征，这对于语言意义的理解远远不够。其难点就在于对不确定性的理解。从上述对自然语言不确定性产生原因的分析中可以看出，造成不确定性的原因有些是客观的，而另一些则是主观的。

人工智能中可以采取的处理方法又可以分为表征和计算两大类。除了计算的方式，在形式系统上引入基于语境的表征方式来模拟人类语言，也许会拓展可处理的不确定性范围。对于所面临的这些不确定性问题：哪些是计算可以解决的，哪些不是？哪些是表征可以解决的，哪些不是？哪些问题需要表征和计算的方法结合起来共同解决？表征和计算的极限各是什么？这些问题决定了人工智能可以达到的智能程度，沿着这一路径我们可以看清未来人工智能的发展前景。

通过上述对不确定性问题的分析我们认识到，相对于主观不确定性问题来说，客观不确定性更易于解决。在主观不确定性问题中，有些可以利用定性定量转化的计算方法加以处理，并且，统计方法对于计算机处理词语意义也有着至关重要的作用；然而，对于大多数语言意义的理解问题，则需要借助于基于语境的表征方法，这是由自然语言的本质特征决定的。在具体的问题处理中，就需要对产生语言不确定性的原因进行分析，从而判断用什么样的方法加以处理更为恰当。

其实，从根本上来说，主观不确定性问题是计算不可解的。在这类问题上，计算只能作为一种辅助工具来使用。例如，对于最为常见的第一种主观不确定性，还是上面提到的“请你大致上站在这儿”这个句子，人们会说，一个语句的意思当然可以保留这样或那样的悬而未决之处，但尽管如此，该语句仍必须具有一种确定的意思。一个不确定的意思就根本不是一个意思。这就如同：一个不确定的边界根本就不是一个边界。[①]事实上，我们没有必要用粉笔在地上画一个圈来标定“这儿”的区域，对于人来说，说话双方在特定语境中都可以理解“这儿”意味着什么。然而，计算机却不具有理解这类模糊概念的能力。在这个例子中，对于“这儿”这个模糊概念的处理，显然不能利用词计算或云模型等处理方法，因为无法通过定性定量转换或统计方法来解决“这儿”的模糊范围。可见，计算方法在解决主观不确定性问题时有很大的局限性，它无法从根本上解决由语境决定的意义理解问题。“语言是一种工具。它的概念都是工具。”“我们的混乱是当我们的语言机器在空转而不是在正常工作时产生的。”[②]对语言的理解一定要放在具体的语境中。因此，人工智能对于模糊概念的处理，除了计算，也需要考虑基于语境的表征方法。

从某种程度上甚至可以认为，维特根斯坦在《哲学研究》中对语境问题的描述，其实是他发现了人类思维和语言中的主观不确定性，而语境论所要解决的核心问题也正是不确定性问题。再说大些，整个语言哲学在一定程度上也是在求解有关主观不确定性的问题。因此，对人工智能主观不确定性问题的求解，必定要借助于语境论的相关思想。

第四节　人工智能语境论范式

20 世纪 50 年代以来，以表征和计算为基础的人工智能理论，出现了符号主义、连接主义和行为主义三种主导性范式。但经过 60 多年的跌宕起伏，其仍未形成较为统一的理论范式。随着人工智能理论和应用的迅速发展，目前的人工智能技术逐渐突破已有范式的局限，开始趋向于对各种范式进行逐步融合。然而，如何对人工智能范式进行融合，以及在什么样的基础上来进行融合，或者说，融合的哲学基底应该是什么样的这一尚未解决的难题，成为人工智能理论进一步发展的瓶颈所在。通过考察人工智能研究的发展历程，揭示其自始至终贯穿着的语境论特征，本书认为，语境论有望成为人工智能理论发展的新范式，

---

① ［奥］维特根斯坦．哲学研究［M］．李步楼译．北京：商务印书馆，2005：67-68.

② ［奥］维特根斯坦．哲学研究［M］．李步楼译．北京：商务印书馆，2005：77，228.

语境问题的解决程度，决定了以表征和计算为基础的人工智能所能达到的智能水平。

从本书前面的分析可以看出，在表征方面，人工智能无论在自然语言处理的发展趋势上还是在表征方法的解决上，都表现出了鲜明的语境论特征；而在计算方面，从对不确定性问题的分析中可以看出，机器智能无法模拟人类智能的瓶颈问题就在于不确定性，现有的计算技术所能解决的是可量化为客观不确定性的问题，而人类思维和语言中最核心的主观不确定性，则是计算所不可解的。因此，人工智能下一步的核心问题就是要解决自然语言中的主观不确定性问题，而对这类问题的解决，最有可能的就是利用语境分析方法。

可见，在人工智能的发展历程中贯穿着鲜明的语境论特征，现有的范式理论已无法对人工智能的发展状况做出正确描述，语境论有望成为人工智能理论发展的新范式。语境论范式的最大特征，就是所有问题都围绕语境问题而展开。以现有范式理论为基础，以表征语境和计算语境为主要特征，围绕智能模拟的语境问题逐步走向融合，将是下一阶段人工智能发展的主要趋势。

一、人工智能语境论范式的形成

伴随对“语境”（context）认识所发生的根本性变化，即从关于人们在语境中的所言、所做和所思，转变为以语境为框架，对这些所言、所做和所思进行解释，“语境论世界观”（contextualism as a world view）[①] 逐渐显现在自然科学和社会科学各个学科的发展中。当以这样一种具有普遍性的“语境论”思维，来反思 60 多年来人工智能理论的发展时，我们可以清晰地看到，实际上语境论观念就内在于符号主义、连接主义和行为主义的发展中，并逐步成为当代技术背景下人工智能理论融合和发展的新范式。

1. 符号主义中的语境论观念

物理符号系统假设认为，“符号是智能行动的根基”[②]。符号主义人工智能系统是一个具有句法结构的符号表述系统，它在对所处理的任务进行表征的基础上构造相应的算法，使其可以在计算机硬件上得以实现。采用何种表征方式直接决定了可采取的相应的计算方式，即表征决定计算。并且，同一表征可以由

① Hayes S C. Varieties of Scientific Contextualism［M］. Oakland：Context Press，1993：vii.
②［美］玛格丽特·A. 博登 . 人工智能哲学［M］. 刘西瑞，王汉琦译 . 上海：上海译文出版社，2005：115.

不同的算法来实现，算法描述与所表征的语义内容没有必然的对应关系。也就是说，在符号主义中，表征和计算之间是一种一对多的关系。因此，决定符号主义发展的主要是表征理论的变更。以表征为基础，可以看出符号主义的各个发展阶段，实际上体现出了从语形到语义，再到语用的特征。

人工智能领域主要关注于，为了具有智能行为，符号系统应该如何组织知识或信息，因为信息必须以能够在计算机中运行的方式来表征。从根本上讲，计算机是一个形式处理系统，即便在语义和语用处理阶段，语形处理也是基础。因此，在人工智能领域，应根据计算机系统在组织和表征知识时，对处理对象采用何种表征原理和分析方法，来确定其体现出的语形、语义和语用特征。

受乔姆斯基有限状态语法（finite-state grammar）、“短语结构语法”（phrase structure grammar）以及“转换生成语法”（transformational grammar）等三种语法模式理论的影响，早期符号主义认为，计算机对知识进行组织和表征时以语形分析方法为主，并以语形匹配为主要计算方式，从而完成指定的处理任务。因为任何领域的知识都是可形式化的，在任何范围内实施人工智能的方法，显然都是找出与语境无关的元素和原理，并把形式的符号表述建立在这一理论分析的基础上。然而，基于语形处理的解题过程，对处理对象的概念语义并无确切掌握，处理结果往往精确度不够，常常会出现大量语义不符的垃圾结果，或遗漏很多语义相同而语形不同的有用结果。

为了提高系统的智能水平，人们开始关注表征的语义性以及相关的语境因素。表征理论必须解决的首要问题，就是如何将语境中的语义信息通过语形方式表征出来。由此，从20世纪70年代起，人们相继提出了语义网络、概念依存理论、格语法等语义表征理论，试图将句法与语义、语境相结合，逐步实现由语形处理向语义处理的转变。

但以词汇为核心的语义表征所描述的内容都是词汇中各个语义组成部分的固有的、本质的语义特征，同样与词汇所在语境无关，是一种以静态语义关系知识为主的语义表征，在动态交互过程中很难发挥应有的作用。也就是说，这种语义描写方式局限于对单句内固有场景的描述。这种静态语义表征无法根据语用的不同对词汇所描述的场景进行语用意义上的语境重构。所以，建立在这类语义表征理论之上的智能程度是极为有限的。

因为语用涉及语言的使用者即人的视角问题，针对同一个问题，不同的视角将产生不同的理解。因此，到了语用阶段，将会是一种站在语言使用者立场的动态语义表征。尤其是在网络的动态交互语境中，每个网络用户（无论使用系统的人还是某个虚拟系统）都需要以某个视角或立场进入到交互过程中。这就需要引入虚拟主体，使系统在交互过程中以某个视角或立场的主体地位，来对交互过程中的问题加以考虑，在特定语境中为达到特定的交流目的，进行相应的语用化处理。

正如维特根斯坦所指出的，语言意义只有在具体使用过程中才能体现出来。主体的参与性以及不同主体使用语言的不同目的，是考察话语意义的前提。引入语用技术，消解了存在于语言中的歧义性、模糊性以及隐喻等问题。在这个意义上，将虚拟主体引入以语用为特征的动态语义表征过程，将是人工智能从语义阶段向语用阶段迈进的关键所在。借助于建立在语形和语义基础上的语用思想，可以实现更高层次的智能化服务。当然，在现阶段，语义表征问题尚未完全解决，语用研究的基础则更为薄弱，向语用阶段迈进将是一个相对较长的过程。

2. 连接主义中的语境论观念

连接主义认为，人工智能源于仿生学。以整体论的神经科学为指导，连接主义试图用计算机模拟神经元的相互作用，建构非概念的表述载体与内容，并以并行分布式处理、非线性映射以及学习能力见长。

在符号主义时代，连接主义的复兴是很多领域共同驱动的结果。不同领域的专家利用连接主义这一强大的计算工具，根据具体需要分别构建特定的网络计算结构。然而，连接主义在诸多相关的领域中，则表现出研究的不统一。研究目的与应用语境的不同，使连接主义缺乏与某个研究计划的相似性，更重要的是它似乎成为模拟某些现象的便利工具。[①] 在不同的语境中，人们编写结构不同的连接主义程序，来满足特定语境下的应用需求。一旦语境范畴发生改变，该程序便失去原有的智能功能。这使得连接主义不具有符号主义的统一性，无法在一个统一的基础上开展研究。因此，直至今日，这一按照生物神经网络巨量并行分布方式构造的连接主义网络，并没有显示出人们所期望的聪明智慧来。

知识表征一直是符号主义研究的核心问题。许多学者认为，连接主义独特的表征方式避免了知识表征带来的困难，可以通过模拟大脑的学习能力而不是心灵对世界的符号表征能力来产生人工智能。作为对传统符号主义方法论的翻转，连接主义由计算开始，在比较复杂的网络中构建出对语境高度敏感的网络计算。并通过反复训练一个网络，来获得对一个任务的高层次理解，从而体现

---

① Wieskopf D，Bechtel W. Artificial Intelligence. The Philosophy of Science：New York & London. An Encyclopedia. Routledge [K]. 2006：151.

出一定的概念层次的特征。算法结构直接决定了连接主义程序是否可以体现出一定的概念，以及可以在何种程度上表征概念的内容，即计算决定表征。连接主义网络中没有与符号句法结构完全相似的东西。非独立表征的内容分布在网络的很多单元中，也许很难辨别一个特定单元执行的是什么内容。单元获取并传输激活值，导致了更大的共同激活模式，但这些单元模式并不按照句法结构来构成。并且，在连接主义系统中，程序和数据之间也没有清晰的区别。无论一个利用学习规则的网络是线性处理的还是被训练的，都会修改单元之间的权重。新权重的设置将决定网络中未来的激活过程，并同时构成网络中的存储数据。此外，连接主义网络中也不存在明确的支配系统动态的表征规则。① 这些都表明，表征并不是连接主义的主要特征。不论是否含有语义内容，连接主义程序的运行结果都是由不断变化着的计算语境决定的。因此，计算语境是连接主义的一个主要特征，建立在计算语境上的连接主义从一开始便是以语境思维为基础的。

当然，不以符号的方式进行知识表征和没有知识表征是截然不同的两回事。正如德雷福斯所指出的那样，连接主义也不能完全逃避表征问题。因为计算机需要将那些对人来说是自然而然的东西用规则表征出来，而这并不比将人的知识和能力用符号主义系统表征出来更为容易。② 连接主义虽然采取了不同的智能模拟形式，但它不可以直接处理人类思维中形式化的表征内容，无法模拟符号主义范式下已经出现的大部分有效的智能功能，这都为其发展带来了难以跨越的障碍。

总之，连接主义在计算语境的基础上构造算法结构并生成智能，在一定程度上正面回答了智能系统如何从环境中自主学习的问题。然而，在连接主义的各个应用领域中发展出如此之多的神经网络模型，表明连接主义内部对如何模拟人类智能，还没有形成统一的方法论认识。这不仅使连接主义和符号主义之间难以实现完全的信息交换，也使得连接主义内部各网络模型之间的交流很难进行。“作为交叉学科，连接主义缺乏特征上的统一，而寄期望于一个研究程序。”“甚至在这些领域，如果重视由网络形成的不同用途，一个研究程序的特征统一在很大程度上也是缺乏的。”③ 这些都表明，连接主义研究还处于初级阶段。“连接主义范式”是从计算结构的角度对这种计算形式所进行的概括，而

① Wieskopf D，Bechtel W. The Philosophy of Science：An Encyclopedia.［K］. New York，London：Routledge，Taylor & Francis Group，2006：153.

② Dreyfus H.What Computers Can't Do：The Limits of Artificial Intelligence［M］. New York：Harper & Row，1979.

③ Wieskopf D，Bechtel W. The Philosophy of Science：An Encyclopedia［K］. New York，London：Routledge，Taylor & Francis Group，2006：154.

“语境论范式”则是对这种计算形式的本质特征进行的概括。

3. 行为主义中的语境论观念

行为主义，更准确地说是基于行为的人工智能，认为智能行为产生于主体与环境的交互过程，智能主体能以快速反馈替代传统人工智能中精确的数学模型，从而达到适应复杂、不确定和非结构化的客观环境的目的。复杂的系统可以从功能上分解成若干个简单的行为加以研究。在这些行为中，感知和动作可以紧密地耦合在一起而不必引入抽象的全局表征，人工智能则可以像人类智能一样逐步进化（因此也称为进化主义）。所以，行为主义的研究目标，是制造在不断变化着的人类环境（human environments）中，使用智能感官与外界环境发生相互作用的机器人。因此，它首先假设外界环境是动态的，这就避免了使机器人陷入无止境的运算之中。

行为主义的创始人布鲁克斯认为，生物产生智能行为需要外在世界以及系统意向性的非显式表征，大多数甚至是人类层次的行为，都是没有详细表征的，是通过非常简单的机制对世界产生的一种反射。传统人工智能就失败在表征问题上。当智能严格依赖于通过感知和行为与真实世界的交互这种方式来获得时，它就不再依赖于表征了。在他的智能机器人中，从不使用与传统人工智能表征相关的任何语义表示，既没有中央表征，也不存在一个中央系统。即使在局部，也没有传统人工智能那样的表征层次。① 在行为主义机器人的执行过程中，最恰当的说法是，数字从一个进程传递到了另一个进程。但这也仅仅是着眼于可将数字看成是某种解释的第一个进程和第二个进程所处的状态。布鲁克斯不喜欢将这样的东西称为表征，因为它们在太多的方面不同于标准的表征。也就是说，行为主义表征不具备符号主义那种标准的语形、语义以及语用特征。行为主义所面临的语境特征在本质上是一种计算语境。

行为主义机器人的控制器超越了那种对环境的不完全的感觉表征，机器人在真实世界中的体现是控制器设计的主要部分。在这一方法中，物理机器人不再与问题不相关，而是成了问题的中心。日常环境被包括进来而不是被消除掉。② 可见，行为主义的智能是根植于语境的。离开语境，行为主义机器人便表现不出任何的智能特征。从这个意义上，行为主义在本质上是语境论的。

---

① Brooks R A. Intelligence without representation［J］. Artificial Intelligence，1991，（47）：139-159.

② Edsinger A L.Robot Manipulation in Human Environments[OL]. http：//people.csail.mit.edu/edsinger/index. htm［2007-01-16］.

从上述分析可以看出，无论是符号主义、连接主义还是行为主义，从根本上讲都是基于“语境”观念的。目前，在人工智能科学研究中，虽然新理论层出不穷，但涉及应用问题时大都局限于某个领域。与早期人工智能研究的整体性和普遍性相比，其表现出明显的局部性特征。很多研究甚至是“玩具型问题”，不具备应用推广的条件。隐藏于这些表象之下的人工智能领域的根本困境，就是常识知识问题，而常识知识问题的本质则是语境问题。人工智能的实用性是建立在对研究对象规律的归纳基础之上的，只有找到规律，才有可能编写适合机器运行的智能程序。然而，“无秩序（disorder）是语境论的绝对特征”[①]，由于无法用形式化的描述方式模拟“无秩序”这一人类语境的根本特征，人工智能就不可能模拟相对全面的人类常识知识，只能局限于范围较小的专家系统开展研究。也就是说，从功能主义角度对人类认知特征进行模拟，人工智能是相当局限的。所以，人工智能要想获得真正的突破，在相当长的一段时期内，研究的核心问题就是解决建立在形式系统之上的计算机应该如何处理各种各样的语境问题。正是在这个意义上，人工智能研究必须引入“语境”观念。

二、人工智能语境论范式及其特征

语境论范式最大的特征就是所有问题都围绕语境问题展开。无论是在已有三种范式下进行的研究，还是在三种范式交叉领域开展的研究，甚至后来出现的各种新技术，它们所研究的关于智能模拟的核心问题，都是围绕语境问题展开的。而对这些问题的研究之所以无法继续深入，也都是由于无法解决其所遇到的语境问题。

1. 人工智能语境论范式的特征

不论在什么范式下，人工智能说到底还是一个表征和计算的问题。因此，建立在现有范式之上的语境论范式，必然以表征语境和计算语境为主要特征，具体表现为：

（1）围绕表征的语境问题，对基于人类语言的高级智能进行模拟，使计算机具有一定程度的语义理解能力，是语境论范式的一个主要特征。

本质上讲，计算机是一个形式系统，而形式系统所能表现出的智能程度，

① Pepper S C. World Hypotheses：A Study in Evidence［M］. Berkeley：University of California Press，1970：234.

根本上由建立在表征和计算之上的功能模拟决定。对基于人类语言的高级智能进行模拟，必然要以已有的符号主义技术为基础，围绕语形、语义和语用相结合的语境描写技术，来让计算机对人类语言具有一定程度的语义理解能力。

对基于语言符号的人类思维进行模拟，从人工智能诞生之日起，就一直是智能模拟的核心问题。建立在形式系统之上的计算机，不可能具有意向性，也无法对人类语言意义给出真正的理解。计算机要想表现出类似于人类的智能，首先就要具有人类的常识知识。人们希望通过研究内容庞大的知识表征问题来解决计算机的常识知识问题。然而把常识阐述成基于形式描写的表征理论，远比人们设想的困难，绝不仅仅是一个为成千上万的事实编写目录的问题。威诺格拉德（T. Winograd）在对人工智能“失去信心”后，一针见血地指出：“困难在于把那种确定哪些脚本、目标和策略是相关的以及它们怎样相互作用的常识背景形式化。”①

在语境论范式下，对语形、语义和语用的处理，必须将要表征的常识知识通过形式化的方法转化为计算机可以实现的方式。人工智能之所以要关注表征方式的变革，关键在于表征方式直接决定了计算机对语义内容的处理能力。无论是纯句法的表征，还是各种语义表征，甚至是语用表征，本质上都是形式表征。形式表征理论关注的是如何便于计算机进行推理或计算，从而提供更为恰当的结果。而结果是否恰当关键在于语义，而不是语形。表征理论沿语境论转换的实质意义在于，使计算机更好地处理表征的语义内容。只有建立在语形、语义和语用基础上的表征理论，才能更加接近人类自然语言的表征水平。

然而，同句法范畴比起来，语义范畴一直都不太容易形成比较统一的意见。“层级分类结构”的适用范围、人类认知的多角度性及其造成的层级分类的主观性，导致了语义概念的不确定性、语义知识的相对性以及语义范畴的模糊性。而语义知识必须进行形式化处理的特征，决定了它需要对各种情境或场景进行形式化表征。事实上，对一个对象进行的语义描述，在语境发生变化时就不再适用。要对之建立完整的描述就需要将其可能涉及的各个方面都考虑在内，但这是不可能的。因为我们不可能事先将这一对象将出现的所有语境都表述出来，并且这种表述上的无度发展很快就会变得无法控制。因此，各种描述常识知识的表征理论要想具有实用性，必须针对特定领域构建相关的描述体系，并应用于特定的专家系统。

---

①［美］玛格丽特·A. 博登. 人工智能哲学［C］. 刘西瑞，王汉琦译. 上海：上海译文出版社，2005：351.

总之，在语境问题没有得到根本解决之前，不可能构建适用于所有日常领域的表征体系。专家系统实质上是对常识知识工程所面临的表征语境根本问题的回避。在相当长一段时期内，表征语境问题将是语境论范式必须解决的首要问题。为使计算机具有一定程度的语义理解能力，围绕表征语境展开研究将是语境论范式的一个主要特征。

（2）在计算语境方面，基于结构模拟和功能模拟的计算网络的智能水平，很大程度上是由计算语境决定的。围绕计算语境展开研究，将是语境论范式的又一重要特征。

语境论范式是对已有范式进行的新概括，其计算特征也源于已有的计算模式，并围绕计算语境问题而展开。具体表现在：

首先，从语境论范式的角度审视连接主义，我们可以发现，连接主义计算中存在的根本问题，从网络结构设计到对网络进行训练以及网络运行的整个过程，都是基于特定语境而展开的。但对特定语境的依赖使连接主义计算在应用上非常局限。

①由于连接主义计算的构造前提是基于特定语境的，也就是说，连接主义程序的计算结构，是根据某一特定问题的需要而专门设计的，没有相对统一的结构模式，所以每遇到一类新的问题，就需要重新构建相应的计算结构。这使得连接主义程序很难在同一结构上同时实现处理多种智能任务的功能，已开发的程序不能被重复利用。这也是连接主义范式无法走向统一的症结所在。这一问题表明，每个连接主义程序都是局限在某个特定语境下的，如何使连接主义程序突破特定语境的限制，从而具有更强的适用性，是语境论范式下迫切需要解决的问题。

②连接主义计算的学习能力是建立在特定语境中的归纳和概括之上的。连接主义最大的优势就在于其具有很强的学习能力。连接主义系统的智能程度不仅取决于系统结构，而且更取决于对系统的训练程度。在这种训练过程中，程序按照某种类型的“学习规则”对权重进行不断调整。这种调整的实质，就是对所学到的知识进行某种意义上的归纳和概括，但这种归纳和概括只有按照设计者预先设计好的规则来进行，才能是合理的。一个系统只有需要花费大量的时间重复训练，才能归纳和概括出符合设计者期望的智能程度。而这种预设语境的问题和“学习规则”，实际上规定了连接主义计算只有在特定语境中获得的知识才是有意义的。

这种在特定语境中产生的学习能力，其前提就是对要处理的任务对象进行分类，并在分类的基础上规定一个适用的语境范畴。但分类是一个主观认知的结果，具有不确定性。要把智能建立在某种分类前提下的归纳和概括之上，必然会使所表现出的智能被这种相对固定的形式系统所束缚，失去本来的灵活性。在某种语境下适用的分类以及归纳、概括体系，在其他语境下往往会变得不适用。在某种预设和规定语境下建立起来的连接主义网络，决定了其不可能发现这种预设语境范畴之外可能存在的归纳和概括。而人类智能则可以在同一个大脑结构中对各种语境以恰当的方式进行分类、归纳和概括。因此，连接主义网络只能在预设的语境中获得智能，不可能在同一个结构中像人类智能那样适应各种语境并获得知识。

③连接主义程序对计算语境具有高度的语境敏感性。

以非线性大规模并行分布处理及多层次组合为特征，连接主义程序通过计算语境给出的数据进行训练。这种花费大量时间训练而成的程序，其智能程度不仅取决于系统构造，更取决于在特定语境下对系统进行的重复不断的训练程度。从上述分析可以看出，连接主义网络构造的前提，是将问题限制在某个特定领域。网络具有智能的基础，是按照某种学习规则进行归纳和概括。这就使连接主义程序的功能被限制在某个预设的语境之中，而不是任意的和无规律的。所以，程序的训练和运行过程也必然被局限在这种预设的语境之下，根据计算语境的变化不断调整权重，从而表现出更为符合于设计需要的智能功能。这体现出计算结果对计算语境的高度依赖。并且，如果计算语境的范畴发生改变，程序的计算结果就会毫无意义，这在一定程度上正面回答了智能系统如何从特定环境中自主学习的问题。因此说，连接主义对计算语境具有高度的敏感性。

以上特征说明，连接主义程序从设计、训练以至运行的整个过程中，都是基于特定语境而展开的，计算语境在很大程度上决定了连接主义网络的智能水平。在这个意义上，连接主义在本质上是语境论的。

其次，用语境论范式的观点重新看待行为主义，可以得出，行为主义所表现出的智能功能是由计算语境决定的。离开语境，行为主义机器人就不可能表现出任何智能特征。

作为计算语境的另一典型应用，行为主义采取自下而上的研究策略，希望从相对独立的基本行为入手，逐步生成和突现某种智能行为。行为主义以真实世界作为智能研究的语境基础，构建具身化的计算模型，试图避开符号主义研究框架的认知瓶颈，从简单的规则中“突现”出某种程度的智能来。

行为主义基于行为的主体框架可以看做是连接主义和控制论在智能机器人

领域的延伸，其智能系统能够体现出一定的生物行为的主动特性和相应于环境所做出的自调整能力。因此，从本质上说，行为主义不仅继承了连接主义所有的语境特征，而且反过来对所处语境施加影响。在这种与真实语境的互动过程中，行为主义机器人表现出一定的智能特征。

然而，真实语境是动态变化的，行为主义机器人并不能适应全部的人类环境，其适应性是针对特定语境而言的。在基于行为的方法中，机器人通过不断地引用它的传感器来实现对人类环境的认知。这样，硬件技术必然会对机器人的认知活动构成限制。麻省理工学院的研究人员爱德森格（Aaron Ladd Edsinger）指出，"基于行为的方法在机器人操作中存在一个不足。目前以及在可预知的将来，传感器和驱动技术将强制一个机器人使用来自其自身和世界的不确定的、分解的观点去执行任务。同样，人类环境下的机器人操作将需要一套运算法则和方法去处理这种不确定性。基于行为的方法目前是作为这一难题的基本部分出现的"①。

可见，对真实计算语境整体性的把握以及适应性，是决定行为主义机器人智能程度的关键因素。离开计算语境，行为主义机器人就不可能表现出任何智能特征。但同时，我们也应该认识到，仅仅建立在基于行为之上的智能研究，对于处理复杂的真实语境下的智能任务是远远不够的。布鲁克斯的研究成果使人们普遍产生误解，似乎以低智能为前提的反馈式的智能行为，可以逐步进化或突现出更为高级的智能形式。而实际上，反馈在智能形成机制中虽然起了重要作用，但不是全部作用。这是行为主义研究无法继续深入的根本所在。

2. 什么是人工智能语境论范式

人工智能语境论范式，既不是传统归纳主义科学发展观所认为的没有科学革命的科学知识的渐进积累，也不是波普尔式的忽视科学知识继承和积累的科学理论更替。它之所以可能成为人工智能研究的新范式，源于它站在历史主义方法论视角上，通过对已有范式理论核心价值的继承以及新技术新问题的概括，为解决当前人工智能学科所遇到的核心瓶颈问题提出了新的研究框架。人工智能语境论范式的提出，不是某个层次的个别认识，而是在整个人工智能学科及相关学科发展过程中，随着认识不断深化而逐步浮现出的一种更为恰当的新概括。这种从人工智能实际发展过程中得出的新概括，是一种基于继承的革新，

---

① Edsinger A L. Robot Manipulation in Human Environments[OL]. http://people.csail.mit.edu/edsinger/index.htm［2007-01-16］.

也是人工智能语境论范式的价值所在。

人工智能语境论范式认为：人工智能的智能程度取决于对不确定和非结构化的语境问题的处理能力。对于一般智能而言，语境论具有必要的和充分的手段。所谓“必要的”是指，任何表现出一般智能的系统都必然以诸多语境要素为基础，并以解决各种语境问题为目的；所谓“充分的”是指，任何可以解决足够多语境问题的系统都可以认为是具有智能的。在此，用“一般智能”来表示与我们所熟知的人类智能功能相同的各种智能：在任一真实语境中，在不限定智能生成机制的前提下，对该系统目的来说是恰当的，并与环境要求相适应的智能表现。并且，这种智能表现发生在一定的速率和复杂性的限度之内。

这是人工智能语境论范式的思想内核。具体来说，要从以下几个方面来认识人工智能语境论范式：

首先，人工智能语境论范式的形成不是个别学科或个别团体的认识，它是认知科学大背景下学科交叉以及人工智能自身发展需要的产物。从相关学科发展历程来看，语言哲学所经历的语义转向、语用转向直至语境论世界观的形成，为相关学科发展提供了理论指导。受其深刻影响，语言学研究摒弃了纯粹的语形学，在经历语义学和语用学后，向整体性的语境研究迈进。人工智能在对人类智能模拟问题上，借鉴语言学以及语言哲学的研究成果，从早期的语形处理转向语义处理，并提出要从语义网向语用网转向的互联网发展规划。这种学科之间发展脉络的相似性不仅仅是表面上的相互借鉴，而且是根植于深层人类认知之上的必然趋势。无论是语言哲学、语言学还是人工智能，其终极梦想都在于对人类语言与思维关系的认知。在语境论以一种世界观被提出的时代大背景下，作为交叉学科的人工智能研究向语境论范式转向将是一种理论发展的必然。人工智能语境论范式将随着语义、语用以及语境技术的发展而逐步确立。其实，无论是在已有的哪个范式下，人工智能各研究领域早已围绕语境问题展开研究。但这只是一种自发性的研究状态，并没有从一个更高的层面上对这类研究进行理性认识概括。在现有范式理论无法对当前人工智能取得的新技术以及面临的新问题做出恰当概括和正确指引的情况下，语境论范式将为人工智能的进一步发展提供明确的认识论和方法论指导。

其次，人工智能语境论范式为人工智能研究提供了新的方法论指导。它指出，要以语境问题为核心，在更为本质的层面上着眼于人工智能未来的研究，为今后的研究工作提供研究纲领及方法论指导。人工智能语境论范式认为，语言的任何层次都与语境相关。对自然语言意义的理解，各个层次的静态语境描写技术只是起点与基础，关键是篇章级别及动态语境下的意义理解。而对动态语义理解的实质就是“一种在实践中通过相互作用构成的模式”①，仅仅依靠计算语境还远远不够，它必然是以层次性为基础的静态表征语境与动态计算语境紧耦合的结果。因此，人工智能语境论范式的关键就在于，如何在形式系统中，将建立在解构方法论基础上的层次性的静态表征语境向建构整体性的篇章语境扩张，并与动态性的计算语境相结合。这是人工智能语境论范式借以超越现有范式理论而必须解决的核心问题。

最后，人工智能语境论范式为人工智能研究提供了新的认识论视角。“当我们谈到语境论时，我们便由理论的分析类型进入合成类型（synthetic type）。”“语境论坚持认为变化展现事件”②，并且，语境变化的“这种可能性是无限的”③。在分解方法基础上，如何将“无秩序”的语境以形式化的方式表征出来，并实现其在动态语境中的语义理解，整体性的语境认识论便显得尤为重要。基于此，人工智能语境论也必须明确认识到，形式系统之上的“语境”与真实的人类语境相比是相对有序的。这种相对有序性是基于形式系统的计算机的本质属性，它不会因为语境论的引入而达到人类认知能力对“无秩序”语境的认知程度。此外，人工智能的语境很大程度上是“先验”的。无论是表征语境还是计算语境，都是在对现实世界某种规律性的认识基础上的形式概括，预先以形式化的方式写入计算机系统。因此，人工智能语境论范式虽然较之前的范式理论有其进步性，但也很难达到对所有语境意义的理解。

总之，语境论范式在人工智能学科领域的提出，不仅仅是提供某些具体方法，而且是给出了一种新的“根据范式中隐含的技巧、价值和世界观进行思考和行动的问题”④。在人工智能语境论范式下，所有的研究都围绕表征语境和计算语境而展开。表征语境与计算语境相结合，将是语境论范式下人工智能发展的主要趋势。

三、人工智能语境论范式的意义

从人工智能范式的发展过程中我们可以看到，符号主义范式从表征的角度对人类智能进行模拟，连接主义范式从计算的角度进行模拟，而行为主义则是

① Duranti A，Goodwin C. Rethinking Context［M］. Cambridge：Cambridge University Press，1992：22.
② Pepper S C. World Hypotheses：A Study in Evidence［M］. Berkeley：University of California Press，1970：232.
③ Rorty R. Objectivity，Relativism and Truth［M］，Cambridge：Cambridge University Press，1991：94.
④ 加里·古延. 科学哲学指南［C］. 成素梅，殷杰译. 上海：上海科技教育出版社，2006：511.

在连接主义和控制论的基础上，试图从反馈式智能中进化或突现出更高级的智能形式。每种范式都从各自的角度出发，但随着研究的深入，都殊途同归地落在了语境问题上。正因为如此，语境论范式的提出对于未来人工智能的发展具有重要的意义，其主要表现为：

首先，人工智能领域出现的新理论和新技术，突破了现有范式理论的局限，围绕语境问题表现出很多新的特征，具体体现在以下三点：

（1）当前，符号主义建立在大规模数据库基础之上的智能研究，需要进行大量的以统计为基础的数值计算。而传统的线性计算在一定程度上无法满足符号主义的这种应用需求，需要引入以非线性为特征的连接主义计算，来弥补符号主义在计算能力上的不足。随着技术的发展，连接主义程序逐步作为计算工具引入到符号主义系统中。这是一种将符号主义的表征优势与连接主义的计算优势结合起来共同处理任务的新技术。这一新技术的出现突破了原有的仅在符号主义或连接主义范式下研究问题的局限，实现了这两种范式在一定程度上的结合。然而，这种结合是建立在数据库统计基础之上的，具有很大的局限性。因此，将符号主义表征和连接主义计算在语境论范式下有机结合，将是语境论范式的一个重要趋势。

（2）连接主义在发展过程中，由于表征能力的不足，在很多情况下无法对符号内容进行有效处理。为了弥补这种不足，研究人员对符号主义表征的语义内容按概念进行分类，再用连接主义结构以某种语义关系将其连接（即通常所说的语义神经网络），试图将对符号的处理融入连接主义中。然而，对语义进行分类本身就是一个主观认知的结果，具有不确定性。要把自然语言理解按分类方式用语义网络相连，必然会使语义被这种相对固定的形式系统所束缚，失去本来的灵活性。在一种情况下适用的分类体系，在另一种情况下往往就变得不适用。这种将符号主义的语义特征融入连接主义计算的做法，在一些情况下可能是适用的，但在更多的情况下，可能反而会使对语言的处理受到符号主义和连接主义双重规则的限制。并且，基于继承等关系建立的语义网络，不能体现人类语言使用过程中灵活的语境特征。因此，将符号主义表征融入连接主义计算，在现实中存在着很大困难。探索二者在语境论范式下融合模式，将是未来人工智能研究的一个重要方向。

（3）行为主义采取的是自下而上的研究路径，用一种分解的观点来构造整个智能体系。而实际上，人类的认知活动无疑是整体性的。例如，我们在认知一个书架时，必然先对书架有一个整体的视觉感知，进而观察其细部特征。而基于行为的方法，则通过对视觉图片中的色彩值进行对比等，找到书架的某些关键点，进而通过这个点，像盲人摸象般利用触觉来感知一个面，然后才能对这个简单的书架产生一个并不完整的认知结果。在认知过程中，行为主义机器人只有将从语境中分别获得的处于分解状态的视觉与触觉等感知信息联合起来，才能对认知对象生成一个较为综合的认知结果。这种认知方法与人的整体性认知方式正好相反，成为行为主义发展过程中遇到的最大困难。而对整体性语境的全面把握，正是自上而下的符号主义智能系统的优势所在。正如麻省理工学院的开创者明斯基曾经指出的，布鲁克斯拒绝让他的机器人结合传统的人工智能程序的控制能力，来处理诸如时间或物理实体这样的抽象范畴，这无疑使他的机器人毫无使用价值。[①] 因此，如何将自下而上的行为主义与自上而下的符号主义系统相结合，突破现有的单一研究模式，研制表征语境和计算语境相结合的智能机器人，将是未来机器人研究取得功能性突破的有效途径。

从以上三点可以看出，现有的范式理论已无法对人工智能的发展状况做出正确描述，急需新的范式理论来对人工智能领域表现出的新特征和新趋势做出新的概括。在这种情况下，语境论范式从人工智能的核心问题入手，在总结现有范式理论重要特征的基础上，对人工智能的发展现状以及未来的发展趋势做出合理判断，并为人工智能的进一步发展提供理论依据。

其次，语境论范式将人工智能领域的语境问题区分为表征语境和计算语境。对这两种语境进行区分的意义在于，二者虽然都是语境问题，但在人工智能中，二者的特征以及运行机制却不相同。对表征语境的研究，以符号表征的语形、语义以及语用问题为核心，而计算语境则是影响程序计算结果的外部要素的总称，并不特别针对具体的符号表征问题。在语境论范式下，只有对这两种语境做出区分，才有利于更好地理解和把握人工智能范式发展的特征所在。

最后，在人工智能中，智能功能的实现是表征和计算共同作用的结果。作为状态描述的表征与作为过程描述的计算是密不可分的。因此，在语境论范式下，表征语境与计算语境也是密切相关的。它们将围绕智能模拟的语境问题逐步走向融合，各自的不足也只有在融合的过程中才能得到弥补。这种融合已不再是建立在已有范式之上的简单叠加，而是围绕人工智能的核心问题——语境问题——展开的。只有将表征语境与计算语境的优势相结合，才能从根本上解决当前人工智能面临的根本问题，而这也是语境论范式突破现有范式理论的关键所在。

---

① 戴维·弗里德曼．制脑者：制造堪与人脑匹敌的智能［M］．张陌，王芳博译．上海：上海三联书店，2001：31.

综上所述，人工智能在发展过程中体现出了很强的语境论特征。语境论范式的提出，并不是对已有范式理论的否定，而是对已有范式在现阶段关注的核心问题的改变，对表现出的新特征以及出现的新技术进行的一种全新概括，是对已有范式理论的提升。在语境论范式指导下，人工智能有望突破已有范式理论的局限，获得进一步的发展。

当然，并不是所有的人类思维都可以形式化，计算机在本质上是一个形式系统，不可能具有人类思维的所有特征，因而也不可能具有如同人类般对语义的理解。我们理解语境论范式的基础，是人工智能技术本身所具有的语境论特征。但无论是哪种类型的语境论特征，都不可能具有真正的意向性。因此，即使在形式系统之上实现了表征语境与计算语境的有机统一，人工智能也不可能具有人类智能的本质特征。在现有的科学发展阶段，常识知识问题能否从根本上得到解决，还需要经历一个漫长的探索历程。

第五章 人工智能语境论范式的应用

作为人工智能语境论范式的应用，本章试图用语境论范式的思想来解决存在于智能机器人研究中的范式发展问题。在分析了智能机器人研究已有的分级范式、反应范式和慎思/反应混合范式三种范式的基础上，本书认为，制约人工智能机器人学范式发展的核心问题，在于如何解决智能机器人在复杂环境中的任务处理。以现有范式中存在的问题为基点，本书提出构造智能机器人研究的网络化语境论范式（the networked contextualism paradigm），以及“网络智能系统＋智能机器人”的智能结构模式。本书认为，网络化语境论范式突破了现有范式理论在智能行为处理中分解的思维特征，为构建下一代机器人的智能模式提供了重要的理论支持。

自1920年捷克斯洛伐克作家卡雷尔·恰佩克（Karel Capek）在其科幻小说中提出“机器人”概念以来，人们逐渐认识到，不能以似人外观性而应根据自动机器所具有的智能性来界定机器人。尽管可把能自动执行工作的机器装置都视为机器人，但要成为智能机器人，则至少要具有一定的自主处理任务的智能功能。人工智能的快速发展，尤其是传感器的出现，延伸了智能机器人对外部环境信息及其自身内部状态信息的了解。人们借此希望智能机器人可以在非结构化的环境下完成各种指定的任务。由此，从1968年世界上第一台智能机器人Shakey诞生以来，人工智能机器人学共出现过三种研究范式。不过，这三种范式主导下研发出来的智能机器人，都无法在非结构化环境下很好地处理未知事件。人工智能机器人学的范式问题，日益成为制约人工智能机器人发展的核心问题。

第一节 智能机器人的研究范式及其问题

以感知、规划和执行为主要基元，智能机器人研究中先后出现过分级范式（the hierarchical paradigm）、反应范式（the reactive paradigm）和慎思 / 反应混合范式（the hybrid deliberative/reactive paradigm）等三种结构的研究范式。从自上而下还是自下而上的路径来模拟人类智能，以及如何处理感知、规划和执行这三种主要基元之间的关系，成为人工智能机器人学范式演变的关键因素。然而，一方面是必须对机器人所处的复杂环境进行表征，另一方面却是计算机自身计算能力低下，这两者之间的矛盾一直是人工智能机器人学研究无法逾越的障碍。

一、分级范式及其问题

1956 年，在明确提出“人工智能”的达特茅斯会议上，明斯基指出，智能机器应该能对周围环境创建抽象模型，并从中寻找解决问题的方法。这一思想为以后的智能机器人研究指出了方向。智能机器人研究的核心之一，就是如何表征智能机器人所面临的复杂环境，进而在表征的基础上通过计算来解决的问题。在这一思想影响下，智能机器人研究领域最早出现了分级范式。从 20 世纪 60 年代后期至 80 年代末，分级范式是人工智能机器人学领域最主要的研究范式。

分级范式以人类理性主义思维的内省观点为基础，按照自上而下的研究路径，以“感知 - 规划 - 执行”的方式来处理任务：智能机器人首先感知外部环境，将感知到的数据处理成一个全局环境模型，为规划器提供唯一的环境表征。然后，感知器暂时停止工作，规划器进而根据这一全局环境模型规划机器人将要执行的动作。最后，由执行器来执行这个动作。依次循环，就形成机器人的连续动作。①

表面看来，分级范式似乎行得通，但在实际应用过程中，它却表现出很多难以克服的困难。

首先，分级范式是基于封闭环境假设之上的。封闭环境假设要求在全局环境模型中表征出机器人需要的所有知识，而这些知识是由程序员在编程过程中

---

①［美］Murphy R R. 人工智能机器人学导论［M］. 杜军平，吴立成，胡金春，等译 . 北京：电子工业出版社，2004：4.

编写到全局环境模型中的。机器人一旦在执行过程中遇到了全局环境模型之外的情况，就不能正常完成任务。从常识知识工程的失败中我们可以知道，用表征的方式不可能将世界上的所有知识都记录下来，因此要建立一个有关世界的全局环境模型根本就不可能。并且，即便建立一个较小范围或较小领域的模型所需的全部常识知识也相当困难。

具体到分级范式，在计算机计算能力的限制下，人们只能对一个很小范围的环境进行抽象表征（如一两间陈设简单的办公室）。一旦环境发生一定程度的改变，智能机器人就不能正常工作。而这又带来了框架问题。因此，分级范式智能机器人都是针对特定小生境（niches）而设计的，其感知器建立的所谓全局环境模型也不可靠，更无法考虑机器人的通用性。可以说，分级范式过于注重智能功能的针对性，而没有真正解决机器人所面临的不确定性问题。封闭环境假设以及框架问题的出现，从根本上说都与常识知识的表征问题相关。其实质是将环境模型作为一种先验知识，通过静态表征方式抽象地描述出来。人工智能机器人学要求“机器人必须工作在开放的环境”[①]，即必须以开放环境假设为基础，而开放环境假设要求机器人可以处理环境的动态改变。根据这一要求，分级范式的封闭环境假设显然远远不能满足。

其次，分级范式“感知－规划－执行”模式模拟人类理性主义内省思维的特点，首先假设机器人的智能模式应遵循自上而下的研究路径，对机器人要处理的所有任务都必须事先规划，然后才能付诸实施。机器人的“人脑”是一个中央控制系统，所有行为都先需要经由这一系统规划之后才能执行。这种在感知、规划和执行三种基元之间顺序进行的结构，无法根据环境的改变对机器人动作及时做出相应调整。编程人员不可能为机器人预先编制好处理所有可能出现的偶然事件的程序，这使得智能机器人动作看起来不连贯或表现出对环境变化的不适应。并且，这种“感知－规划－执行”的顺序结构忽略了人类行为中感知可以直接引起动作这一事实。也就是说，自上而下的分级范式虽然符合人类理性思维的内省模式，但不符合人类行为的刺激－反应模式。从表面上看，这仅仅是一个计算速度问题，但从智能生成的内部机制来看，这更是一个结构处理问题。因为在机器人学的每一个发展时期，计算机的计算速度都相对固定，要想提高机器人智能，只有从改善感知、规划、执行这三种基元的结构入手，才能取得较好的效果。

---

① ［美］Murphy R R. 人工智能机器人学导论［M］. 杜军平，吴立成，胡金春，等译 . 北京：电子工业出版社，2004：32.

此外，在分级范式盛行的时代，计算机硬件技术还不十分发达，由此造成的计算速度缓慢也是该范式难以取得较好效果的主要决定因素之一。在计算速度的影响下，这一时期的智能机器人研究很少能走出实验室，真正达到商业应用的目的。

二、反应范式及其问题

20 世纪 80 年代初，鉴于分级范式中的问题，人们开始从动物智能的认知模式上寻找灵感，试图突破分级范式“感知 - 规划 - 执行”结构模式。与分级范式自上而下的处理方式完全相反，反应范式认为，智能行为产生于主体与环境的交互过程，智能主体能以快速反馈替代传统人工智能中精确的数学模型，从而达到适应复杂、不确定和非结构化的客观环境的目的。复杂行为可以分解成若干个简单行为加以研究，人工智能可以像人类智能一样逐步进化。

反应范式以动物的刺激 - 反应（stimulus-response）模式为基础，按照自下而上的研究路径，以“感知 - 执行”方式来处理任务，并且没有规划部分。由于不存在分级范式那样的全局环境模型，反应式机器人的执行速度非常快，从而也避免了框架问题。

然而，经过多年发展，反应范式智能机器人并没有表现出人们期望的智能程度，这主要由以下几个原因所致：

首先，反应范式假设大多数甚至是人类层次的行为都没有详细表征，是通过非常简单的机制对世界产生的一种反射。灵活性、敏锐的视觉以及在一个动态环境中执行与生存相关任务的能力，是发展真正智能的必要基础。分级范式主要就失败在表征问题上。当智能严格依赖于通过感知和行为与真实世界的交互这种方式来获得时，就不再依赖于表征了。低层次简单活动可以慢慢教会生物对环境中的危险或重要变化做出反应。没有复杂的表征以及维持那些与之相关的表征和推理的需要，这些反应可以很容易地迅速做出，足以适应它们的目标。[①] 也就是说，行为由感知器和执行器之间的紧耦合而产生，没有任何机制来监视环境的改变，也没有记忆系统，只是简单地对环境的激励做出响应。这虽然很大程度上提高了机器人的执行速度，但舍弃了规划使反应范式走向了另一

① Brooks R A. Intelligence without Representation［J］.Artificial Intelligence，1991，（47）：139-159.

个极端：反应式机器人既没有中央表征，也不存在一个中央系统。很显然，在人类的智能行为中，只有很少一部分完全基于反馈机制，人主要还是通过大脑这一中枢神经系统来控制行为的，人类语言就是一个很明显的中央表征体系。在没有自身主体意向驱动的情况下，反应式机器人所表现出来的行为将无意义。因此，这种自下而上的智能模式，只能用于高级工业机器人或商业机器人。可以说，反应范式只是一定程度上模拟了人或动物最基本的智能行为，却无法解释人类高级思维模式的整个过程。

其次，反应范式虽然避开了对整体环境模型的表征问题，却无法避开类似常识知识这样的问题。它需要模拟人类所有的抽象生物功能，才能表现出类似于人的智能行为。它将人类所表现出的各种生物功能进行分类，并建立相应的模块来模拟每一种功能。例如，仅仅有关手的接触和抓取小物件这一简单功能，就归类出手臂的运动、手的形状、手指的运动、手腕的运动、硬度适应、接触察觉、抓取缝隙、表面测试、表面位置等如此之多的功能模块。反应范式目前最先进的机器人 Domo，虽只有上半身且仅具简单抓取的操作能力，就需要 15 台奔腾计算机联合而成的 Linux 集群系统来支持其运行[①]，而要模拟人类行为的全部功能，其工程难度绝不会亚于常识知识工程。造成这一问题的原因在于，反应范式并没有从人类产生这些生理功能的根本机制入手，而只是抽象和概括人类行为中所表现出来的功能特征，以为只要解决了对抽象的人类基本能力的模拟就可以进化出高级智能来，是一种典型的功能主义。因此，在反应范式的智能模式中，我们看不出它将如何进化出更为高级的人类智能。反应范式虽然避免了关于客观世界的常识知识问题，却无法避开关于人类自身多样化的生物功能这类常识知识问题。

再次，反应范式中，机器人认知功能的局限，对人类环境的适应性研究也建立在小生态环境的基础上，并不是以完全的开放环境假设为基础的，因而也无法适应全部人类环境。反应范式虽然非常强调智能机器人对人类环境的适应能力，但从已有的机器人认知技术来看，其还无法实现对复杂人类环境的认知。因此，研究一般都局限于在某些特定认知功能前提下，机器人在一定人类环境中的智能表现。人类环境是动态的和难以预料的，具有简单智能功能的机器人常常无法适应，这就对智能机器人的研究工作提出了严峻的挑战。因此，即便是反应式机器人，也是在一个预设的、应用范围很小的小生态环境中展开研究，

① Edsinger A L.Robot Manipulation in Human Environments[OL].http：//people.csail.mit.edu/edsinger/index.htm[2007-01-16].

并不能在真正的开放环境下工作。

最后，反应式智能机器人系统可从功能上分解为行为。对于每个行为而言，只能通过属于它的特定传感器来实现对环境的感知，而这是一种局部的、行为特定的感知。这样，硬件技术必然会对机器人的认知活动构成限制，使智能机器人的认知系统建立在分解的基础上。麻省理工学院的研究者爱德森格指出，"传感器和驱动技术将强制一个机器人使用来自其自身和世界的不确定的、分解的观点去执行任务。同样，人类环境下的机器人操作将需要一套运算法则和方法去处理这种不确定性"①。而实际上，人类的认知活动无疑是整体性的。在反应式机器人的认知系统中，并不具备将那些处于分解状态的局部认知抽象为某种整体性认知的能力。这种分解式的认知方法与人的整体性认知正好相反。完全相反的认知路径，使反应式智能机器人如何适应全部人类环境成为问题所在。

三、慎思/反应混合范式及其问题

从上述分析可以看出，分级范式采用自上而下的方法来解决智能机器人系统的构造问题，"首先确定一个复杂的高层认知任务，进而将其分解为一系列子任务，然后构造实现这些任务的完整系统"②。这种以静态和整体性表征为前提的方法论，使分级范式陷入了大量烦琐的表征以及计算之中，因而对环境的适应性非常低。而反应范式则采用自下而上的研究策略，从相对独立的基本行为入手，逐步生成或突现某种智能行为。这种以动态和分解为特征的方法论，使反应范式无法形成对人类环境的整体性认知，因而也无法真正实现开放环境假设的要求。基于此，人们认识到，将自上而下的分级范式与自下而上的反应范式相结合，来构建混合系统③，可能是智能机器人研究取得突破之关键所在。20世纪90年代以来，人工智能机器人研究逐步采用慎思/反应混合范式。

慎思/反应混合范式在反应范式的基础上，让智能机器人重新具有规划和慎思的功能，即以"规划，感知－执行"的方式来处理任务：智能机器人首先使用全局环境模型将任务规划分解为若干子任务，然后按照"感知－执行"的方

① Edsinger A L.Robot Manipulation in Human Environments[OL].http：//people.csail.mit.edu/edsinger/ index.htm[2007-1-16].

② Brooks R A. Intelligence without Reason［A］//IJCAI-91［C］.San Francisco：Morgan Kaufmann，1991：570.

③ Luzeaux D，Dalgalarrondo A. HARPIC，an hybrid architecture based on representations，perception and intelligent control：a way to provide autonomy to robots［A］//Computational Science-ICCS［C］. San Francisco：Springer，2001：327-336.

式来分别执行每一个子任务。在子任务执行过程中，高层规划器可以监听低层感知信息，当行为识别出障碍后，就将该障碍标示在全局地图中，但规划器并不直接干预低层具体的执行程序。当低层任务无法继续执行时，可以通过故障上传的方式向高层求助。通过异步处理技术，反应式行为可以独立于慎思功能自主执行，慎思功能的规划器则可以慢慢计算机器人导航的下一个目标，而同时又以高刷新率对当前目标进行反应式的导航。[①] 这样，既没有破坏反应式行为快速执行的优势，又将分级范式的规划和慎思功能融合进来，使两种范式在优势互补的基础上达到更好的智能效果。

与分级范式和反应范式相比，慎思 / 反应混合范式显然是一种进步。然而，在该范式中也存在着很多难以克服的困难。

首先，从结构上看，"规划，感知 - 执行"虽然在一定程度上融合了分级范式和反应范式的优势，但这种融合是一种松耦合。也就是说，规划部分不能直接控制感知和执行部分。在慎思 / 反应混合范式下，虽然加入了分级范式的全局环境模型，使行为包括了反射的、本能的和学习的行为，但引起行为执行的"感知"实际上仍是直接感知或称为直感，即感知仍然是局部的和行为相关的。而在人类认知中，虽然也存在着直接感知，但很显然，人类大部分的感知和动作都受大脑直接控制，而不仅仅是由直接感知直接引起动作这么简单。我们的感知是一种有选择的感知，相同环境下，不同的人总是根据各自的需求有选择地关注或感知某些对象而忽略另一些，并且相应采取的行为或动作建立在这种有选择的感知基础之上。这说明在人的认知过程中，规划、感知和执行之间是一种紧耦合关系。因此，"规划，感知 - 执行"结构模式不能很好地模拟人类大部分行为。

其次，在慎思 / 反应混合范式中，规划部分创建的所谓"全局环境模型"是一个相对含混的概念。由于研究核心是如何规划机器人的行为使之更加适应环境，所以"全局环境模型"的核心问题仍在于对复杂环境的表征。虽然在慎思 / 反应混合范式阶段，硬件技术的进步提高了计算机的计算速度，但与分级范式一样，人们同样无法在开放环境假设前提下，将智能机器人可能面临的所有环境都表征出来。因此，慎思 / 反应混合范式机器人仍然是运行在小生态环境下的智能产品，而不是运行在真正意义上的"全局环境模型"中。在这个意义上，慎思 / 反应混合范式只是在处理低级智能行为的前提下松耦合了分级范式和反应

---

① [美] Murphy R R. 人工智能机器人学导论 [M]. 杜军平，吴立成，胡金春，等译 . 北京：电子工业出版社，2004：5.

范式，并没有真正实现将自上而下与自下而上的人类思维模式有机融合的智能处理模式。也就是说，在模拟人类整体思维的方式上，慎思/反应混合范式本质上还是遵循了自下而上的在低级智能中突现高级智能的研究路径。

第二节　构建智能机器人研究的网络化语境论范式

从上述对人工智能机器人学各范式在发展过程中存在问题的分析中，我们可以看出，造成已有范式问题的共同原因主要有以下几个方面。

第一，三种范式共同关注的问题都局限在低级智能行为上，而忽略了高级智能行为及其产生原因。

从已有的三种机器人学范式可以知道，反应范式在处理低级智能行为方面速度最快，慎思/反应混合范式虽然加入了规划模块，但处理重点还是低级智能行为。这三种范式实质上都秉承了行为主义路线来开展研究，研究重点是针对复杂变化的环境，移动机器人如何完成规定的智能任务。这其实是以所给出的智能任务的简单性为基础。这类智能任务必须以与环境的“感性”接触为前提，不包括纯粹复杂的高级理性思维，更谈不上两者都涉及的智能任务。而对于人类环境下的大多数智能任务，仅仅依靠低级智能行为是无法完成的，需要引入大量基于符号的高级智能因素才能实现。舍弃了对符号主义高级智能的研究，智能机器人对智能任务的处理能力就不可能有大的提高。

第二，已有三种范式都无法突破小生态环境的局限。

机器人学的学科目标，是研制出像人一样可以在开放环境假设下工作的智能机器人。而已有三种研究范式中：①分级范式以闭环境假设为前提，不仅无法突破小生态环境的局限，还无法摆脱框架问题的影响，致使该范式在20世纪90年代后就遭到淘汰。②反应范式似乎突破了封闭环境这一前提假设，从而也摆脱了框架问题。但机器人认知能力的局限，使得反应式机器人研究都局限在特定的小生态环境下。并且，模拟人类智能行为越复杂的机器人，其适应环境的能力就越差，因为复杂性智能行为是以对环境的高度认知为前提的。③慎思/反应混合范式虽然在反应范式基础上融合了分级范式的优势，但在对环境的认知方面，并没有在前两种范式基础上取得根本性突破。所以，混合范式也不可能突破小生态环境的局限。正如詹姆士（P. H. James）所描述的：“与环境的直接交互将增加一个真正智能功能所需要的关于世界的知识。不知何故，在前进的道路上，无论是人工视觉还是机器人学，都似乎再一次地偏离了最初的路线，转而去寻找它们自己特定的小生境。”[①]总之，造成小生态环境局限的根本原因，是机器人认知能力低下。所带来的后果就是，智能机器人研究从整体转入局部，我们看到的智能机器人要么是功能单一的商业产品，要么是实验环境下的玩具型问题。而在机器人认知问题上，人们一直致力于如何将感知器感知到的局部的、被动的感知信息，构建成一个整体的、有选择性的主动认知体系，从而使智能机器人具有处理不确定性且相对完整的认知系统。在这一构建过程中，最大的困难在于如何从环境信息中抽象出有用部分，以及用何种表征方式来描述这些信息，进而对机器人行为产生影响。事实上，人们尚未弄清人类自身的认知机制。在机器人认知这一问题上，虽然取得了一定研究成果，但罗杰•彭罗斯曾经指出，“可能这样说较为客观：尽管目前确实已经有了许多聪明的东西，但距真正有智能的任何东西的模拟还差得很远”。[②]

第三，在硬件资源相对一定的情况下，三种范式都无法突破复杂性表征和计算能力低下二者之间固有的矛盾。

机器人要想突破小生态环境限制，获得较高的智能，就必须具有对复杂环境的认知能力。按照目前计算机技术的发展现状，机器人智能是建立在表征和计算基础之上的。研究者必须把智能机器人所需了解的常识知识，通过一定的表征方式存储下来，然后根据具体的任务要求，用相应的算法将与任务相关的常识知识提取出来，机器人才能表现出一定的智能。从表征的角度来看，机器人想要适应的环境类型越多，所需的常识知识也就越多。常识知识工程的失败说明，要想用表征的方式将所有人类常识知识都表征出来是不可能的，其工程量也相当大。从计算的角度来看，机器人的所有行为以及智能表现都要通过一定的算法才能实现。硬件技术虽然发展得非常迅速，但对于大计算量的智能任务来说还很不够。计算速度太慢是制约机器人智能水平的一个关键因素。而硬件技术的发展并不是无限的。因此，在计算机硬件一定的前提下，复杂性表征和大计算量就成为竞争使用硬件资源的两个主要因素。在一个机器人上，太多常识性知识的表征意味着计算能力低下，机器人就不可能有足够的空间用于处理相关的行为计算，机器人的动作会不连贯。但如果将硬件资源都用于行为相关的计算，这必然导致机器人不可能具有足够的常识知识和认知能力，所能表现出的智能程度就比较低。二者之间的矛盾也是造成现有的机器人只注重低级

① James P. Mind Matters［M］.New York：The Ballantine Publishing Group，1997：199.

② Penrose R. The Emperor’s New Mind：Concerning Computers，Mind，and the Laws of Physics［M］. Oxford：Oxford University Press，1989：27.

智能行为而忽略高级智能的重要因素。

正是在这个意义上，本书提出构建智能机器人研究的网络化语境论范式，就是要试图解决现有范式中存在的核心问题。但网络化语境论范式要想成为人工智能机器人学的新范式，不仅要提出解决已有范式中存在问题的新方法和新思路，而且要论证现有技术水平是否具有实现这一新范式的可能性。从这两个方面出发，本书认为：

首先，网络化语境论范式的提出是解决已有范式存在困境的现实选择。

（1）为什么是语境论的。机器人要想具有在复杂环境中处理任务的能力，必须具备对复杂环境的认知能力。理论界习惯用“环境”这一术语来概括机器人的处理对象，而实际上，机器人在认知过程中，不仅需要获取有关外界环境的信息，也必须对其自身的运行状况进行监测。只有将两种信息综合起来分析，才能获取对下一步行为的正确预期。例如，规划器根据外部环境信息要求机器人在某个通道内向前移动 50 米然后右转。假设机器人的轮式移动装置每秒钟转 10 转，轮子周长为 1 米，那么机器人在理论上的移动速度为 10 米 / 秒。按此估算，机器人应在 5 秒后右转，否则就会撞墙。但机器人在实际移动过程中，由于轮子打滑，虽然每秒钟轮子还是转了 10 转，但只移动了 9 米。此时，如果机器人没有对其自身运行状况进行了解，依然在 5 秒钟后右转的话，它就会撞墙。也就是说，外部环境信息和自身状态信息对智能机器人来说都是必要的。而对这两种信息的掌握实质上就是对机器人所处语境的掌握。在一个简单的移动行为中尚且如此，在复杂的智能任务中，对于语境信息的把握则更为重要。无论是什么样的任务，智能机器人都是以一个独立个体的姿态与环境发生互动的，它必然就会有独立个体所必需的主体地位。因此，对智能机器人来说，只有“环境”还不够，它必定只有在“语境”中才能产生正确的智能行为。由此，语境论范式的提出对于人工智能机器人学研究来说具有了现实的必然性。

（2）为什么是网络化的。从上述分析可以看出，制约人工智能机器人学范式发展的主要因素在于：①没有将基于行为的低级智能与基于符号的高级智能相融合，从而使机器人同时具有自上而下和自下而上的智能模式；②无法突破小生态环境的局限；③复杂性表征和大计算量对硬件资源的竞争性使用。而这三个因素的核心问题就在于如何解决智能机器人在复杂环境中的任务处理。这实际上是一个语境处理问题。现有的范式理论围绕单台机器人的行为主义研究路径，希望在智能行为研究的基础上发展机器人的智能水平，进而向人类智能水平靠近。然而，在人类对自身思维的生理机制尚未弄清的情况下，以功能主义为特征的人工智能机器人学的研究路径，是否可以实现对人类智能的整体性模拟，也还是个未知数。依照目前的技术水平，要在单台机器人上解决这些问题，在相当长的一段时期内都不太可能。然而，在网络逐步走向智能化的今天，我们是否可以突破单台机器人的限制，通过智能网络来解决这些问题呢？以人工智能专家系统取得的成果为基础，结合单台智能机器人的研究成果，网络化的发展方向便成为人工智能机器人学取得突破的关键因素。

其次，网络化语境论范式的提出具有现实的理论和技术基础。

人工智能为高级智能任务的处理提供了基础，智能机器人学是低级智能行为处理的基础。一方面，随着专家系统、自然语言处理、智能网络技术、分布式人工智能以及智能体（agent）等技术的发展，人工智能具备了针对某类特定语境的智能处理能力，为智能机器人处理自上而下的高级智能任务打下了良好的基础。另一方面，各种认知理论使智能机器人具备了一定的视觉、听觉、触觉、嗅觉等对环境的认知能力，再加上仿生学、认知神经科学、情感计算等相关学科的发展，人工智能机器人学在对自下而上的智能行为模拟上获得了很好的成绩。这两个方面的发展为实现自上而下与自下而上相结合的机器人智能模式奠定了理论和技术基础。这是网络化语境论范式得以实现的现实基础。

基于以上两点原因，构建网络化语境论范式便成为人工智能机器人学发展的一个可能前景。

第三节 网络化语境论范式的特征和意义

人工智能机器人学已有的三种范式中核心问题的突现，为网络化语境论范式提供了研究的基点。建立在人工智能和机器人学研究成果基础上的网络化语境论范式，其主要特征在于以下几个方面。

第一，构造“网络智能系统 + 智能机器人”的智能结构模式，将人工智能的符号主义范式与慎思 / 反应混合范式相融合。

人工智能机器人学经过一段时期的发展已经证明，仅仅依靠自下而上的研究路径，很难实现对人类高级智能的模拟。同时，符号主义作为处理高级智能最成功的主流模式，具有巨大的网络资源优势。很多类别的常识知识都以专家系统的方式投入使用，并收到了很好的实际效益。因此，只有引入符号主义研究成果，智能机器人研究才会有更广阔的发展前景。问题在于，以什么样的方式把符号主义范式和慎思 / 反应混合范式进行融合。基于目前的研究基础，有两点必须明确：①网络化语境论范式在目前的技术水平基础上，还不能实现智能模式在自上而下的符号主义与自下而上的慎思 / 反应混合范式之间的紧耦合。②必须在智能机器人系统中，增加将网络智能与智能行为控制系统相协调的中央控制模块，同时构建相应的网络智能系统，来处理符号主义部分的高级智能，并通过无线连接的方式，使智能机器人的中央控制系统可以随时调用相应的网络智能系统来为其提供服务。由此，我们构建了网络化语境论范式的系统结构（图 5-1）。

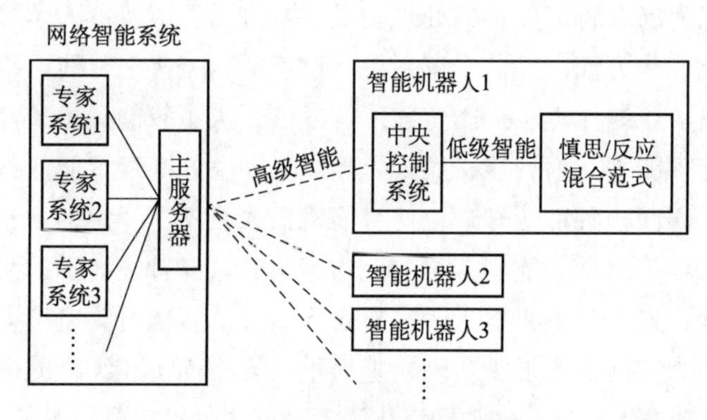

图 5-1　网络化语境论范式结构图

如图 5-1 所示，网络化语境论范式由网络智能系统和智能机器人两部分组成，智能机器人通过无线连接方式与网络智能系统相连。一个网络智能系统可同时为多个与其相连的智能机器人提供服务。一方面，对于单个机器人来说，在慎思 / 反应混合范式的上层增加了一个中央控制系统，用于协调网络智能系统和慎思 / 反应混合范式之间的关系，并对接收到的指令进行判别：如果是符号类的高级智能任务，则上传给网络智能系统的主服务器处理；如果是行为类的低级智能任务，则交由机器人自身的慎思 / 反应混合范式处理。这就在单个机器人上，实现了自上而下的符号主义与自下而上的行为主义之间的松耦合。并且，符号主义与行为主义之间的耦合程度，可以随着技术的进步逐步向紧耦合的方向发展。另一方面，对于网络智能系统来说，主服务器根据智能机器人的请求，调用相应的专家系统，为所有与其连接的智能机器人，提供多种类型的智能服务。总之，网络化语境论范式的主要特征之一，就是依靠智能网络来扩展机器人的智能功能。

第二，围绕语境问题展开人工智能机器人学研究。

纵观 60 多年的人工智能发展历程，我们发现，其中贯穿着鲜明的语境论特征，所有问题都围绕语境问题而展开。符号主义、连接主义、行为主义等现有范式理论已无法对人工智能的发展状况做出正确描述。各范式围绕语境问题走向融合，是人工智能发展的一个明显趋势。建立在现有范式之上的语境论，有望成为人工智能理论发展的新范式。随着人工智能机器人学研究的不断深入，人们越来越认识到，语境问题也是机器人智能研究的核心问题。而要扩展智能机器人的处理能力，必须将人工智能与机器人学的研究相结合。因此，语境论范式在人工智能机器人学领域的确立，将为该学科的发展指明方向。从上述分析可以看出，智能机器人研究之所以要向网络化方向发展，关键就在于单个机器人对语境问题处理能力低下，只关注于机器人行为等低级智能方面的语境问题，而无力处理人类高级智能层次的语境问题。可以说，网络化本身也是为解决语境问题服务的，网络化语境论范式的另一个主要特征就是围绕语境问题展开研究。

第三，突破现有范式理论在智能行为处理中分解的思维特征，以语境重构为基础，构建下一代机器人的智能模式。

在现有范式理论中，分级范式将有关小生态环境的知识先验地存储在机器人中，一旦环境发生改变，分级范式机器人就无法正确执行任务；反应范式将机器人动作分解为一个一个的行为，并直接与感知器相连，根本不对环境进行整体性表征；而慎思/反应范式虽然创建了所谓的“全局环境模型”，但只是对小范围环境进行的一种动态表征，并没有突破在低级智能中突现高级智能的自下而上的研究路径。而网络化语境论范式，则建立在对智能机器人外部环境信息和自身状态信息进行语境重构的基础上。这就确立了智能机器人的主体地位，可以在纷杂的环境信息中，选择有用的信息为其所用。因此，语境重构的过程本身就是减少计算量、提高机器人认知能力的过程。

我们看到，从分级范式、反应范式再到慎思/反应混合范式，随着人工智能机器人学的发展，语境问题逐步突现出来，并成为制约该领域进一步发展的瓶颈。网络化语境论范式的提出，突破了现有范式理论在单个机器人基础上研究智能问题的限制，明确了语境问题的核心地位，对下一阶段人工智能机器人学的发展具有重要意义，主要表现为：

首先，它突破了单台机器人的限制，将智能处理能力扩展至网络范围，解决了单台机器人对复杂环境进行表征的需求与计算机自身计算能力低下之间的矛盾，为符号主义与行为主义的融合奠定了物理基础。网络化的发展方向，为单台机器人无限扩张其智能处理范围提供了可能。人们可以通过在网络智能系统中增加专家系统的方式，来扩张智能处理任务的类型和范围，不必考虑资源限制的问题。而这是单台机器人所无法解决的根本问题，也是人脑所不可能具有的优势。

其次，通过一个网络智能系统同时为多个智能机器人提供服务的模式，最大限度地实现了软件资源共享，这将导致智能机器人开发模式的转变，为下一代智能机器人的商业化提供了有利模式。目前的机器人智能功能单一，且不具备智能升级的功能，智能功能高的产品造价也比较高。网络化语境论范式下的智能机器人，可以通过网络智能系统实现对单个机器人智能功能的升级，且不会增加单个机器人的硬件成本。关键是要认识到，把复杂的工作都交给网络去做，智能机器人只负责接收并简单地处理信息、输出网络处理结果以及执行动作等基本终端任务，这种智能模式是普及智能机器人的前提。就像早期个人计算机终端的出现加速了计算机商业化规模与网络普及速度一样，智能机器人的大规模商业化也必然要以机器人的低造价与高性能为基础。未来的智能机器人应该像今天的个人计算机一样，具有统一的商业接口模式，可以进行智能升级并自动利用网络上的智能功能，硬件更替有一个相对较长的周期。在这个意义上，网络化语境论范式扩张了机器人的智能处理功能，提高了机器人对人类环境的适应能力，这是智能机器人实现大规模商业化的理论基础。

总之，在人工智能机器人学中，现有的范式理论关注与行为相关的智能研究，而忽视了构建全面的智能模式。网络化语境论范式的提出，将人工智能机器人学研究从对智能的分解上升到对智能的构建这一高度。正如培帕（Stephen C. Pepper）所指出的："当我们谈到语境论，我们便由理论的分析类型进入合成类型。"[①]网络化语境论范式的意义在于，机器人的智能虽然建立在常识知识基础之上，但这是一个以语境重构为主要特征的合成理论。通过常识知识表征，并不仅提供给机器人一个对环境的状态描述，而是抽取机器人行为相关的有用因素，在语境重构的基础上完成智能机器人对任务的理解。由此获得的整体性智能，不仅只是部分之和，而是以常识知识为基础的、置身于动态语境中的智能模式。网络化语境论范式虽然没有解决常识知识问题，但它表明，常识知识问题的解决不仅是分解式的表征，而且更重要的是以常识知识为基础的语境重构。

---

① Pepper S. World Hypotheses：A Study in Evidence［M］. Berkeley：University of California Press，1970：232.

第六章

人工智能语境论范式的前景

第一节　未来光机智能的语境瓶颈

很久以来，人工智能是否可以超越人类智能这一问题一直吸引着人们去探索和思考。在诸多科幻电影中，机器人拥有着超越人类的智能，对人类生存产生威胁。计算机科学的迅猛发展甚至造成了一部分人对这一可能的潜在恐惧。什么是智能、智能可能存在的形式有哪些、机器人能否具有人类一样的心灵等问题，同样引起了哲学界尤其是心灵哲学界对人工智能的热切关注。如果机器人可以具有人类般的智能，那么心身关系的二元论与一元论之间长达几个世纪之久的争论便有了结果。带着深深的好奇，半个多世纪以来，包括科学家、哲学家、心理学家甚至语言学家在内的认知科学家们，围绕智能展开了前所未有的多学科交叉研究。

在这一研究中，作为所有学科之基础的物理学和数学似乎更具发言权。数学家首先论证了计算机存在的可能性，并在物理基本元件上使之得以实现。物理学家的介入，大大提升了计算机硬件的物理性能，从电子管到晶体管，再到集成电路，直至目前的大规模集成电路，一路走来，物理性能的提升使计算机的计算速度呈数量级的增长。然而，当大规模集成电路发展到一定程度时，以比特（bit）为基本信息单位的电子物理介质似乎将要发展到极限，而计算机还没有展现出人们所期望的智能来。新一代计算机智能的发展趋势成为认知科学领域又被一关切的热点问题。

在量子力学启发下，用光来替代电子进行计算的计算机成为物理学家开发下一代新型计算机的远景目标。在这一研究领域，固态物理学家、理论家、动态全息术发明者诺尔蒂在《光速思考——新一代光计算机与人工智能》（以下简称《光速思考》）一书中，为以量子计算为特征的新一代光电计算机规划了发展远景。诚然，光电技术的发展在未来计算机硬件速度提升上所具有的潜力无可厚非，正如戴维·多伊奇（David Deutsch）于1997年所指出的，"量子计算是驾驭自然的全新方式"①。然而，用光替代电子进行计算的计算机，是否像该书中所描述的那样，将重新界定智能的含义，并产生以光运算为基础的新型智能呢?

在《光速思考》中，诺尔蒂以现有科学理论及技术为基础，大胆推测了始于20世纪末的光学革命在未来的发展进程。他指出：该书所涉及的内容始于最古老（也是最复杂）的光学机器——人眼，止于对新世纪后期将要研制出的量子光学计算机的探索。欲达此目的，需要经历三代光学机器的演化。第一代是光电计算机；第二代是全光计算机；第三代即最后一代，是光学机器演化的顶峰——量子光学计算机。②诺尔蒂认为：人的致命弱点是阅读时理解的速度限制。人的局限是进化的结果，但人的局限不一定也是机器的局限。没有理由说我们处理语言的特殊方式是唯一可能的方式。我们可以自由地去尝试新办法，发现不同于自然界已有的连接神经元与神经节的新途径、新结构。"与其总是使计算机模仿我们的思维，还不如为它寻找全新的思维方式。"③在此，诺尔蒂提出了一个颇具煽动性的设想："符号与规则可以是视觉的，知识能以视觉形式表达和处理。玻璃珠游戏诠释了一种新兴的光学语言，操纵未来的光机需要它。"③因此，要为下一代光机做个全新的结构设计。"新结构需要一个新的语言来表达自己。此语言必须是光学语言：图像好比是单词，语法是由视觉影射与联想组成的。我们需要类似玻璃珠游戏中的那种语言。"③"我们有能力研制出机器，它们会干我们不会干的工作。在这里，单单速度还不能代表这个进步。代表这个进步的是新机器结构利用信息的方式方法，这些方法比人用的强。寻找这个新视觉

---

① 戴维·D. 诺尔蒂. 光速思考——新一代光计算机与人工智能［M］. 王国琮译. 北京，沈阳：中信出版社，辽宁教育出版社，2003：276.

② 戴维·D. 诺尔蒂. 光速思考——新一代光计算机与人工智能［M］. 王国琮译. 北京，沈阳：中信出版社，辽宁教育出版社，2003：xii-xiii.

③ 戴维·D. 诺尔蒂. 光速思考——新一代光计算机与人工智能［M］. 王国琮译. 北京，沈阳：中信出版社，辽宁教育出版社，2003：8-13.

结构的过程，会使计算机发现新的思维方法，以便利用光与图像的优点，这正是开发第三代计算机的指导思想。”①

仅这一段文字，就足以让人产生无限遐想。未来的量子光学计算机真能产生超越于人类智能之上的计算智能吗？从诺尔蒂在《光速思考》中提出的各种论点入手，本书将用人工智能语境论范式理论来考察这种未来光计算机的智能本质与智能程度。

一、未来光机智能超越人类智能的主要观点

由于《光速思考》探讨的是未来人工智能的发展前景，在技术处于刚刚起步阶段的前提下，诺尔蒂主要通过理论探讨的方式来推测其未来的发展脉络。在该书中，他主要通过以下几点来支持未来的量子光学计算机智能可以超越人类智能这一设想：

1. 光学计算机（简称光机）的物理优势是其超过人类智能的物质基础

在诺尔蒂所划分的三代光机中，第一代光机的特点是光与电分别完成不同的任务：电子分管控制而光子传送信息。电子产生光子，光子又产生电子，两者来回转换可以有效利用各自的优点。但光纤维通信信号是数字的，所以从根本上讲仍是串行数据传输。例如，我们目前使用的光盘、光缆、数字电视等；第二代全光机的特点是摒弃电子，改用光控制光，把图像作为信息单位。全光互联网将是其第一个代表，由于网络是分布式的，智能也将是分布式的，并行排布在上千个智能节点上。更进一步，以图像为信息单位，发挥光与图像并行优越性，借助非线性光学与光的相互作用把信息维持在图像领域。这种机器将远远超越人类理解能力的瓶颈，将是发掘光的新结构的主要推动力。例如，全光纤通信网络、容量巨大的三维存储器以及并行传输与处理的图像信息等；第三代量子光机依靠量子具有最小质量和能量单位的非凡的物理特性，将用光子给量子比特编码，所有的信息都将采取量子比特单位。量子比特是量子状态的叠加，它们对一个问题的回答可以同时既是“是”又是“不是”，一点也不矛盾。量子计算机对量子比特施加运算的巨大潜力在于量子力学代表的多重并行

① 戴维·D. 诺尔蒂. 光速思考——新一代光计算机与人工智能［M］. 王国琮译. 北京，沈阳：中信出版社，辽宁教育出版社，2003：8-13.

性。因为量子物理可以同时享有所有可能的答案，所以一项量子计算能同时执行同一计算的不同版本。这就极大地加快了计算进程。加上使用高明的算法，原则上能够解决经典方法无法计算的问题。第三代光机还属于未来，目前物理学家与计算专家正紧抓住光的结构不放，力求从中提取研制第三代光机所需的资源，进而创造我们理解中几乎不存在的技艺与伟绩。在光的空间相容性的驱动下，它将采用与经典逻辑相左的量子效应传递（甚至远距输送）量子信息，一眨眼间它就能完成目前尚无法完成的计算工作。①

从诺尔蒂对三代光机的分析中，我们看到其核心转变在于：数据传输方式由串行转向并行，数据传输的信息单位由比特变为图像，线性处理变为非线性处理。这些转变造成的结果是，计算速度将越来越快，表征方式也将彻底发生改变，进而还会影响计算方式的改变。对未来这种可能出现的表征和计算本质的理解，是我们探寻未来智能发展趋势的出发点。

2. 光机在视觉智能方面的优势

从视觉智能入手，诺尔蒂认为智能的全光互联网以图像为传输单位的特性优于人类智能理解的瓶颈，这使得光机可能超越人类智能。为了说明光机智能有可能超越人类智能，诺尔蒂从视觉智能入手，阐述未来光机所具有的优越性。

首先，从人类视觉智能的通信速度入手，他找到了人类智能的瓶颈。

从人类视觉感知的速度入手，诺尔蒂根据我们读书的速度估计，人理解信息通道的能力，在认知英语时是慢腾腾的每秒 25 比特。这与视觉信息沿视神经上传到达视觉皮层的每秒 700 万比特相比，确实是个比蜗牛爬行还慢的速度。也就是说，每秒有 700 万比特那么多的信息量进入人眼，而能被人理解的平均信息量每秒约为 25 比特，剩余的大部分信息都被忽略掉了。在阅读过程中，每秒钟进入我们视域的信息，被大脑理解或感知的，只是这点语意信息。造成信息率有如此悬殊的匹配失调的瓶颈就在大脑里。具体说，它就在理解语言的过程中。在这个意义上，人类理解率是慢的，这就是理解的瓶颈。这是我们的生理限制，我们被卡在这里。所以，诺尔蒂很有把握地说："人的认知能力有个极限：理解速度的极限。"②

① 戴维·D. 诺尔蒂. 光速思考——新一代光计算机与人工智能［M］. 王国琮译. 北京，沈阳：中信出版社，辽宁教育出版社，2003：16-53.

② 戴维·D. 诺尔蒂. 光速思考——新一代光计算机与人工智能［M］. 王国琮译. 北京，沈阳：中信出版社，辽宁教育出版社，2003：127-137.

其次，他找到了全光机可能超越这一人类智能瓶颈的突破口。

他认为，视觉语言并非视觉交往的唯一形式。向限制人类视觉交往的极限挑战，就是把视觉测试与语言的任何方面完全脱钩，借助于提供只有图形内涵的视觉信息。但无论如何，光与图像的空间相容性优点似乎与我们无缘。漫长的进化过程中，人类并未形成利用图像并行性优势的能力。但人类的局限不必是光机的局限。虽然我们生理上可能受限，但我们仍能找到利用光的空间相容性优势的正确方法。这个优势可能在生物大脑里没有用场，但可在借助人的智慧指称的光“脑”里得到发挥，去完成超越人类能力的工作。我们发动了一场以光速进行通信的光学革命。我们能超越纤维的串行智能进而使用以图像为信息单位的机器。在这种视觉机器中，图像控制图像。它们既不必天生就是数字机，也无须归入图灵意义上通用计算机的范畴，它们却具有特殊的材质，特别是分析与处理视觉信息的材质。这种机器标志着视觉通信与光通信演化进步的顶峰。到此，人的视觉能力与速率达到登峰造极的地步，而人工视觉机器则由此开始并超过人的实践经验。在此计算机中，图像在非线性光学晶体内控制别的图像的同时，出现了交叉联系的巨大可能性。当一亿个像素独立连接于另一亿个像素时，其连接节点的个数超过了人脑的。这里图像既是数据，又是控制程序。此一图像告诉计算机如何处理彼一图像。我们从一维（每秒多少比特）到二维（每秒多少个图像），从而获得并行性的好处是巨大的。图形的并行优势是明显的。开发并利用图像并行优势的结构是个挑战。[①] 也就是说，无论是信号的传输还是信号的处理，都将以光速进行，不存在目前电子通信与光通信之间的通信瓶颈，更不会出现人类视觉智能那样的通信瓶颈。这样，就突破了人类智能理解速度的极限。

3. 光机在结构和表征方面的优势

诺尔蒂从人脑的结构和认知机制入手，认为未来光机的结构以及全息图将带来的表征方式的改变，有可能使光机智能超越人类智能。他首先分析了大脑的认知机制，认为非线性应答是神经元的基本特征，由此导致神经网络的复杂行为。它允许神经元决策——改变其状态。单个神经元开关可做大规模神经网络的基本构件。人脑神经元的数目为100亿～1000亿。每个神经元都与别的神经元共享有1000个突出。虽然神经元数目相对稳定，但它们之间的联系却随生

---

① 戴维·D. 诺尔蒂．光速思考——新一代光计算机与人工智能［M］. 王国琮译．北京，沈阳：中信出版社，辽宁教育出版社，2003：135-215.

活经历而不断变化。这样数目庞大的复杂结构，使计算机在人的正常寿命内无法计算出这个全排列，因而无法模拟，在这个意义上分析大脑是不可能的。

解释大脑如何认知事物，实际上是把所有的东西都拆开的过程。在视觉通道中的每一阶段——从眼睛的光感受器开始，经过视网膜预处理层。在此，视网膜是个特征检测器。它只对空间内发生的变化或随时间产生的变化做出反应，并做信息收敛，也就是说视网膜忽略了图像缺乏特征的部分，只检出了空间的特征与随时间而变化的特征。然后，压缩的视觉信息被传递到侧膝体，侧膝体首次把来自左、右的信息拼合，再把拼合信息传递给纹状皮层，这里是个分配转运站，由它把信息排布到更高级视觉皮层——信息在分解与排布到大脑神经网络的过程中变得越来越难以辨认。最后当它的碎屑和片段消失在大脑皮层的迷宫般的褶皱中时，原始图像就完全散失再也无法辨认了。

原始图像被分解之后，大脑还会把它们再重新拼合装配起来。原始图像来自可触摸的现实世界，这里决定事物性状、行为的是物理定律。而我们最终感受的视觉现实则是经编码的神经兴奋的波浪与震荡，它们起伏不停在大脑里往复传播。这些神经动态是我们称作意识的一部分。大脑接受感觉信息并把它转化为关于外部世界的知觉意识。我们是如何拼合装配知觉意识的一直是生命科学尚未揭开的谜。

在谈到模拟人类智能的方法时，诺尔蒂指出，如果我们想模拟这些变化中的联系，最容易的方法是从问题的另一端入手，研究人工神经网络中一个小的神经元集合。以小见大，找出小的与大的公共的度量单位与应答方式，用它们做基砖，构建大脑的更复杂的网络与活动。为研讨视觉智能的结构，并搞明白如何把此结构体现到光的结构中，我们从神经元网络（包括生物的与人工的）的初级机制和行为开始，取其精髓并逐渐上升到语义网络（把句中的词连接起来，分析语法并化成为支树），最后到达最高概念平台上的符号学（符号及其使用的科学），现在和将来的光机都从每一个平台汲取营养。

并且，光机经过一代代演化将更多地使用抽象能力。全息量子光计算机将运行在复杂概念记号的平台上。实验室内的光机已实现了它们在输入图样花样、相互联系并变幻成新的输出花样的能力。全息计算机已设计得具有类神经网络的行为，在全息晶体内的类神经节点具有多重交叉联系。这些计算机自然具有分类和识别图像的能力。这个分类与识别过程，人脑执行起来毫不费力，而编成程序由计算机执行，那就难于上青天。此外，光机能在实践中学习，不用什么明确的指令或算法。量子计算机很可能还要再进一步。因为其中能达到的并行性程度会引出量子神经网络计算机。借助“偶合”光子量子比特，这些机器的大规模并行性将首次为我们开辟接近人脑的大量神经节点的真正机会。至于这个计算机能否在处理记号及图像能力上接近人脑，并最终通往真正的智能，甚至意识，那还是个悬而未决的问题。

不过，有种直觉告诉我们，图像比书面文字传递更多的信息。毕竟直观感觉中，似乎图像可以一目了然。根据乔姆斯基的理论，任何表层结构部分，不论它是听觉的、视觉的，甚至是触觉的（盲文），它们都植根于深层结构。那种没有与口头语言对应的交流方式会是怎样的呢？一种完全能产生在视觉领域的纯视觉语言能利用上光与图像的空间相容性优势吗？他引用 1942 年赫尔曼·黑塞在《玻璃珠游戏》中的话：“……符号语言与游戏规则……应能以图解形式表达最复杂的内容，这并不排除个人的想象力和创造性，以此方式让全世界都看得懂。”并引用丹尼·卡勃（Dennis Gabor）于 1971 年提出的观点：“借助全息图手段完全可能把中国表意文字译成对应的英语句子，反之亦然。”[①]

对于光机的未来，诺尔蒂畅想道：在公元 3000 年年初，世界裹在玻璃纤维编织的网里。在以光速进行通信的全光互联网中，每台计算机将变成包裹全球的光纤织物中的一个智能节点。全光网以指数增长的信息达到了人们无法掌握的程度以后，游戏[②]形成一个有机体。随着信息大爆炸，没有结构的虚拟世界开始拥塞，到处是冲突，陷入一片混乱之中。真理与意义淹没在无法验证的亿万个虚构中——直到游戏又慢慢地、自发地从一团亮雾中呈现出清晰的轮廓。游戏在成长、成熟，从一团乱麻中理出了秩序，变成光与图像组成的语言，终于变成了莱布尼茨梦寐以求的发现真理的工具。[①]

二、光机智能难以超越人类智能的语用瓶颈

总而言之，在《光速思考》中，诺尔蒂认为，光机能以新的方式超越人类智能的核心论点就在于光所具有的速度。始于 20 世纪末的光学革命是由人眼发动的，光所具有的空间相容性（即光的并行性）具有巨大的通信和计算能力，是所有各类新型光学机器的基础。借助此特性，光子计算机能同时执行上百万个任务。但仅仅速度快还不能算是一场革命，这只是量的区别而非质的飞跃。只有当全光智能以光控制光的方式分布在整个光网络上时，真正的革命才算到

① 戴维·D. 诺尔蒂 . 光速思考——新一代光计算机与人工智能［M］. 王国琮译 . 北京，沈阳：中信出版社，辽宁教育出版社，2003：57-297.

② 游戏指玻璃珠游戏指代的那种方式。

来。到那时，网络将有大量的多重内部连接，足以与人脑的复杂性媲美。①

本书认为，诺尔蒂在《光速思考》一书中的观点过于乐观，不仅存在对于人类智能的片面理解，而且对量子计算本身存在的困难也认识不足。然而，《光速思考》中的观点，典型地代表了一批计算机科学家以及物理科学家对并行计算与量子计算机持高度乐观主义态度的学术思潮。对《光速思考》中观点的分析，可以帮我们厘清未来人工智能的发展前景。本书认为，造成《光速思考》主要论点问题的原因有以下几点：

（1）对人类视觉智能的片面理解，造成了诺尔蒂对人类智能理解瓶颈的错误判断。人类视觉智能过程其实是基于语用的高效处理过程。

诺尔蒂对人类视觉智能理解的片面性主要体现在，他认为，解释大脑如何认知事物，实际上是把所有的东西都拆开的过程。而原始图像的肢解正是大脑尔后把它们重新拼合装配所需要的。大脑接受感觉信息并把它转化为关于外部世界的知觉意识。对光在视觉物理过程中传输转化的描述，会让人误以为这就是思考的速度。事实上，大脑在视觉过程中所进行的远远不止这些。“视觉是人类感知外界信息的重要途径，而主动性和选择性是人类处理视觉信息的基本特征，也是模仿人类视觉的机器人视觉系统必须具备的。”②有证据表明，人类大脑70%以上的神经都与视觉相关。人眼看的过程，不仅仅是一个被动接受的过程，也是将已经存储于大脑中的视觉知识与所看到的视觉信息相结合的思维过程。我们看的过程其实就已经融入了根据已有信息进行视觉选择的因素，而我们看到的结果，不仅仅是射入人眼的那部分光所反映的影像，而是大脑将所接受到的影像与长期积累在大脑内的大量影像知识相融合的结果。也就是说，我们所具有的影像知识会影响我们看的内容。

例如，在一个有趣的被称为“变色扑克牌”的视觉实验中，电视画面中的影像元素包括背景布、桌面、魔术师、参与者以及扑克牌五种视觉对象。在实验过程中，占画面90%以上的背景布、桌布以及魔术师和参与者身上的衣服几次发生变化，但人们的注意力却仅仅集中于大脑感兴趣的小小的一叠扑克牌的变化上，以致到实验结束，人们还在专注于那叠扑克牌的变化，完全没有注意到占画面大部分面积的背景、桌面、魔术师与参与者衣服的变化。这个实验表明，传入视神经的光信号在一定程度上是经过大脑主动选择的。并且，人的视

① 戴维·D. 诺尔蒂. 光速思考——新一代光计算机与人工智能［M］. 王国琮译. 北京，沈阳：中信出版社，辽宁教育出版社，2003：Ⅺ.

② 肖南峰. 智能机器人［M］. 广州：华南理工大学出版社，2008：99.

觉认知是抽象的。视觉根据大脑关注的信息从画面中抽象出感兴趣的部分而忽略其他。上述视觉实验，在向观众说明实验目的之后，把刚才画面中变化的部分一一指出，再次播放时，观众的兴趣由关注扑克牌的变化变为了关注背景、桌面以及服装的变化。为了观察在第一次播放中被忽视的内容，在第二次播放中观众的视觉兴趣发生转移，忽略了扑克牌而关注其他背景画面的变化。这表明，对于同样的画面，视觉所观察到的内容会因大脑主观兴趣的不同而不同。在这个意义上，视觉认知是语用的。

另一个案例是，对于早期失明（6 岁或 9 岁以前）的病人，成年后实施眼球再造手术，当他恢复视力后对进入视觉的图像并不能识别。由于大脑内没有存储足够的视觉信息常识知识，他还需要经过许多年的学习来认识呈现在视觉中的常识世界。见过许多种树之后，在看到一棵没有见过的树时，他才能知道那是树，并且那是一棵槐树而不是桑树。而这种知道是在看到的一刹那间就已经知道了。这表明，大脑关于世界的视觉常识知识，如物体的大小、形状、距离、光与影等，是人在出生后的很多年里通过实践经验不断学习而得到的。通过对已有视觉知识的不断抽象和分类，我们知道桌子意味着什么。当我们看到一个从未见过的桌子时，我们一眼就能识别出那是一个桌子而不是凳子或其他什么东西。这说明看的过程不仅仅是简单地接受光信息，而是调用已存储在大脑内的大量相关信息进行思考的过程。大脑内存储的相关知识越多，人眼“看”的速度越快。很显然，读一本有关量子力学的专业书，量子力学专家的阅读速度要远远快于从未接触过相关知识的小学生，尽管他们都认识字。可见，人类看的速度取决于理解的速度，而理解的速度绝不仅仅是诺尔蒂所说的每秒 25 比特。

由此我们来看诺尔蒂所说的人类智能的瓶颈。关于大脑“看见”有多快的问题，诺尔蒂通过一个对非口头的视觉刺激应答实验来测量受试者的应答时间。为了避免一些客观不确定性因素对实验结果的影响，诺尔蒂将受试者总的应答时间分解成几部分，使反应时间由两个部分组成：其一是记录刺激发生了这个事实的时间；其二是决定如何反应的时间。通过增加实验中灯泡的数量，诺尔蒂认为，“我们就能得到准确测量结果——30 毫秒做 1 比特的决策。所以，我们能有把握地说，人的认知能力有个极限：理解速度的极限。如果一幅图画顶 1000 个单词，那么看一幅图得用读完 1000 个单词同样多次的凝视——至少如果我们想要用由此得到的信息来指导我们行动的话”[①]。

---

① 戴维・D. 诺尔蒂 . 光速思考——新一代光计算机与人工智能［M］. 王国琮译 . 北京，沈阳：中信出版社，辽宁教育出版社，2003：135-137.

在此，还是以他所提到的理解英语为例。他只从视觉信号传输的速度入手，认为每秒进入人眼的 700 万比特的信息中，只有大约每秒 25 比特传入了大脑，也只有这点语义信息是被大脑理解和感知的，剩余信息都被忽略掉。这就是由于人类生理限制而造成的理解瓶颈。人类被卡在这里。事实上，从人眼的视觉机制来看，人眼的视域是有视觉中心的和模糊边界的。映入人眼帘的物体，从视觉中心到边界的过程是一个由清晰到模糊的过程。大脑通过指挥身体与眼球的运动来选择注意的中心。因此，人眼在读英文书时，虽然读入的有效信息只有大约每秒 25 比特，但这 25 比特是大脑通过思考进行选择的结果。在看的过程中，大脑根据以前存储的信息，知道文字是从左向右逐行印刷的，因此，在大脑指挥下，眼睛的视觉中心必然也是从左向右逐次来看，即便是“一目十行”，也是大脑根据以前的经验信息或已有知识，预先判断这些被扫视而过的印刷文字图像中应该没有特别重要的内容，只是跳跃性地掠过。也就是说，每秒钟被人眼读入的这 25 比特的信息是大脑在经过大量思考“运算”之后的选择结果，是有用的语义信息。并且，在这些信号进入大脑后，大脑所理解到的信息量也绝不仅仅是 25 比特。例如，看到一个词，如“elephant”（大象），人脑中的信息绝不仅仅是“elephant”这几个简单字符的影像，而是映射到有关大象的影像以及其他更多的语义信息。人脑有关大象的知识越多，看到“elephant”这一图像信息之后所涉及的人脑区域也会越多。如果这个人曾经触摸过大象或受到过大象的伤害，那看到“elephant”这个文字影像时他脑中的信息量要远大于仅仅在电视里或图片上见过大象的人。如果人脑看到的是“大象在荒芜的草原上迁徙”这些文字影像，在我们大脑中所折射的信息也不仅仅是显示这几个字的光学信息，而是更为复杂和丰富的动态图像资料。这些影像资料所产生的信息量之大，既不是仅仅每秒 25 比特，也不是射入人眼的 700 万比特。人脑动用的是所有与之相关的大量常识知识。

由此，我们理解人类视觉智能时，不能仅仅根据每秒钟传入人脑的信息量来衡量人类理解的速度。人类的“看”不仅仅是简单地接受外部世界的光信息，并且也汲取其中的每秒 25 比特信息量。人类看的过程，同时就是大脑运用 70%以上的神经细胞进行整体性思考的过程。无论是选择看的内容还是处理看的结果，人类在视觉智能过程中所处理的信息量是非常巨大的。人眼只关注画面中心的信息而忽略大部分边缘画面的机制，就是配合人脑的视觉智能机制，经过长期进化而来的。例如，在人类早期捕食过程中，大部分的自然风光对于人类生存所需的食物都是无效信息，只有这些影像中的可食用的果实以及活动着的动物才是对于人类生存有用的信息。在能量有限的情况下，人眼完全没有必要将所有映入眼睛的光信息都进行处理，因为这种处理大部分都是无效的。在此，诺尔蒂用一幅图像顶1000个单词的比喻是极不恰当的。因为即便我们要用这幅图像来指导行动，这幅图像能提供给我们的有用信息也是有限的。只有围绕某种目的进行有效的视觉观察，并集中处理这些经过筛选的有意义的信息，才是最具智能的高效处理方式。

因此，在这个意义上，过滤掉每秒进入人眼的700万比特信息中的大部分而只接受其中的25比特，绝不是人类视觉智能的瓶颈，更不是人类理解速度的极限。恰恰相反，这是提高人类理解效率的有效机制。这种选择机制，是人类视觉智能的优势而不是瓶颈。并且，这一机制充分表明，信号传输速度以及每秒接受多少光信号不能说明人类理解的速度，人眼的视觉智能过程是基于语用的高效处理过程。

（2）对人类视觉神经的片面理解，造成诺尔蒂在第三代量子光机的视觉原理与人类视觉智能的不恰当类比，从而得出量子光机有可能模拟人类视觉智能的错误判断。

首先，诺尔蒂认为，“视觉过程的第一阶段发生在含有光敏化学物质——视紫质的、称作光感受器的视杆视锥层内。视杆检测亮度，而视锥分3种，分别对三原色红、黄、蓝敏感。视紫质分子吸收光，这个事件启动视觉感受的神经符号链。这是个量子事件。所以说，我们日常所见的现实世界，都起源于量子。说到底，我们的视觉智能已是一个量子过程”。“我们的眼是量子的光感受器，它能测量光能的量子。”①

这段理解的问题主要在于：①视紫红质是19世纪末发现的存在于视网膜中的含有鲜红色的感光物质。在光照时，视紫红质迅速分解为视蛋白和视黄醛，这是一个多阶段反应，首先是视黄醛分子发生构型改变，这是视觉兴奋中唯一与光有关的阶段。其后的一系列的化学反应不需要光的作用，在酶的作用下，最后导致视黄醛与视蛋白分离。在这一过程中，视杆细胞外段的通透性发生改变，出现感受器电位。感受器具有换能作用，每种感受器都可以看作为一个特殊的生物换能器。视紫红质作为一种光感受器，其主要功能是将感受到的光能转换为视觉神经上的动作电位。在这个意义上，我们的眼确实是量子的光感受器，但不能就此说“我们的视觉智能已是一个量子过程”。因为在视紫红质分解

---

① 戴维·D. 诺尔蒂. 光速思考——新一代光计算机与人工智能［M］. 王国琮译. 北京，沈阳：中信出版社，辽宁教育出版社，2003：90，91.

的第一阶段之后，所有的视觉智能活动都与所感受到的光量子无关。②人眼的色觉（颜色视觉）是一个复杂的物理—心理现象，颜色的不同只是不同波长的光波作用于视网膜，而在人脑引起的主观印象。诺尔蒂认为视锥分 3 种，分别对三原色敏感。事实上，三原色学说是由 19 世纪的 Young 和 Helmboltz 提出的一种解释视觉原理的假说，认为在视网膜中含有感光色素不同的三种视锥细胞，分别对 550 ～ 570 纳米的红光、525 ～ 535 纳米的绿光和 450 ～ 457 纳米的蓝光最敏感。并由此认为，视网膜上存在分别对红、绿、蓝三色最为敏感的视锥细胞，其是色觉形成的基础。其他各种色觉，均由这三种视锥细胞受比例不同的刺激所引起。然而，三原色学说并不是唯一解释视觉原理的理论，由 Hering 提出的色觉的拮抗色学说则主张人眼色觉的物质基础有三种：白黑物质、红绿物质和黄蓝物质。当感受细胞在合成这些物质时形成黑、绿和蓝色色觉；而在分解时形成白、红和黄色色觉。实际上此学说的基色为红、绿、蓝、黄，黑白作为独立色存在意义不大，所以又称拮抗色学说为四色学说。该学说可以很好地解释色对比现象。而近代研究表明，尽管在感光细胞这一级颜色信息是以三个独立的信息接受的，但在感光细胞后的各级神经细胞，包括中枢神经元，对颜色信息并非简单地以红、绿、蓝三条独立的“专线”向中枢传递，而是编码为拮抗成对的形式进行传递。这样三原色感受器编码就转换成拮抗式的应答编码。并且，色觉最后由视觉中枢综合形成，并非形成于视网膜。因此，色觉的综合是在视皮层。[①] 在整个色觉过程中，光量子在第一阶段被转换为生物能后，无论是三原色学说还是四色学说，都与光的量子性能没有多少关系。因此，与其说“我们的视觉智能已是一个量子过程”，不如说是一种复杂的物理—心理现象。

其次，诺尔蒂认为，“局部兴奋相对于远处抑制，这种结构在生物神经元中极为普遍，在神经系统的许多部位都能找到。在视网膜中这种结构占主导地位（视网膜就是一个感受光并准备信息，好传送给大脑视觉皮层的神经网络）。这种结构对视网膜特别重要，因为神经元间的竞争，造就的这种结构，对图像中的边缘特别敏感，而边缘检测则是认知的最重要的方面”[①]。信号从 1.26 亿个感受器经过变换进入神经的 100 万个轴突，是一个信息收敛的过程。这恰恰是一幅典型图像的信息被浓缩到足以令人“感兴趣”的核心量。视网膜只对空间变化或随时间的变化作出反应，并做信息收敛，也就是说视网膜忽略了图像缺乏特征的部分，只检出了空间的特征与随时间而变化的特征。它是个特征检测器，

---

① 于志铭，李子瑜，张建福 . 人体生理学［M］. 苏州：江苏科学技术出版社，1995：201-212.

而“视网膜中最普通的特征检测器是边缘检测器”。均匀照明缺乏特征，就是不含信息——神经节细胞没有反应。图像中由光照变化，颜色不同引起的边沿特征将引发神经节细胞的应答。中心—周围拮抗感受也只是许多类型中的一种。识别边沿、特征与特定运动的能力都是视觉认知系统工作所必需的，但绝非充分的。首先是信息压缩与编辑过程，十分像观看从互联网上下载直播电视节目时你用的压缩办法。视网膜用的 126∶1 的压缩比与 MP3 在互联网上用的标准压缩比有着惊人的相似之处。执行视觉任务的人工网络到处都有，目前已把它刻入硅，制成神经型处理器。加州理工学院米德研究组设计的硅集成电路可充当初级的硅视网膜。它具有专门对轮廓鲜明边沿的应答，能模拟生物视网膜的行为。它忽略照度稳定的广阔区域，使图像压缩易于进行。为了说明人类视觉认知是边缘检测的，诺尔蒂举例道：“你观察一幅图画时，你真正关注的是什么呢？如果相片照的是毫无特点的一片蓝天，你需要知道哪些像素是蓝的，它们有多少吗？难道你感兴趣的不是那横在蔚蓝天际白雪皑皑连绵不断的山峰吗？两者的分界线才是兴趣所在。”①

事实上，作为一个研究光学计算机的物理学家，诺尔蒂注重图像中的边缘检测是必然的。因为与人类视觉智能不同，计算机在处理图像时的智能程度非常低。计算机对于图像的处理，一般有两种方式：一种是以 gif 格式为典型代表的矢量图，这种方式将可以用数学描述的形状用公式表示出来并加以处理。其优势是图像的边界很好界定，就是数学公式所描述的有规则形状，占用的存储空间小，并且无论图像放大或缩小，图像的质量都不会失真。但缺点是，可以用数学公式抽象表达的形状是很有限的，因此所表现的图像大都不够逼真，可以表现的色彩也不够丰富，因此不适合处理较为复杂和逼真的图像。另一种是以 jpg 为代表的栅格式图像，这种图像的分辨率非常高，图像中每个像素的色彩值都被记录下来，因而所表现的色彩非常丰富，图像质量也非常逼真。人工智能要模拟人类视觉的丰富信息，对于精细图像的处理大都采用依照这种方式描述的图像。但这种图像的最大缺陷就在于，由于它是将整个画面以精细切割的小栅格（即像素）为单位来处理的，对于画面的内容的记录其实是每个像素的色彩值。最常用的表示色彩值的方式就是利用色光原理，通过记录该像素的红、绿、蓝三原色的色值，每一种颜色的取值范围都是［0，255］，共256种色彩值，例如（R=125，G=20，B=200），画面由多少个像素组成，就要记录多少组这样

① 戴维·D. 诺尔蒂 . 光速思考——新一代光计算机与人工智能［M］. 王国琮译 . 北京，沈阳：中信出版社，辽宁教育出版社，2003：69-92.

的 RGB 值。虽然每个像素都可以表现 256 的三次幂即 16 777 216 种颜色，但这种表示方式并不记录像素与像素之间的关系，更不能表示画面中图像的形状。因此，在人工智能视觉处理中，最大的问题就是怎样识别画面中的物体。怎样才能知道哪些像素共同组成一个物体呢？例如，画面内容是三个人坐在某旅游景点的长椅上，对于视力正常的人来说，一眼就可以区分开这三个人以及长椅和背景之间的关系。然而，当这幅画面以像素的方式存储在计算机上时，计算机面临的最基本的智能问题就是怎样可以将这几个视觉对象从画面中区分出来。只有先知道画面中有几个对象，才能进一步理解这些对象之间的关系。对于计算机来说，这是一项非常困难的工作。要完成这一任务，最常用的方法就是通过找边界来确定一个对象由哪些像素组成。这样，边缘检测就成为人工智能视觉处理的首要任务。

对于上述诺尔蒂举例的蓝天白云的画面，事实上，蓝天与白云两者的分界线是计算机智能的兴趣所在。通过对比蓝色（R=0，G=0，B=255）与白色（R=255，G=255，B=255），与蓝色 RGB 值较为接近的像素被视为一个对象，而与白色 RGB 值较为接近的像素则被视为另一个对象。其实，计算机并不能理解什么是蓝天，什么是白云，它只是通过蓝色区域与白色区域连接处像素值的强对比检测到了一个边缘。这是进一步“理解”画面的基础。然而，对于人类视觉智能而言，边缘检测固然重要，但绝不是人类视觉认知的首要任务。而认为“边缘检测则是认知的最重要的方面”[①]的结论也过于夸大。事实上，人的视觉认知首先是抽象的，有着清晰的视觉中心和模糊的边界。映入人眼帘的物体，从视觉中心到边界的过程是一个由清晰到模糊的过程。人的视觉习惯首先关注的是视觉对象的整体性抽象认知，短时刺激下，画面的细节以及各物体的边界在人脑中并不会留下深刻印象。我们可以很明显地感受到，如果事先不存在明显的观察目的，看过一个画面之后，留下的最深印象不是该画面中对象与其背景之间的分界线，而是经人脑抽象后的主要物体及其大体特征。这也是为什么在美术的素描和色彩绘画处理中，画面中心要精细刻画，而越往画面边界过渡的部分则会处理地越模糊的原因。这才是符合人类视觉习惯的处理方法，因而在美术中才被认为是真实的和美的。普通的照片虽然很写实，把画面中的所有内容都表现得很清楚，但这并不是真实映入我们大脑的视觉画面。在人的视域中，只有视觉中心的部分是清楚的，处于视域边界的大部分区域的图像都是模糊的，

① 戴维·D. 诺尔蒂 . 光速思考——新一代光计算机与人工智能［M］. 王国琮译 . 北京，沈阳：中信出版社，辽宁教育出版社，2003：93.

并且从中心到边界是一个由清晰到模糊的过程。在诺尔蒂所列举的这个特定的蓝天白云图片中，他所描述的蔚蓝天际与白雪皑皑连绵不断的山峰之间的分界线之所以引起我们视觉的兴趣，是因为在这幅画面中，蓝色与白色在一个无明显特征的区域中形成了强对比，从而使边界变成了我们的视觉中心。事实上，只有视觉中心的那部分边界是我们可以清晰分辨的，图片相对比较大的情况下，视觉中心边缘部分的边界也应是模糊的。正常情况下，我们仰视蔚蓝的天空的瞬间，目光搜索到的漂浮在天空中的朵朵白云的整体形状及其变化情况才是引起我们关注的重心。除非有特殊的观察目的，蓝天和白云的分界线很少成为我们的兴趣所在。

可见，无论是电子计算机还是光机，计算机视觉是否具有智能，主要因素并不取决于画面的传输速度与处理速度，而是对画面内容的认知速度与理解速度。事实上，目前计算机传输图片的速度已经不亚于人眼了，即便在遥远的未来以更快的全光速度传输，并不能说明就会更具有智能。如果计算机视觉处理不能具备上述语用的和抽象的人类视觉机制，不能将一个物体从背景中抽象出来并对其所表现的内容加以理解，那么可以肯定地说，即便是到了图像控制图像、光控制光的量子计算机时代，对于图像的语义理解依然还将是计算机视觉智能的关键。如果不能生成有效的对图像内容语义理解的机制，计算机视觉智能仍将无法超越人类视觉智能。可见，诺尔蒂所列举的蓝天白云这一特殊画面并不能说明人类视觉智能与光机图像理解机制之间有相似性。

最后，关于视网膜用的压缩比与互联网下载直播电视节目有着惊人的相似之处这一说法，本书认为这是一个不恰当的类比。

诺尔蒂提出，人的视网膜含有 1.2 亿个视杆、600 万个视锥，但送信号给大脑的神经节细胞却只有 100 万个。也就是说，信号从 1.26 亿个感受器经过变换进入神经的 100 万个轴突，是一个信息收敛的过程。平均起来，落在 126 个感光器上的光信息只能在一个神经节细胞轴突中产生一个信号。所有这些信息都到哪儿去了呢？为理解大脑如何“看”东西，先要问个具体问题：图像具有信息量是什么意思？最简单的想法是图像由像素集合组成。[①]其实，问题就在这里：计算机图像的信息量就是存储一幅图像所占的存储空间，像素是计算机图像的计量单位，与人眼无论从处理机制还是存储方式上都截然不同。从接收的信号数量到最终处理的信号数量，似乎中间都有一个所谓的压缩过程，但在这一过

① 戴维·D. 诺尔蒂. 光速思考——新一代光计算机与人工智能［M］. 王国琮译. 北京，沈阳：中信出版社，辽宁教育出版社，2003：91，93.

程中，信号变换的实质以及所产生的效果在人眼和计算机中是截然不同的，不存在可比性。简单地说，计算机压缩过程的结果是数据量骤减，以牺牲图像的清晰度为代价，并且这种压缩对于画面的每个部分来说都是相同的。并且在这一压缩过程中，计算机并没有对图像内容产生任何意义上的理解。而对于人眼来说，所谓的收敛过程的结果是从外界画面中抽取出有用的语义信息。

具体来说，计算机对图像的压缩是将相邻行与列的几个像素（如 3 乘 3 即 9 个像素，5 乘 5 即 25 个像素）面积上的 RGB 值取平均值，然后用具有这个平均值的像素来代替原有的 9 个或 25 个像素，这种原理就是我们在电视上看到的用马赛克在人脸上处理后的效果，为了不让观众看清某个人的脸，采用类似的方式对相关画面进行压缩。压缩比非常大的时候我们基本上判断不出被压缩的人脸特征，而有时压缩比相对较小的时候，观众还是大概能推测出被压缩的人脸特征的。依照类似方法压缩后，图像的数据量大小就会成为原图像数据量的 1/9 或 1/25，大大缩小了传输和存储的数据量，因而也减慢了传输速度。但付出的代价是画面质量下降，压缩比越大，画面质量越差。但由于人类视力智能具有超强的容错和补缺能力，即使画面不清楚，我们也能理解画面的内容。互联网下载直播电视节目通常采用的压缩原理与此类似，而压缩比是结合网络传输的速度以及人眼看起来相对舒服等众多因素综合考虑后的比值。

而人眼的所谓信息压缩过程的原理与之完全不同。作为一种光感受器，人眼所产生的刺激反应受以下几个因素的影响：①对可见光波范围内的电磁波（波长为 400 ～ 700 纳米）极为敏感。由于人眼内的结构和机能分化程度非常高，其敏感性和对刺激作出反应的精确性也非常高。②人眼有一个适宜的刺激强度，即阈强度，低于阈值的刺激则不能引起视觉感应。而这种阈值除了包括刺激强度，还需要一定的刺激持续时间，并且还需要有一定的照射面积。也就是说，只有当光照强度、光照时间和光照面积都达到阈值范围，才能引起视觉神经的反应，这是一个激发的过程，而不是压缩的过程。③同时，人眼也是一个生物换能器，在接受刺激时，将刺激能量转变为视觉神经上的动作电位。这种能量转换过程并不是简单的光信号压缩，而是光的量子能转换为生物能的过程。视网膜中的视杆和视锥细胞都含有吸收光的视色素，视色素吸收光能后发生光化学反应，并将光信息转变成感受器电位，然后经过双极细胞和神经节细胞等传到更高级中枢，直至大脑皮层。① 这一过程中即诺尔蒂所说的“信号从 1.26 亿

---

① 于志铭，李子瑜，张建福．人体生理学［M］．苏州：江苏科学技术出版社，1995：201，207.

个感受器经过变换进入神经的100万个轴突”信息收敛过程。从上述对人眼视觉智能特征的分析可知，这一过程是基于语用的高效信息提取过程，在这个过程中，人类视觉智能从环境中抽取出有用信息加以处理，而忽略掉其余的无用信息。这正是人类视觉智能的优势所在。“事实上，有些视觉信息的处理在到达视觉皮层之前就在视网膜本身进行。视网膜实际上被当成头脑的一部分！”①因此，人类视觉的信息收敛过程与计算机处理图像时的压缩过程在本质上完全不同，诺尔蒂将二者加以类比是不恰当的。

（3）过分强调光机在速度上的优势，使人产生只要解决了原材料和工艺问题，其他所有智能问题也会迎刃而解的错觉。

从诺尔蒂对三代光机特征的描述中，我们可以看出：第一代光机通过电子和光子之间的转换，实现了光纤通信，大大提升了数据传输的速度。但不足之处在于光纤通信的信号仍然是数字的。第二代光机摒弃电子，实现全光通信，并且通信的信号由第一代的串行传输变为以图像为信息单位的并行传输，这就实现了在通信速度上的一次飞跃。而第三代量子光学计算机所具有的巨大潜力在于多重并行性，这使得一项量子计算能同时执行同一计算的不同版本，极大地加快了计算进程。再加上高明的算法，原则上能解决经典方法无法计算的问题。从诺尔蒂给出的三代光机的发展趋势来看，从通信速度的提升到计算速度的提升，将是光电计算机最具价值的发展潜力。而这种提升有赖于原材料和工艺问题的解决。

然而，光机的这种发展趋势是否真能带来其在智能处理上的质的飞跃，是非常值得我们深入思考的核心问题之一。在这个问题上，著名的数学物理学家彭罗斯在其著作《皇帝新脑》中专门进行了精辟分析。总的来说，彭罗斯对于电脑最终能代替人脑甚至超过人脑这一乐观主义论断持否定态度。他认为，正如皇帝没有穿衣服一样，电脑并没有头脑。以算法来获得真理的手段是非常受局限的，在任何一个形式系统中总存在不能由公理和步骤法则证明或证伪的正确的命题。对于量子计算机的“光速思考”是否可以胜过人类智能，彭罗斯也做了详细的论证。

首先，在串行计算与并行计算的关系问题上，彭罗斯针对“认为发展并行电脑是建立具有人脑功能的机器之关键”这种流行观念，指出其核心问题所在。他指出，建造并行电脑的主要动机来自模仿神经系统的运行，因为头脑不同部分的确似乎具有进行分开而独立计算的功能。与串行电脑相对比，并行电脑能

① [英] 罗杰·彭罗斯．皇帝新脑 [M]．许明贤，吴忠超译．长沙：湖南科学技术出版社，2007：519.

独立进行非常大数量分开的计算，而这些大体上独立运算的结果，断断续续地合并在一起，对整体计算做出贡献。然而，并行电脑和串行电脑在原则上没有什么不同，事实上两者皆为图灵机。不同之处只在于整个计算的效率或速度。对于某些类型的计算，采取并行计算的确更有效率，但对于另外一些计算类型，并行计算并不见得比串行计算更有优势。

其次，诺尔蒂对于量子计算机的描述在彭罗斯看来是一种典型的量子平行主义。量子计算机的基本概念是利用了量子平行主义。根据这个原理，两个完全不同的事情应当被认为在量子线性叠加中同时发生。对于量子计算机，这两个叠加的不同情况就是两个不同的计算。我们对两个计算的答案不感兴趣，而是对利用从这对叠加抽取出的部分资料感兴趣。最后，当两个计算都完成时，对这些计算进行适当的“观察”已得到必需的答案。仪器用这种同时进行两个计算的办法来节约时间。迄今这个方法并没获得什么重大好处，这是因为可以想象得出，利用一对分开并行的经典电脑（或一台单独的经典并行电脑）要比用量子计算机更直截了当得多。并且，量子计算机可能要到需要非常大量的（也许是无限大的数目）并行计算时才会有真正的好处。我们对个别计算的答案不感兴趣，而是对所有答案适当的组合感兴趣。量子平行主义认为，量子计算机不能用来进行非算法的运算（也就是超越图灵机功能的事），但是在非常巧妙的设计情形下，在复杂性理论意义方面，它能比标准的图灵机获得更大的速度。但在彭罗斯看来，这只是一种杰出的设想，有点言之过早，目前的结果仍有点令人失望。因为计算问题在量子计算机中本身就不好解决，它是否可以在所有的计算方面都超过目前典型的计算机还是个未知数。

最后，彭罗斯认为，并行经典计算不可能掌握我们意识思维的关键，人类意识认知的“一性”似乎和并行计算机图像相去甚远。人脑意识思维的一个显著特征是它的“一性”（至少当一个人处于正常心理状态，而且不是“头脑分裂”手术的患者时），这和同时进行大量独立活动成鲜明对比。因为量子理论中，在量子程度上允许不同选择在线性叠加中共存。这样，一个单独的量子态在原则上可由大量不同的而且同时发生的活动组成。这就是所谓的量子平行主义。而量子计算机的理论观念中，这样的量子平行主义在原则上可用于同时进行大量的并行计算。在这个意义上，量子计算机要解决“一性”问题才有可能很好地模拟人脑。

此外，神经网络是基于头脑可塑性的基础机制，试图通过结构模拟一个学习 / 解决问题的活动的数学模型。这类模型似乎的确具有某些基本的学习能力，但迄今它们离头脑的实际模型还遥远得很。[①]虽然诺尔蒂在描述全息光机时指出："光束仍提供内部四通八达的联系，而人工神经元的角色则由变性光学晶体构成的全息图来扮演。这种全息神经网络，给人印象最深的是，其中的神经元及其间的联系全是自己形成的，并且随该系统的学习与适应不断变化。布线与形态的动态变化在刻入硅的永久性神经元中是不可能实现的。光学网络的这种适应能力，使它具有一些智能姿态，绝非电子学组件可比拟"……借助光学手段构建的人工神经网络常常采用赢家通吃策略。这种人工光学系统的认知速率总有一天要远远超过人的认知速率……认识神经网络能帮助我们在'螺栓螺帽'水平上理解视觉智能。单个神经元的局部激发与抑制行为，易于描述与模拟，而复杂的行为可由组成网络的多个神经元间的相互作用来再现。比起沿轴突传播的电压尖峰，甚至由神经元集合再现的复杂行为，智能运行在更高的平台上。"[②]但是，从本书第二部分对连接主义计算特征的分析可以看出，神经网络计算是一种难以在结构上形成统一模式的范式理论，几乎不可能在同一个神经网络计算模型上解决多种计算类型的问题，更不用说基于神经网络来模拟复杂的人类思维了。也就是说，在连接主义计算模式下，很难找到一个基点来处理复杂性思维问题。本质上讲，即便到了量子计算机时代，量子并行性计算的优势只在于速度，但这种并行计算的机制如果不能解决当前连接主义范式计算所面临的根本困境，量子计算机的优势也将是很有限的。甚至在高级智能任务的处理问题上，其能否超越目前计算机的水平还是个未知数。

事实上，从计算的角度来看，人类基于刺激－响应的低级智能行为或由小脑控制的无意识行为在很大程度上都是并行的。而对于大脑思考的主观意识，总体来说是"一性"的，即某个时刻我们的大脑只能思考一件事情。量子计算在处理这种"一性"问题上显然没有显示出更多的优势。此外，对于诺尔蒂所说的用另外的途径来实现对于人类智能的超越，仅从计算速度来讲，"神经元动作的最快速率为每秒一千次，比最快速的电子线路慢很多，大约慢10^6倍"[③]。若只以速度论，目前的大型计算机的速度是以每秒钟运行多少亿次来计算的，这早已超过了人类大脑的运行速度。如果只提升速度就可以解决智能理解问题，目前的计算机早就应该比人聪明了，而现实并非如此。几乎可以肯定地说，未来光机在速度上的优势绝不是人工智能可以超越人类智能的决定性因素。

---

① [英] 罗杰·彭罗斯．皇帝新脑 [M]．许明贤，吴忠超译．长沙：湖南科学技术出版社，2007：533-539.

② 戴维·D. 诺尔蒂．光速思考——新一代光计算机与人工智能 [M]．王国琮译．北京，沈阳：中信出版社，辽宁教育出版社，2003：69-71.

③ [英] 罗杰·彭罗斯．皇帝新脑 [M]．许明贤，吴忠超译．长沙：湖南科学技术出版社，2007：531.

三、光机智能理论的语境瓶颈

在谈到光学计算机的智能何以可能超越人类智能时，诺尔蒂认为，关键在于以下三个问题：首先，人类在交往过程中，所有的交流方式在理解问题时因生物生理的限制都具有同样的速率，这是人类理解的瓶颈。所有交往的渠道都必须经过大脑的同一认知中心，才有能力应答传来的神经脉冲。其次，图像与语句不能等价（即使在考虑同一词的说与写时），因为视觉和听觉渠道用的是不同媒介。视觉用的是多重并行数据通道，它的特征和优越性远非口头串行通道可比。这是光与图像的并行性（空间相容性）优点。第三，人类瓶颈背后的生物与心理局限性未必是机器的局限性。我们有能力研制出机器，它们会干我们不会干的工作。"在这里，单单速度还不能代表这个进步。代表这个进步的是新机器结构利用信息的方式方法，这些方法比人用的强。寻找这个新视觉结构的过程，会使计算机发现新的思维方法，以便利用光与图像的优点，这正是开发第三代计算机的指导思想。"①

根据这一指导思想，诺尔蒂试图描绘出一幅未来实现超越人类智能的蓝图。然而，在量子计算中，光控制光比电控制光的优越性，实质就在于突破了电光转换以及光电转换的速度瓶颈。但正如诺尔蒂自己所说，速度不是计算机模拟人类智能的关键所在："光的空间相容性是所有各类新型光学机器的基础，这些光学机器的运行越来越快，但还不能算是一场革命，这只是量的区别而非质的飞跃。只有当全光智能以光控制光的方式分布在整个光网络上时，真正的革命才算到来。到那时，网络将有大量的多重内部连接，足以与人脑的复杂性媲美。"②

为了说明速度不是光机智能超过人类智能的关键所在，诺尔蒂引用了詹姆斯·贝利（James Bailey）在《反思》（*After Thought*）一书中所叙述的人的工作被替代的过程，他总结道：第一步，我们把肌肉的工作给了牲畜；第二步，我们把肌肉工作分给动力引擎与机车，这激发了工业革命，也使社会发生了不可逆转的变化；第三步，我们把大脑的工作赋予计算器和计算机，其中变化最大的是计算速度而不是计算方法；第四步就要开始了，也就是在我们能把需用意识的工作成功地赋予智能机器那一天。这些智能机器的思维方式将是一场革命，

---

① 戴维·D. 诺尔蒂 . 光速思考——新一代光计算机与人工智能［M］. 王国琮译 . 北京，沈阳：中信出版社，辽宁教育出版社，2003：12-13.

② 戴维·D. 诺尔蒂 . 光速思考——新一代光计算机与人工智能［M］. 王国琮译 . 北京，沈阳：中信出版社，辽宁教育出版社，2003：Ⅺ .

其意义绝不限于速度的增长，其中有些智能机器是视觉的。然而，“时至今日，我们先进的计算机仍然毫无智能可言。其推理能力远在人脑之下。当前演示的人工智能大多是靠现代计算机极高的，并且日益提高的运算速度来实现的。计算机的高速处理能力弥补了其洞察力的不足，且依靠的是笨法子。所以说，此阶段并非像某些人想象的那样是一种革命。机器明显地加快了数学计算，但机器计算本身与我们的手算并无二致。虽然解题速度已为人工所望尘莫及，但算法结构并没有改变”①。从上述这段描述可以看出，诺尔蒂已深刻地认识到了计算速度对于实现机器智能超越人类智能的局限性。也就是说，依靠计算速度的提升，根本无法提高计算机的智能。

对于这个问题，诺尔蒂提出了自己的解决方法。他认为，“只有替代大脑的工作演进到使用适应性算法和遗传算法，能根据输入的改变调整算法结构，不用人的干预，且能超过人的设计，真正的革命才算开始起步。这类算法有潜力演化成根本不与人脑的任何部分的功能雷同的智能系统，可能演化得超出人的理解范围”②。并且，他提出了所谓的“超越人类中心论”，认为视觉语言（书写、数学记号、五线谱、手语、旗语等）在人脑中总是要求串行处理，这成为人类理解的瓶颈，这种情况要改变了。“人的局限不一定也是机器的局限。没有理由说我们处理语言的特殊方式是唯一可能的方式。我们可以自由地去尝试新办法，发现不同于自然界已有的连接神经元与神经节的新途径、新结构。”“与其总是使计算机模仿我们的思维，还不如为它寻找全新的思维方式。智能模型建造已走过了把大脑的任务托付给机器的阶段。”并且，“更重要的是，要为下一代光机做个全新的结构设计。新结构需要一个新的语言来表达自己。此语言必须是光学语言：图像好比是单词，语法是由视觉影射与联想组成的。我们需要类似玻璃珠游戏中的那种语言”②。

此外，在语音表征的理解问题上，诺尔蒂认为：世界充满了噪音，传递中的信息时刻都遭受着被淹没的威胁——在车水马龙的街上、拥挤的餐厅里、运转机器的近旁——噪声都会比我们正在倾听的话语要响，我们却能捕捉住谈话的细节，很少发生误解。这是为什么呢？答案是：冗余与上文的配合起了作用。上文与冗余可看作是语言固有的纠错设施。没有它们，从现实世界的交往中我们将搜集不到零碎的信息片段，因为实际上人们听到的比他们自己想象的要少

---

① 戴维·D. 诺尔蒂 . 光速思考——新一代光计算机与人工智能［M］. 王国琮译 . 北京，沈阳：中信出版社，辽宁教育出版社，2003：8，10.

② 戴维·D. 诺尔蒂 . 光速思考——新一代光计算机与人工智能［M］. 王国琮译 . 北京，沈阳：中信出版社，辽宁教育出版社，2003：9-12.

得多。很多信息我们以为是“听到”的，其实那只是拼凑起来的猜想而已——诚然它们是有根据的，那就是上文及我们的经验与知识。在这个意义上，声音感知与视觉感知不谋而合，很多感知实际是大脑的构思。[①] 而所谓的“上文”是指前面信息影响对后面声音或词的预期。如果我们知道谈话的主题，推测漏掉的或拼错的词就容易得多。而“冗余”是指以重复保证说出的词被正确理解，因为将词重复数遍就增大了被理解的机会。但人类语言中的冗余，比简单的重复奥妙得多。上文与冗余是语言的高级方面。在所有语言中上文影响下文，前面影响后面，字母并非无关地出现，而是由高阶概率联系着。[②] 这段文字表明，诺尔蒂其实已经意识到了人类听觉智能中的语用特性以及语境因素对于意义理解的重要性。我们的听力之所以可以从纷杂的噪音中捕捉住我们感兴趣的细节，是因为我们在听的过程中正如在看的过程中一样，是有目的的听。即我们的听觉智能和视觉智能一样，都具有语用性特征。而我们可以根据已经知道的谈话主体、谈话中的上文以及搜集到的零碎的信息片段，来推测漏掉的或拼错的词，并将其“拼凑”成完整的内容，这表明我们的听力智能是基于语境的。在视觉智能和听觉智能过程中，人的大脑可以根据已有的经验知识以及诸多的语境因素来完成对整个事件意义的理解，这表明人类智能在本质上是语境论的。

可以看出，诺尔蒂也认识到了人工智能的核心要素在于表征和计算，而语境对于语言意义的理解起着重要的作用。他提出的解决方案就是试图从应用于未来光机的光学语言以及新型连接主义计算方法（即他强调的适应性算法和遗传算法）入手，来论证其未来光机智能可能超越人类智能的梦想。由此，要证明未来机器智能有可能超越人类智能，问题的关键就变为了：什么样的光学语言和计算方法可以使机器智能超越人类智能？进一步，未来的光学语言表征方法和新式计算方法比之当前的表征方法以及计算方法，其优越性体现在哪里？其质的飞跃又体现在哪里？可行性又有多大？这些可行性表现在哪里？这种新的光学语言与计算方法如何解决意义理解中的语境问题？

据此，本书从表征、计算以及相关的语境问题入手，来分析诺尔蒂提出的有可能超越人类智能的未来智能理论的可行性。

---

① 戴维·D. 诺尔蒂. 光速思考——新一代光计算机与人工智能［M］. 王国琮译. 北京，沈阳：中信出版社，辽宁教育出版社，2003：112.

② 戴维·D. 诺尔蒂. 光速思考——新一代光计算机与人工智能［M］. 王国琮译. 北京，沈阳：中信出版社，辽宁教育出版社，2003：114.

1. 光学语言表征的语境分析

在有关语言表征的问题上，诺尔蒂主要从以下几个方面来支持其光学语言的优越性：

首先，在未来的光机上使用的光学语言，将找到利用图像并行性优势的方法，突破人的生理限制。

诺尔蒂认为，人的生理条件决定了人不可能利用光与图像的空间相容性这一优点，但我们可以找到利用光的空间相容性优势的正确方法，使之在借助人的智慧制成的光"脑"里得到发挥，去完成超越人类能力的工作。我们做这些工作时，比把人脑的工作分给机器去做更近了一步，我们发动了一场光机的光学革命，使人类的局限性不必是人研制的光机的局限性。而实现这种超越，就需要为具有全新结构的下一代光机设计一种全新的光学语言。这种光学语言就类似于玻璃珠游戏中的那种语言，图像好比是单词，而语法则由视觉影射与联想组成。这种以图像为信息单位的光学语言，比之目前所使用的基于文字的符号语言，不仅充分利用了光与图像的并行性（空间相容性）优点，意味着更高的运算能力，而且是表征空间和频谱（颜色）的语言。这个语言内既有图像又有符号，基于这些图像和符号，可以使光学计算机擅长联想与抽象思维。这样，对于光学计算机而言，一幅图画的价值超过 1000 个词。图画可以告诉计算机要执行什么操作，必须使用什么概念。虽然目前实验室内研制的初级和专用光学计算机还不是如此灵活的、可编程的计算机，也不能做推测或想象的跳跃，但上述这些局限，既有原材料的原因，也有工艺的原因。根据诺尔蒂的观点，似乎只要克服了这些原材料和工艺上的问题，这种擅长联想和抽象思维的光学语言就会很好地运行在下一代具有全新结构的光机上。

其次，光学语言中携带着超越语言性能之外更多的视觉信息，可以实现多种语言在表层结构和深层结构之间的转换。

诺尔蒂认为，"玻璃珠游戏的深刻思想是：符号与规则可以是视觉的，知识能以视觉形式表达和处理"。[1] 玻璃珠游戏所诠释的就是一种新兴的光学语言，因为充分发掘利用光的空间相容性要求图像成为信息单位，操纵未来的光机需要它。当比特这个简单的信息单位被整幅图像所取代，发生在光机上的不仅仅是速度的改变，而是智能模式的改变，我们现有的全部经验都不足以使我们应

---

① 戴维·D. 诺尔蒂 . 光速思考——新一代光计算机与人工智能［M］. 王国琮译 . 北京，沈阳：中信出版社，辽宁教育出版社，2003：7.

付量子技术所能带来的翻天覆地的变化。在光的空间相容性驱动下，光学机器演化的顶峰将是量子光学计算机时代。在这类机器中，一幅图像能告诉另一幅图像去做什么，以光学方法把信息存储于晶体中并能形象思维，具有这个意义上的光学语言的光机是一种全息计算机。借助全息图手段完全可能在两种不同的文字之间（例如，中国表意文字与英语句子之间）进行相互翻译。而这一功能的实现，是基于乔姆斯基的表层结构与深层结构理论。

诺尔蒂指出，乔姆斯基关于语言（声音、手势、书写记号）“表层结构”借助变换规则联系于“深层结构”（概念意义）的原理表明，声音、图标与视觉运动提供了产生一系列不同要素（记号）的手段，这些要素可被人看到并理解，但其含意并不在要素本身。这些要素来自根植于心理功能的深层结构。深层结构才是意义的载体。转换语法在把深层结构中的意义译成表层表达式的过程中，遵循的是一般语言所具有的共同规则。世界上近5000种不同语言的不同表达方式都是实现语言的表层结构，但深层结构通常是不变的。语言的表层结构与深层结构之间的这种区别表明，语义不在于符号本身，而在于这符号经语法转换后代表深层结构的什么成分。这就使得所有语言符号基本上都是任意的，差不多都处在同一平台上。更为重要的是，表层结构（存在于现实世界，由声音或手势或书写记号组成）与深层结构（作为一种抽象或脑神经网络行为的概括），两者的重要区别可以扩展到使用符号的更大范围，把非语言的视觉交往也包括在内。至此，诺尔蒂就为光学语言可以像其他语言一样在表层结构与深层结构之间的语义转换找到了理论基础。

如果光学语言只具有与所有其他语言同样的功能，那么以它为基础的未来光机就不具备超越人类智能的可能性。更进一步，诺尔蒂需要为光学语言寻找其超越现有机器语言甚至人类语言的可能优势所在。为此，他从研究图标与符号之间的区别入手，试图在动机性图像（与它代表的事物直观上有点相似之处）与任意图像（如书写字母）之间做出区分。为解决这一问题，他又把读者的视线引入更为复杂的符号学领域。他详细论述了符号的任意性与动机性之间的联系与区别，认为动机性视觉符号是文字的起源，这些符号一旦约定俗成后，就脱离动机性起源，演变为任意性符号。而演变的原因可能只是需要提高书写效率或者书写工具进步了。对于人类理解来说，无论是视觉还是听觉，通信率几乎都是一样的，视觉符号系统的优势荡然无存。而对于光学语言来说，由于光机不存在人类理解的“瓶颈”，所以就具有了超越人类理解的可能。而对于未来的光学语言及其运行载体量子神经网络来说，诺尔蒂展望道：“当量子神经网络通过量子远距输送，在量子互联网上连成一片时，会发生什么情况呢？整个网络将变成一个宏观量子波函数。这个网络会具有意识吗？”[①]在这些问题上，诺尔蒂更多的是使用提问的语气，将其作为一个通过长期努力有可能解决的问题提出来，但无法给出任何可行性的解决方案。至此，他关于光学语言有可能超越人类语言的论证戛然而止。

根据上述诺尔蒂所提到的有关未来光学语言的优势所在，本书认为：

首先，虽然玻璃珠游戏表明符号与规则可以是视觉的，知识能以视觉形式表达和处理，但如果光学语言仅仅是玻璃珠游戏中所描述的那种语言，就不可能具有任何智能。

按照《玻璃珠游戏》的描述，其发明人指定了一套游戏规则，这是符号与公式的语言，用它有可能把天文学公式与音乐原理结合起来，并把它们简化使其具有共同特征。游戏中出现的概念由一组玻璃珠或圣象代表。游戏人把玻璃珠做空间的直观排布，使得人类的各门知识相互联系起来：数学对艺术、音乐对天文、哲学对建筑，这样就会出现无限多种组合。然而，这个游戏最为关键的部分不在于采取什么样的规则，而是游戏的参与者是人而非机器。游戏获胜的规则是，所有参与游戏的人中，谁在看起来绝对不同的概念间，找出最惊人的、出乎意料的联系，并编成主题故事，他就获胜。[②]也就是说，这个游戏中的概念虽然由图像来表示，但游戏的图像和规则本身并不具有任何智能因素。游戏最精彩之处在于参与游戏的人是否可以在最不可能的学科之间找到联系并编成故事，而不是玻璃珠本身所拼成的图像。因此，光学语言如果与玻璃珠游戏中的图像一样，根本就不可能使光学计算机具有联想和抽象思维。其最大的好处莫过于将电子时代的串行表征变为光子的并行表征，就如诺尔蒂所说的，对于光学计算机而言，一幅图画的价值超过 1000 个词。但玻璃珠游戏对光学语言而言，并不具有更为深刻的思想，因为符号与规则本来就可以是视觉的，即使是在电子计算机中我们所看到的符号，例如你正使用的 Word 软件里的字和知识，都是以视觉的方式传入大脑的。事实上，我们说符号与规则是否是视觉的，只有对理解它的人而言才有意义。对于计算机来说，根本无所谓视觉与否的问题，因为运行在其上的东西无非是电子信号或光子信号。

其次，光学语言的图像表征是否就一定比符号文字表征更有优势。

---

① 戴维·D. 诺尔蒂 . 光速思考——新一代光计算机与人工智能［M］. 王国琮译 . 北京，沈阳：中信出版社，辽宁教育出版社，2003：XI，XIII，7-13，74-80，112-114，138.

② 戴维·D. 诺尔蒂 . 光速思考——新一代光计算机与人工智能［M］. 王国琮译 . 北京，沈阳：中信出版社，辽宁教育出版社，2003：6.

诺尔蒂认为，光学语言是建立在所谓全新结构基础之上的，这种全新结构以所谓的全息图神经网络为基础。全息图可充分利用图像的并行性优点，其表征的内容既有图像又有符号。这种描述听起来似乎很诱人，但一涉及其真正具有的优越性时，就存在很多问题。

本质上讲，光学语言的并行传输与符号语言的串行传输，从数据处理的角度来看是等价的。并行的光学语言与串行的符号语言，如果不涉及所传输的内容，仅从传输信号角度而言，两者之间完全可以进行等价转换。也即是说，并行传输的光学信号完全可以转换为串行传输的电子信号，反之亦然。除了传输速度上的区别与传输方式的不同之外，两者没有其他本质上的区别。

最为关键的是，对于光机而言，光学语言只不过是运行在其上的一种形式语言，即便它具有量子计算的亦此亦彼性，其实质不过是同时进行了两种计算。而作为一种形式语言，它必然是乔姆斯基所说的表层结构语言。光学语言要想实现在中国表意文字与对应的英语句子之间的互译，就必然涉及语义理解问题。若如诺尔蒂所言，光学语言内既有图像又有符号，那么，在语义理解问题上，如果它采用符号处理方式，就必然会遇到我们目前所遇到的符号的意义理解问题；但如果它采用图像的方式来实现对于意义的理解，新的问题就会产生：这种语言如何理解图像中的意义，并从中汲取有用的图像内容与其他图像发生意义上的联系，甚至如何生成新的有意义的图像？

前面我们曾分析过，人类视觉智能在图像理解上的优势在于，在看的过程中，人眼可以根据语用目的，从图像中抽取对于理解有用的图像信息而舍弃那些与理解无用的图像信号。光学语言虽然以图像为单位来表征世界，但要具有智能就必须能够理解它所处理的图像中所蕴含的意义，并能根据语用目的从中抽取出有效的图像信息。在目前的符号表征时代，我们通过语境描写来实现一定程度上的语义理解，这已经是一件非常困难且注定无法赶上人类智能的任务。在未来的图像表征时代，如何用一幅图像来理解另一幅图像甚至产生新的有意义的图像，似乎更为困难。常识知识问题及其更为深刻的语境理解问题，必将是光学语言所面临的最大的智能瓶颈。

此外，即便是用图像语言来完成乔姆斯基表层结构与深层结构之间的转换，其所面临的困难也绝不会比符号语言小。因为它首先要从光学图像中提取出符号才能进行语法结构分析，进而才能将光学语言转换为深层结构。如果直接对图像进行转换，在一幅图像中或图像之间找到所有意义要素之间的深层结构关系要比分析句子中语言符号之间的关系难得多。如果光学语言无法解决这些智能理解中真正最为困难的问题，其就不可能具有智能，更谈不上在中国表意文字与对应的英语句子之间进行互译了。

稍有翻译常识的人都知道，中国的表意文字与英语句子之间很难完全准确地互译，语言中所蕴含的深刻意义也很难用图像来表示。例如，中文的“东山再起”翻译成英文就变为了“make a comeback”，很显然，这两个词虽然在某种意义上有一定的相似程度，但所涉及的语境因素就非常不同，蕴含的深层意义也不尽相同，要用图像表现出来就会更加困难。虽然符号语言携带的信息量在某种意义上不如图像多，但符号语言有其自身独特的魅力。很多情况下，符号语言可以高度抽象表达的内容用图像来表现就会变得非常困难。因为图像信息不具有高度抽象语言意境的能力，更多情况下，图像表征是写实性的。即便在动机性图像与任意图像之间做出了区分，也不能表明图像表征就一定优越于文字符号表征。这也是图像不可能完全取代符号的根本所在。

因此，认为光学语言一定优越于符号语言是一种带有偏见的认识。无论是语义理解还是抽象认知，光学语言都不一定会比符号语言更具优势，智能理解最终都要落在常识知识问题以及与其密切相关的语境问题上。不解决语境问题，光机就不可能具有智能，更不用说超越人类智能了。在此，诺尔蒂对于未来光学语言只做了简单的描述，而对于这种图像语言何以可能超过文字符号表征以及将要遇到的各种核心难题没有做出令人信服的解释。

最后，光学语言是否会比人类语言具有优势。

正如本书在上面所分析的，以语用为目的的认知方式是人类认知的优势而非瓶颈。纵观《光速思考》全书，有一个核心假设：如果我们能够找到这样一种运行于未来光机特殊结构上的光学语言的话，那么，光速思考就能实现，就会超过人类智能。这一假设，也正是强人工智能的追求目标。在这一关键问题上，如果诺尔蒂不能提出更为有效的如何通过图像控制图像获得语义理解上的突破，就不能证明光机智能有可能超越人类智能。因此，建立在速度优越性之上的光机要想超过人类智能，表征方式的根本性变革不在于是否使用图像控制图像等表层结构的表征形式，而是能否提出理解人类深层结构语言意义的表征机制。也就是说，未来光机能否理解这些图像中所蕴含的语义内容才是其可能超过人类智能的关键所在。因此，问题的核心不是原材料和工艺，也不是结构设计的问题，光学语言才是主要因素一种什么样的光学语言才是决定其智能飞跃的关键。但这种未来光学语言所面临的难题与目前的人工智能语义理解在本质上是一样的。本书认为，无论什么语言都是表层的。深层的语义理解如何实现，在本质上主要依赖于对常识知识和语境因素的理解。不能解决这一问题，什么样的光学语言都不会取得实质性突破，更不用说什么新的智能模式了。

根据本书前面的分析，我们知道，人类视觉智能具有很强的语用性，对于同一幅图像，不同的人会有不同的理解，用图像作为语义传播的主要表征方式，会比定性以及定量的语言表征更为模糊。图像的优势只在于提供更多的画面信息，这是其优势，但在语义表征方面却不如语言文字。当然，诺尔蒂认为，光学语言包含画面和文字两种表征方式，但如何将图像的语义内容与语言的语义内容相混合也是个非常困难的问题。而诺尔蒂没有指出这种混合的光学语言如何解决常识知识问题和语境理解问题，就断然下结论，说其是一种超过人类想象的智能表征方式。

通过对人类视觉智能、听觉智能，以及前面分析到的认知的主观不确定性的讨论，我们可以看出，人类智能从本质上讲是语境论的。应该看到，表征人类智能的文字语言也有不能准确表达的内容，即语言的表征能力是有上限的。而图像可以表达一部分语言所不能表征的内容。无论是目前计算机处理图像的模式，还是未来的光机将采用的传导模式，计算机中的图像在本质上都是用符号语言来表征的。因为光机也必然是建立在无生命的机械系统之上的形式符号体系，尽管它可能采用与光相关的介质来传输或存储，但要生成对人类而言有意义的形式（无论图像也好符号也罢，也就是诺尔蒂所说的动机性图像与任意图像），通过表征的方式来实现对语义（文字语义及图像语义）的理解是图像表征必须解决的核心问题，这是决定光机智能的关键。不解决这个问题，光机在本质上还必然是一个处理图像形式并以更快的速度完成处理的计算机器。正如乔姆斯基所言，我们需要在能力（说者与听者的语言知识）和运用（语言在具体场景中的实际使用）之间做出区分。我们应当关心的是语言能力，而不是毫无规律的实际运用。一种恰当的语法应当是对理想的听者与说者内在能力的描述。这就是说，一个人的语法规则在相当大的程度上是从实际的语言活动中抽象出来的，这是个人内在的语言能力。运用是把这种能力用于实际环境中，并产生符合语法的句子。[①] 这表明，对语境的理解是人所具有的内在能力。光学语言所缺乏的正是这种内在的语言能力。因此，除了速度优势，它在本质上不可能比目前的计算机更具智能，更不可能以所谓的其他方式来超越人类智能。

① 尼古拉斯·布宁，余纪元. 西方哲学英汉对照词典［K］. 北京：人民出版社，2001：173.

2. 未来光机将采用的算法结构的语境分析

在计算方面，诺尔蒂寄期望于未来光机的算法结构，即光机演进到使用适应性算法和遗传算法，在不需要人干预的情况下就可以根据输入来自行调整算法结构。这类算法有潜力演化成根本不与人脑的任何部分功能雷同的智能系统，并超出人的理解范围。[①] 在诺尔蒂所说的第二代光机中，全息图神经网络的神经元及其间的联系全是自己形成的，并且随着该系统的学习与适应不断变化。这种适应能力使它具有一些智能姿态，并且还可以在一个比智能还高的平台上，对神经网络的普通行为归纳出普遍性结论。而最终的量子神经网络计算机所具有的大规模并行性将首次为我们开辟接近人脑的大量神经节点的真正机会。

对于诺尔蒂所描述的未来光机的算法结构，本书认为主要存在以下几个问题：

首先，适应性算法和遗传算法自身具有的局限性，决定了它们难以解决未来光机可能面临的复杂的语境问题。

适应性算法和遗传算法同属于连接主义计算。本书前面几个部分曾经对连接主义计算进行过详细分析，它是试图通过由许多神经元连接起来的网络实现并行分布运算，进而使网络具有一定自适应功能的计算方法。然而，连接主义计算虽然避开了知识表征带来的困难，但神经元之间的权值计算又成了新的困难。而基于连接主义计算的行为主义试图使机器人在真实的人类环境中实现一定程度的自适应能力，同样因无法避免常识知识问题以及更为困难的语境理解问题，至今无法取得实质性突破。诺尔蒂所提到的适应性算法和遗传算法作为连接主义计算，同样难以摆脱连接主义所面临的根本困境。

具体来说，适应性算法和遗传算法之间具有密切的联系。这两种算法之所以受到重视，是由于传统系统在遇到非线性、不确定性、时变性以及不完全性等问题时难以应对。为了提高系统智能，需要让系统对纷繁复杂的外部环境具有一定的可变编程能力、目标自设定能力以及自编程与自学习能力等自适应能力。而遗传算法中最核心的问题也是要解决程序对系统环境的适应能力。在基于空间搜索的基础上，遗传算法主要基于适应值来选择“染色体”，使适应性好的染色体有更多的“繁殖机会”。因而遗传算法的求解过程也可以看作是一种最优化过程。因此，从广义上来看，遗传算法是一种自适应搜索技术，它决定如

---

① 戴维·D. 诺尔蒂. 光速思考——新一代光计算机与人工智能［M］. 王国琮译. 北京，沈阳：中信出版社，辽宁教育出版社，2003：10.

何分配在高于平均规划的情况下呈指数增长的实验数据。[①] 问题的关键就在于，遗传算法是从众多的搜索结果中找到最优解，特别适合在问题空间比较大的情况下使用。也就是说，遗传算法的前提是已经存在数量众多的某问题的解，它所做的不是真正地求解，而是从这些众多的解中选出一个最优的。那么，与之相关的适应性也是从众多的解中通过适应度函数来完成这一筛选过程。换句话说，遗传算法并不直接产生解，其运行的前提是已经具有大量的解可供其选择。因此，适应性算法和遗传算法只在具有大量解的环境下适用。而在面对真实世界环境的情况下，从环境中提取的信息或数据本身并不是解。因为要生成解的前提是先提出问题，适应性算法和遗传算法既不具有提出问题的机制，也不具有解决问题的机制。本书认为，仅仅通过筛选已经生成的解的适应性算法和遗传算法并不能解决纷繁复杂的语境问题，因此，这两种算法所能体现出的智能程度也非常有限。

其次，神经网络结构难以统一的问题，将是诺尔蒂的量子神经网络计算机难以接近人脑的结构性障碍。

从前面对连接主义计算的分析我们知道，连接主义的复兴是许多不同领域共同驱动的结果。不同的领域利用连接主义计算去解决不同的问题，这是连接主义作为一种应用模型工具的优势所在，但同时也是连接主义最大的弊端所在。正如 Dan Wieskopf 与 William Bechtel 所指出的那样，“更多的是存在于这些方面的不统一，更少的是连接主义与一个研究计划相类似，更重要的则是它似乎成为模拟某些现象的便利工具”。“鉴于网络被赋予很多用途，并且有很多学科编目包括了这些特性，它们中间似乎不太可能会有任何通用的统一方法、启发式、原理等。”“连接主义网络，像其他科学研究工具一样，将通过他们产生的结果的质量来确定其价值。”[②] 也就是说，连接主义计算的价值就是根据具体问题来编辑相应算法，而不能用一个通用结构来解决所有可能遇到的问题。由于量子计算与目前的计算是等价的，这就意味着，作为连接主义计算的量子神经网络体系，即便是在量子计算机时代可以产生诺尔蒂所说的更为复杂的联系以及算法，也难以实现在同一个量子神经网络上实现所有的智能功能，这是量子神经网络难以逾越的结构性障碍。人脑与连接主义的最大区别就在于，人脑用的是同一个“网络结构”来解决所有的智能问题，虽然也具有大规模并行处理的特点，

① 蔡自兴，徐光祐．人工智能及其应用［M］．第三版．北京：清华大学出版社，2004：155，167.

② Wieskopf D，Bechtel W. The Philosophy of Science：An Encyclopedia［K］. New York，London：Routledge，Taylor & Francis Group，2006：151，157.

但人脑有一个中央系统来实现对智能行为的统一控制。而在诺尔蒂描述的未来量子神经网络中，没有看到他关于将如何解决这种结构统一性问题的设想。

此外，诺尔蒂提到的以小见大，从研究人工神经网络中一个小的神经元集合入手，从而构建大脑更复杂的网络与活动的方法，在现实的连接主义计算基础上似乎不具有可行性。因为连接主义程序中所谓“神经元”的设置是根据整个程序计算的需要来设计的，而不是漫无目的的自由发展。以小见大遵循的是自下而上的研究路径，而根据计算需求设计网络结构遵循的是自上而下的设计路径，诺尔蒂没有就如何解决二者之间存在的矛盾提出切实可行的方案。即便是量子神经网络，也要考虑整体网络计算目标与以小见大之间是否具有可调和性这一问题。正如诺尔蒂自己所指出的：“复杂系统是不能拆成其组分的，其总体行为基本上由所有部分多重相互作用来决定。如果你把系统剖开、分割成单独部分，期间相互作用消失了，理解该系统的希望也随之而去了。”“有必要远离简单化的直线思维方式。任何有意义的系统绝不是各部分的简单叠加。”“神经网络更是一个完善的、处在非线性相互影响中的、多个部分组成的整体。”[①]这一见解似乎与其从研究一个小的神经元集合入手，从而以小见大来构建大脑更为复杂的网络与活动的研究路径有所矛盾。

最后，量子神经网络同样必须解决语境问题。

本书在前面曾经谈到，表征不是连接主义的主要特征，但连接主义也不能完全逃避表征问题。并且，不论是否含有语义内容，连接主义程序的运行结果都是由不断变化着的计算语境决定的。因此，量子神经网络要想超过人类思维，必须解决两大难题：对语言意义的理解以及突破计算语境的限制。

而上述对光学语言的分析表明，量子神经网络难以完全超越目前的文字表征对语言意义的理解，更难以超越人类的语言理解能力。而在计算语境方面，诺尔蒂并没有提出建立在形式系统之上的量子神经网络将如何摆脱在程序设计、训练以至运行的整个过程中所遇到的语境问题。这些语境问题包括基于特定语境的构造前提、在特定语境中生成的归纳和概括能力、如何发现预设语境之外的其他智能形式、在特定语境发生改变时如何实现自适应以及计算语境所涉及的分类与归纳中的主观不确定性等众多问题。事实上，计算语境问题的解决才是量子神经网络实现真正的自主学习与自适应的关键所在。同样，量子神经网络只能在语境中获得智能，对语境的适应能力很大程度上决定了其可以表现出

① 戴维·D. 诺尔蒂. 光速思考——新一代光计算机与人工智能［M］. 王国琮译. 北京，沈阳：中信出版社，辽宁教育出版社，2003：58.

的智能程度。如果不能提出切实可行的语境解决方案，量子神经网络就不会表现出更高的智能程度。

可以看出，量子计算的复杂性并不能成为量子神经网络获得实质性智能提升的基础。量子神经网络的复杂程度也不能与其可能具有的智能程度成正比。量子神经网络如果不能提出在语境问题上更为有效的智能解决途径，就不可能带来真正意义上智能的质的飞跃，而诺尔蒂所谓的通过计算方法来实现不用人的干涉就能超出人的理解范围的未来智能模式就只能是一个美丽的泡沫。

总之，在人工智能发展前景问题上，诺尔蒂虽然意识到了表征、计算以及语境的重要性，但他既没有提出光学语言如何解决表征语境问题，也没有提出未来量子神经网络的计算方法如何解决计算语境问题，更没有提出所谓的新结构将如何解决智能理解能力的问题。依诺尔蒂所提出的设想，仅仅依靠量子技术的进步，想要发展一场他所描绘的真正意义上的光学革命，几乎不太可能。

第二节　人工智能语境论范式长期存在的原因分析

事实上，人们之所以对人工智能表现出强烈的兴趣，主要源于强人工智能所提出的诱人设想。“强人工智能认为，拥有适当功能组织的计算机器（例如，拥有适当程序的程序存储计算机）可以拥有一个像人类头脑那样的可以感知、思考和计划的大脑。强人工智能常常以心灵的计算理论为基础，认为脑的过程就是计算。”①然而，在实践过程中，强人工智能在不同时期遇到的各种困境，迫使研究人员不断进行更为深入的思考：制约强人工智能实现的核心问题究竟在哪里？

一、框架语境因素“度”的问题

在追寻强人工智能答案的过程中，人们最早重视的是框架问题。20 世纪 60 年代，明斯基在研究机器人时提出了用于组织和表征知识的框架理论。他希望机器人在与环境的交流过程中可以表现出智能化的人类行为。为了实现这个研究目标，明斯基和麦肯锡都认为机器人或计算机程序需要通过一种合适的方法来组织知识并建立一个有关世界的基本认知模型。在这种理念指导下，明

① Piccinini G, Intelligence A. The Philosophy of Science: An Encyclopedia [M]. New York, London: Routledge, Taylor & Francis Group, 2006: 30.

斯基于 1974 年在《一种用于表征知识的框架》(*A Framework for Representing Knowledge*) 中提出了“框架”这个概念。他指出：“框架 (frame) 是用于表征某个特定情境 (situation)(例如在某个起居室，或在某个孩子的生日聚会上) 的一个数据结构 (data-structure)。与每一个框架相联系的是几种类型的信息。有些信息是关于如何使用这一框架的说明，有些是关于下一步将会发生什么，还有的是关于如果这些预期不能实现该怎么做等。我们可以把框架想象成一个网络节点或关系。一个框架的‘顶层’(top levels) 是固定的，它表征那些关于某个假定情境为真的东西。较低的层次上有许多终端 (terminals)，它们必须包括详细而精确的特例或数据。每个终端可以精确指定分配给它的必然会遇到的情形 (conditions) [这种分配的情形本身通常是更小的‘子框架’(sub-frames)]……更为复杂的情形可以通过在所分配的几个终端之间指定关系来实现。相关框架的集合还可以连成框架系统 (frame-systems)。”① “简单来说，框架就是对有关世界的知识进行组织化、条目化的一种形式”②，框架也可以被分解成一些小的框架，并指导人们或机器利用可能的条件去完成任务。“约翰·麦肯锡和马文·明斯基通过不同的途径对于知识的表征和操作过程进行探索。他们和其他的研究者都不约而同地提出，对于人工智能研究来说，一个最重要也最有用的研究项目是研制那种能够系统地掌握某些领域的规则和知识，并能够根据他们所掌握的背景材料得出结论进而作出决策。”②

然而，用框架来组织关于世界的知识之所以会成为一个备受瞩目的问题，不仅在于它提出的组织知识的方式对后来人工智能研究产生的影响，更为重要的是它所面临的问题至今难以得到解决。对于框架问题，丹尼特曾用一个生动的例子来表明其困境所在。丹尼特假设机器人 R_1 只有一个任务，就是照料自己。在设计者安排下，它得知它的备用电池和一个快要爆炸的定时炸弹在一间房子里的一辆小车上。R_1 找到这个房间并准备抢救电池。R_1 通过某个叫做“拉出”(小车，房间) 的行动，在炸弹爆炸前将小车拉出房间。它虽然知道炸弹也在小车上，但不知道拉小车时炸弹也会随着电池一起被拉出来。因为 R_1 在计划行动时遗漏了这个明显的蕴涵关系。针对这一问题，设计者们提出了 R_1 的改进版机器人 R_1D_1，使之不仅能识别动作中的拟议的蕴涵关系，而且也能识别这些动作附带的蕴涵关系，并可通过它做计划时采用的那些描述来推衍这些关系。

---

① Minsky M. A Framwork for Representing Knowledge[OL]. http：//web.media.mit.edu/ ～ minsky/papers/Frames/frames.html[2009-3-25].

②［美］哈里·亨德森．人工智能——大脑的镜子［M］. 侯然译．上海：上海科学技术文献出版社，2008：61，71.

将 R_1D_1 放入与 R_1 同样的险境中，当 R_1D_1 也产生“拉出”（小车，房间）的想法时，就像设计的那样，它开始考虑这种行动过程的蕴涵关系。它刚刚推演完把小车从房间里拉出来不会改变房间墙壁的颜色，正要着手证明下一个蕴涵关系——拉出小车时会造成它的轮子转的圈数比小车轮子的多，就在这时，炸弹爆炸了。设计者们认为，必须使机器人能够区分开相关蕴涵关系和无关蕴涵关系，还要教它忽略那些无关的。于是通过给蕴涵关系加上标记，以标明它与当前任务是相关的还是无关的，设计者们从而推出了另一个机器人 R_2D_1。当设计者们把 R_2D_1 放入同样的险境中时，他们惊奇地发现，R_2D_1 在那间装有炸弹的房子外面陷入沉思。“干点什么吧！”设计者们朝它喊。“我正在做，”它反驳说：“我正忙着忽略成千上万我已确定为无关的蕴涵关系。我只要发现一个无关的蕴涵关系，就把它放进那些必须忽略的关系表中去，并且……”炸弹响了。

从上述例子中可以看出，框架问题的核心就在于机器人难以确定哪些知识或者说因素与所要解决的问题是语境相关的。丹尼特在对上述案例的总结中也提到：“人工智能研究者面临的任务看来是这样一个系统，它能使用从它存储的知识中恰当选择的因素来做计划，而这些知识正是关于它在其中运作的那个世界的知识。”[①]他所提到的“恰当选择的因素”事实上就是语境因素。本书通过对现有范式理论的分析得出，当前所有的范式都围绕语境问题而展开。无论是表征还是计算，最终都落在语境问题上。而问题在于，用上我们已知的所有方法，都无法解决上述例子中机器人遇到的语境问题。上述例子中的三个机器人所遇到的蕴涵关系，表面上似乎是一个计算问题，实际上是通过计算的方法来确定哪些因素是与解决当下问题语境相关的而哪些不是——框架语境因素的“度”的问题。这种计算的对象是机器人具有的大量的表征知识。一旦机器人要在真实世界的环境中解决问题，如何利用接收到的有关环境的新信息以及已经存储的大量常识知识便成为机器人必须要解决的首要问题。排除掉与问题无关的因素并迅速找到解决问题所需的核心要素，便成为解决框架问题的关键所在。而这个过程所反映出的正是确定语境因素的程度及其结构的问题。

人工智能中，不同问题对语境因素的详细程度要求不同。语境因素的程度问题——不同的语境中应该包括哪些语境因素的问题，是一个值得我们深入探讨的核心问题。从上述对人类视觉智能的分析可知，以语用为出发点，人类根据理解和应用的需要来决定观察的范围以及观察的仔细程度。例如，观看挂在

---

① D. C. 丹尼特 . 认知之轮：人工智能的框架问题 . 人工智能哲学［C］. 上海：上海世纪出版集团，2006：156-157，166.

房间里的一幅画，如果你关注的是整个房间的设计风格问题，那么你只需要粗略地看一下这幅画的色调、大小以及装裱形式等与整个房间的风格是否协调即可；但如果你关注的是这幅画的艺术价值，那你就需要仔细观察这幅画所表达的内容、出自哪位画家之手，这位画家使用的技法以及这是他哪个时期的作品等画面形式以及形式之外的诸多因素。可见，同样是观看房间里的一幅画，语用目的不同，所需要的语境因素的详细程度也必然不同。由此可以推论，人工智能要模拟人类思维，在不同的问题中，某个具体语境的因素也不可能是固定的，这是由解决问题所需的语境因素的详细程度决定的。这种程度的确定不能通过统一的硬性规定来确立，这也是人工智能模拟人类智能最为困难的地方。因此，要想让计算机具有像人一样的理解能力，依照目前的表征和计算方法是不现实的。

然而，语境虽然是“无秩序”的，但对于语境的理解并非是不能达成共识的。语言之所以成为人类共同使用的交流手段，就源于人类对语境的理解在很大程度上是趋同的。换句话说，虽然语用不同在一定程度上会导致不同的人对同一事物的理解不同，但更多的是存在于人类认知上的趋同性。否则，语言就不可能作为一种通用的交流手段而存在。也就是说，语境论在本质上并不是相对主义。例如，对于法律规定内容的理解，虽然不同的律师在辩护时会存在一定程度的异议，但法律在更大程度上是能为大多数人所理解的，并且这种理解是相同的。否则，法律就失去了其存在的价值。正如郭贵春所指出的：“任何一个有意义的语境都不是纯偶然的、绝对无序的；在它们的现象背后，隐含着不可缺少的规律性和必然性。或者反之，任一有意义的语境都不是纯必然的、绝对有序的；在它们的形式背后，也同样隐含着不可避免的偶然性和无序性。所以，语境是有序和无序、偶然和必然的统一。”“而语境对于特定命题意义的规定性，只是在于它的内在的结构系统性。”“语境也具有很强的结构性，并且是多重本质的同一。换句话说，它是现象的和经验的、情感的和理性的、语言的和非语言的、表征的和非表征的统一。”[①]这也正是人工智能在语义阶段采用语境描写方法的合理性与局限性所在。正是由于计算机难以自行设定所需要的语境因素及其关系结构，无法解决框架问题，所以在语义阶段，菲尔墨通过将相似程度较高的语境归纳在同一个语境描写框架中的办法，来实现计算机在一定程度上对语言意义的理解。由于人们对于语境认知的趋同性，这种经验主义式的归纳在很大程度上是能够为大多数人所接受的，因而具有合理性。但这种经验

① 郭贵春．论语境[J]．哲学研究，1997，4：49，51．

主义方法的问题是不能够将所有问题可能面临的所有程度的语境因素都归纳进来，在遇到比已有框架描写更为复杂的语境因素或语境稍微不同的情况时，就不能做出正确的语义理解，因而具有局限性。这就是机器的理解能力与人的理解能力之间的根本差别。

总之，无论在人工智能的哪个发展阶段，框架问题都将长期存在，这是由形式系统的本质特征决定的。人工智能思想史上的反对者们“把框架问题作为人工智能死亡的原因”[①]。对框架问题的解决，也将是人工智能语境论范式长期面临的难题，也是人工智能语境论范式长期存在的主要原因之一。

二、常识语境知识“量”的问题

虽然框架问题在短期内难以得到解决，但明斯基提出的框架理论却为计算机组织和掌握人类知识提供了一个切实可行的表征方案。其实早在1959年，麦肯锡就在一篇名为“具有常识的程序”的研究论文中，构想了智能程序应该具有的功能：这种程序具有足够大的数据库，可以容纳各种知识以及知识之间的相互关系，并且可以进行高效的演绎工作。在对人类智能模拟的过程中，人类的理解能力与具有的各种知识成为计算机必须攻克的两个难题。如果说框架问题揭示的是解决某个具体问题的语境相关性问题，从而使计算机具有某种理解能力，那么常识知识问题揭示的则是语境知识的范围或广度问题，从而使计算机具有人类的常识知识。对人类理解能力的模拟从人工智能早期开始就是研究者们关注的焦点，而真正意识到常识知识重要性的却是爱德华·费根堡姆(Edward Feigenbaum)。费根堡姆在开发用于探测火星生命的大型分光计的工作过程中，由于计算机缺乏对于化学知识的了解，所以费根堡姆和他的同事们在研究中遇到了许多阻力。这也迫使费根堡姆下定决心研制一种将这些程序编码到“知识库”，并且可以运用这些知识对从化学样本中得到的数据进行分析的程序。[②] 从此，计算能力需要与常识知识相结合的理念为人工智能领域所接受，知识库加推理机的专家系统模式得到迅速推广。然而，费根堡姆的知识库强调的是专业领域的知识，具有这种知识的专家系统在某个特定领域的问题解决上有一定优势，但不能解决人们在日常领域遇到的各种问题。而机器智能要想很好地模拟人类智能，除了需要模拟人类的理解能力外，还必须具有人类解决各种

---

① D. C. 丹尼特 . 认知之轮：人工智能的框架问题 . 人工智能哲学［C］. 上海：上海世纪出版集团，2006：158.
②［美］哈里·亨德森 . 人工智能——大脑的镜子［M］. 侯然译 . 上海：上海科学技术文献出版社，2008：46，74.

问题的常识知识。由此，研制具有常识知识的智能系统成为人工智能发展的必然。明斯基于2001年颇为激进地指出："人们愚蠢地推断为什么计算机不能真正地思考。答案是我们没有对它们进行正确的编程；它们仅仅是缺乏足够的常识。关于这点，仅有一个大型工程在做相关的工作，那就是著名的Cyc项目。"[①]

道格拉斯·里南于1984年启动了Cyc这一常识知识工程项目。Cyc无疑是一项浩大的工程，它需要对几百万个知识框架进行描写，并以合理的方式将这些知识框架组织起来，以便于在其上开展进一步的智能推理等任务。因此，Cyc需要构建一个全面而广泛的关于世界的本体，并基于本体构架，通过框架描写方式来组织数量庞大的关于世界常识知识以及常识知识之间的关系。因此，本体就成为组织知识的静态形式化表征方式。甚至可以说，常识知识工程本身就是一个以本体为基础的巨量静态知识表征数据库。总之，"Cyc是一个试图集全面本体（comprehensive ontology）以及日常常识知识的知识库（knowledge base）于一身的人工智能工程，其目标是使人工智能应用软件可以执行类似于人类的推理"[②]。毫无疑问，Cyc对于人工智能的发展起到了很大的推动作用。然而，在其发展过程中，它也遇到了很多困难，而这些困难的存在无疑与语境问题密切相关。

1. 语用因素是造成Cyc所需常识知识框架数目越来越多的根本原因

里南于1984年声称，建构一个有效的Cyc系统需要大约100万条概念，然而到了1994年，这个数字增加到了400万，不久后，人们预计可能最终会需要2000万～4000万个概念才够。因此，在人工智能领域内部，有人对Cyc项目提出了一些质疑。对于各种活动和程序来说，总是有无数可供描述的细节，而且现在还不能肯定尚处于萌芽期的知识库系统是否会在发展过程中变得越来越笨拙，倾向于得出矛盾的结论或者沉溺于细节不能自拔。人们不禁想问，为了避免Cyc做出错误的结论，究竟需要多少条"常用知识"呢？会不会出现这种情况，即Cyc所拥有的超大型知识库使它成为一种通用专家系统，几乎可以应用于各个领域，但是与此同时，它的运行效率也就变得不如那些更加专业和常规的智能系统呢？对于已经跨入第四个十年的Cyc研究来说，这些都是需要解决的问题。[③]

---

① Cover Story The Know-It-Au Machine[OL]. http：//www.cyc.com/cyc/technology/cycrandd［2009-3-25］.

② Cyc. http：//en.wikipedia.org/wiki/Cyc［2009-3-25］.

③［美］哈里·亨德森．人工智能——大脑的镜子［M］．侯然译．上海：上海科学技术文献出版社，2008：97，98.

目前，Cyc 工程的大部分工作还是继续完成知识工程，用手工的方式来表征关于世界的知识，并在这些知识上进行有效的推理机制。并且，Cycorp 公司致力于使 Cyc 系统具有用自然语言与终端用户进行交流的能力，并通过机器学习来协助知识形式处理。然而，人们对于 Cyc 的主要批评之一，就是“不满意 Cyc 所论及的物质（substance）概念及其对本质属性与外在属性之间相关区别的描述”①。这种不满在本质上就是由语用需求的不用所造成的。像其他公司一样，Cycrop 希望可以使用 Cyc 自然语言理解工具（the Cyc natural language understanding tools）从整个互联网上析取结构化数据（structured data）。②这意味着，Cyc 将会以更快的速度扩张。然而，对于 Cyc 是否可以穷尽人类常识知识这一问题，本书持否定态度。

诚然，一个普通人所具有的知识量是有限的，如果就固定的知识而言，经过相当长一段时期的发展之后，Cyc 所具有的知识量可能会超过一个普通人。然而，是否具有了一定的用文字描写的知识量，计算机就具有常识知识了呢？这是两个不同的概念。本书认为，人类所具有的常识知识与 Cyc 工程所描写的常识知识在本质上截然不同。

对于 Cyc 而言，数据库中典型的常识知识表征类似于“树是植物”以及“植物最终都会死去”。当问到是否树也会死时，推理机（inference engine）就可以根据以上两条常识知识得出正确的结论。这些知识表征都是由编写 Cyc 的工作人员定义的断言（assertions）、规则或常识观念。③正如本书前面所分析的，语境论揭示出，这种方法固然有其合理性，但也具有很大的局限性。它只能解决最简单、最基本的语义理解问题，难以达到真正的人类理解和应用常识知识的程度。因为对人而言，所谓“常识”，意味着对事物本质的理解，而不仅仅是现象描述。人类的常识知识也绝不仅仅是文字描述可以穷尽的认识。人的一生都生活在一个不断变化的环境当中，有证据表明，在日常生活以及解决实际问题过程中，有 70% 以上的信息来自人的视觉通道。通过前面对视觉智能的分析可知，人的常识推理是利用已有的固定知识加上新获取到的视觉信息，在以语用为目的的前提下进行的推理过程。

而 Cyc 对于图像信息的处理采用的也是静态的文字描述方式。在 Cyc 网站上，列出了如今 Cyc 所具有的能力：Cyc 能够根据使用者的要求“寻找一幅强壮而又富有冒险精神的男性图片”，为他提供一幅注释为“一个攀岩的男人”的

① Cyc. http：//en.wikipedia.org/wiki/Cyc#Criticisms_of_the_Cyc_Project［2009-3-29］.
②③ Cyc. http：//en.wikipedia.org/wiki/Cyc#cite_note-1［2009-3-26］.

照片。根据类似的例子，人们认为 Cyc 可以根据图片的文字注释搜索出合适的图片。而常规的搜索技术依赖于将关键词与相关描述进行严格匹配。比如，使用常规的搜索方法对“做运动的孩子”进行搜索可能无法找到文字注释为“我校一年级足球队对抗圣巴纳比队”的图片。然而 Cyc 却知道一年级的小学生都是“孩子”，而足球也是一种运动，所以它会将这幅图片展示出来。①

从这两个例子中，我们可以看出人类常识与 Cyc 的根本区别。在第一个例子——被注释为“一个攀岩的男人”的照片中，如果这个正在攀岩的男人长得又瘦又小，搜索的结果显然不能符合使用者的强壮男性这一要求，遗憾的是编辑这段描述性文字的人在编写时不能预先知道使用者是否对这个男人长得强壮与否感兴趣。显然，Cyc 系统的常识知识将所有正在攀岩的男人都理解为强壮的男人是不恰当的。并且，对于什么是“冒险精神”，如果使用者将其理解为男性所具有的一种在事业上的开拓创新且不怕失败的精神，而计算机搜索出一个攀岩的男人很可能被使用者理解为不理智或拿宝贵的生命做无谓的冒险。在“冒险精神”这一概念的理解问题上，不同的人会给出不同的答案，而系统只具有编写者给出的唯一答案即敢于做高危险性运动，显然这种描述不能满足不同使用者的需求。在第二个例子中，如果注释为“我校一年级足球队对抗圣巴纳比队”的图片中的“我校”指的是一所老年大学，那么这幅图片就不符合使用者所要求的“孩子”这一条件。显然，编辑人员在描述这幅图片时没有考虑到使用者可能对参加足球比赛人员的年龄感兴趣，而系统则认为一年级的都是孩子，而不知道老年大学一年级的同学都是老人。可见，同样的文字描述，由于语用目的的不同，在不同的语境中会有不同的意义。并且，对于同一幅图像，不同的人可以从不同的角度对其内容进行描述。这些描述虽然是正确的，但却也是片面的。也就是说，要想描述清楚一幅图片上到底是什么内容，编写者就需要预先考虑到所有可能的语用目的才能满足不同使用者的需求，而这在 Cyc 工程实施中是难以做到的。由于语用因素的存在，Cyc 工程所需的常识知识概念的数量绝不仅仅是目前估计的几千万这么少。

从上述对比中可以看出，语用因素决定了关于图片的文字语义描述具有片面性，无法反映真实世界的状态。语用因素是造成人类常识与机器常识本质区别的根本原因之一。Cyc 通过文字描述来解决对图像信息的理解问题，显然是非常局限的。Cyc 即便解决了对大部分世界知识的一般性描述，这种描述也是非常

① [美] 哈里·亨德森. 人工智能——大脑的镜子 [M]. 侯然译. 上海：上海科学技术文献出版社，2008：94，96.

死板和局限的，不能有效解决人类日常生活中真正的常识性问题。而引入图像表征的方式，我们在对《光速思考》的讨论中已经分析过了，同样会受到语用因素的制约。人工智能语境论范式的提出，可以使我们对 Cyc 工程所面临的这一困境从根本上有一个深刻的认识，这也是语境论范式将长期存在的主要原因之一。

2. 语用目的不同是造成不同本体之间相容性问题的根本原因

本体，或称为本体论，在哲学领域和人工智能领域有着不同的含义。哲学的本体论作为形而上学的一个分支，是形而上学的一般性的或理论性的部分。它主要关注“是”的本质特性，其主要问题包括“什么是‘是’或什么存在？”“什么样的事物在第一意义上存在？”以及“不同种类的‘是’如何相互联系？”[①] 尤其是关于存在范畴及其关系，引起计算机科学领域的关注。计算机科学本体与哲学本体的共同之处在于，它们都是依照一个分类体系（a system of categories）来对实体、思想、事件、属性以及关系进行表征。在这两个领域，本体的相对性问题以及关于一个标准化的本体是否是可行的争论都是值得深入思考的。二者之间的差别在很大程度上只是侧重点不同。与计算机科学领域的研究人员相比，哲学家们则较少关注建立固定不变的受控词表（controlled vocabulary）。而计算机领域则较少考虑有关首要原则的问题（例如，是否存在不变本质之类的事物，或者实体在本体论上必定比过程更为基本等）。在计算机科学以及信息科学中，一个本体是某个域（domain）内一组概念（concepts）的、形式表征（formal representation）以及这些概念之间的关系（relationships）。本体常常作为某个域内关于属性的原因，也可用于定义某个领域。理论上，本体是一个“共享的概念化（conceptualisation）的、形式的、清楚的规范（specification）说明”。一个本体提供一个共享的词表，可被用于模拟某个域——这些对象的类型与 / 或（and/or）概念的存在，及其属性和关系。[②] 人工智能领域，在一些专家系统知识库的构建过程中，需要针对所研究领域的概念或问题构建相应的本体，然后基于本体进行知识以及关系描述。实际应用中，本体往往等同于那些由各种类、类的定义以及归类关系（subsumption relation）所构成的分类层次结构，但本体并不一定仅限于此类形式。同时，本体也并不局限于保守型的定义（也就是传统逻辑学意义上的那些定义，它们所引入和采

① 尼古拉斯·布宁，余纪元 . 西方哲学英汉对照词典［K］. 北京：人民出版社，2001：708.

② Ontology(information science). http：//en.wikipedia.org/wiki/Ontology_（information_science）[2009-3-26].

用的仅仅是术语，而没有添加任何有关现实世界的知识）。要明确而又详细地说明所要表达的某个概念时，我们需要声明若干个公理，从而对所定义术语的那些可能解释加以约束和限制。

具体而言，本体就是由若干概念以及这些概念的定义所构成的一种分类法。对于一个特定领域而言，本体表达的是那套术语、实体、对象、类、属性及其之间的关系，提供的是形式化的定义和公理，用来约束对于这些术语的解释。本体允许使用一系列丰富的结构关系和非结构关系，如泛化、继承、聚合和实例化，并可以为软件应用提供精确的领域模型。现有的各种本体在结构上都具有很大的相似性。通过对某个域中的实体分类，进而以类和个体之间的关系将域中涉及的概念和对象等连接起来，然后通过约束（限制）来约定可以进行的逻辑推论。由于在本体构建过程中所遇到的极端复杂性，本体工程（ontological engineering，OE）作为人工智能的一个新兴研究及应用领域，专门研究构建本体的方法以及方法论。由于这类工作的开展，本体已广泛用于与计算机科学和人工智能相关的各个研究领域。

然而，在本体研究过程中，遇到的根本性障碍都与语境问题相关。其中，各种语义障碍所造成的互操作性问题就是本体工程着重解决的主要难题之一。语义障碍是指那些与业务术语和软件类的定义相关的障碍和问题。例如，在不同的智能系统中，根据各自的应用需求采用了不同的本体。当这两个智能系统需要进行数据共享或过程共享时，就必须编写某种转换程序。然而，由于过程定义的不明确，必然会遇到因为同义词问题所造成的不兼容性以及语义多重性（semantic plurality）所引起的不一致问题。在传统的处理方法中，点对点转换程序解决的就是此类问题。而当需要参与互相操作的本体很多的时候，所需编写的转换程序的数量就会呈指数方式增长，从而实现互操作性的成本与代价也会指数式地提高。

此外，互联网发展到今天，规模之大、数据之多令人难以想象，其中就包括以各种本体为基础的数量庞大的智能系统。而这些数目庞大的本体又大致可以分为领域本体 [domain ontology，或称为领域特异性本体（domain-specific ontology）] 和上层本体 [upper ontology，或称为基础本体（foundation ontology）] 两个层次。其中，领域本体是针对某个特定的应用领域来构建的本体，其术语都有该领域的特殊含义。而上层本体则是抽取在各种领域都可以普遍适用的核心概念来构建的。然而，无论是领域本体还是上层本体，语用目的的不同是造成这些本体数目庞大且难以协调的根本原因。

先来看领域本体中的根本困境，以“某大学”这一领域本体的构建为例。从学院设置的角度来看，其本体可以表示为图 6-1。

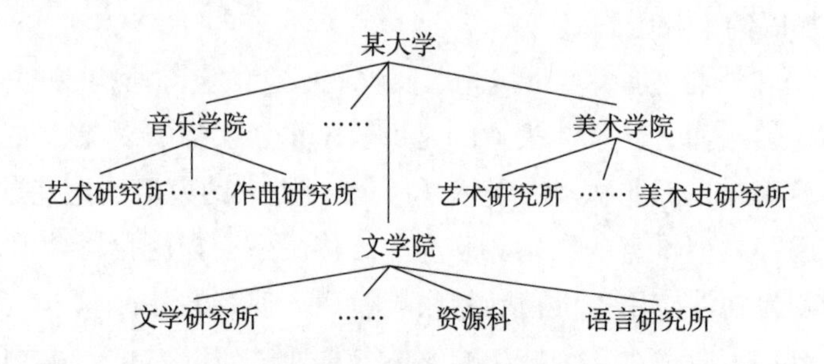

图 6-1 按学院设置构建主体

从管理机构的角度来看，其本体可以表示为图 6-2。

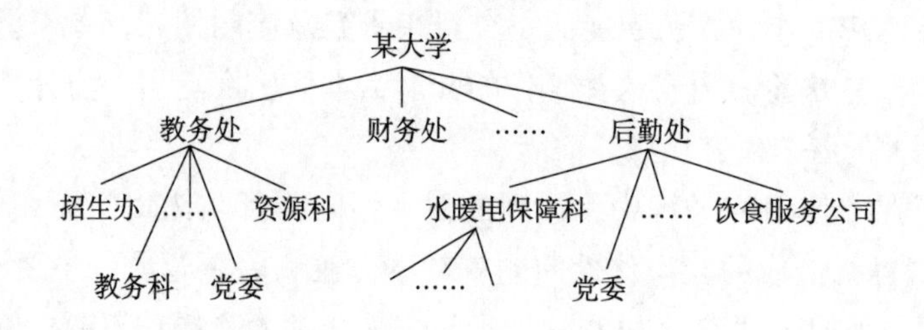

图 6-2 按管理机构建本体

从地理位置的角度来看，其本体可以表示为图 6-3。

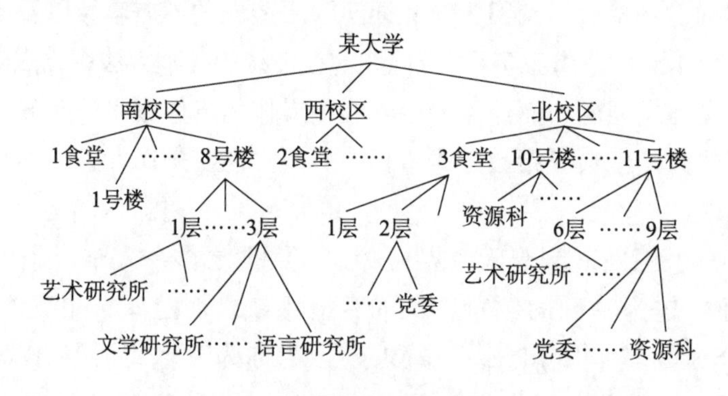

图 6-3 按地理位置构建主体

从以上关于“某大学”这一典型的领域本体的构建可以看出，对同一个对象构建本体，由于语用角度的不同，可以构建出多个不同的本体描述结构。每一个本体的描述都是正确的，然而又都是片面的。我们很难说哪一个本体是最为根本的或在第一意义上存在。这表明，计算机科学的本体是具有相对性的，人们很难通过确定一个标准化的本体来完成对纷繁复杂的世界进行准确描述。语用的多样化决定了人们需要从多个角度对某个对象进行本体描述。

因此，语用多样化是造成本体描述多重性的根本原因。以上述“某大学”为例，除了列举出的三个本体之外，人们完全可以根据需要从其他角度来构建关于“某大学”的其他本体。并且，每个本体中节点层数、每个节点上有多少个子节点以及用哪个概念或属性来表述某一节点，完全由编辑该本体的编程人员的主观判断来决定，并不存在用以判断该本体描写恰当与否的通用客观标准。而在某个特定领域内，本体编写人员的文化背景、理解能力、个人偏好等诸多因素，使得不同的人从同样的角度对同一特定领域编写的本体也会有一定程度上的不同。此外，同一个人在不同时期从同样的角度对某个特定领域编写本体，结果也可能会有所不同。就像作家写文章一样，本体的编写过程也存在一定程度的主观不确定性因素。所以说，本体构建本身就是一个相对主观的语用过程。

要在以这三个本体为基础的智能系统之间进行互操作，与语境相关的各种问题就会出现。①由同义词所造成的不兼容性问题。当采用不同的名称或字符来命名两个功能相同的对象或类的时候，就会出现同义词问题。上例中，按管理机构构建的本体中后勤处的“饮食服务公司”是按地理位置构建的本体中“1食堂”“2食堂”以及“3食堂”三个地点共同的名称。对于这个大学来说，“饮食服务公司”是一种正式称谓，站在管理者的角度来看是一种较为恰当的称呼。而对于学生或就餐者而言，说去某个地方吃饭，用“食堂”显然比用“饮食服务公司”更为贴切。在此，“饮食服务公司”和“食堂”是同义词。然而，对于基于不同本体的机器智能系统来说，如果不加以特别说明，它们就分不清二者之间的关系，这就产生了在不同本体之间由同义词所造成的不兼容性问题。尤其是该大学的食堂不止一个，当用户询问该大学的“饮食服务公司在什么位置”或“食堂归哪儿管”时，基于单个本体的智能系统都无法给出正确答案。这种情况下，就需要另外编写转换程序，在“按管理机构构建本体”的智能系统与“按地理位置构建本体”的智能系统之间建立清晰的转换关系。有时候这种关系较为复杂时，就会造成数据描述的大幅增加。②由语义多重性引起的不一致问题。当同样的名称在不同的智能系统中具有不同含义时，就会发生语义多重性问题。在上述三个本体中，“按学院设置构建本体”中文学院的“资源科”与“按管理机构构建本体”中的教务处的“资源科”，虽然都使用了同样的名称，但它们在这两个不同本体中的含义显然不同。当用户询问“该大学的资源科具体负责什么”时，基于不同本体的智能系统将会给出不同的答案。这就是由于语义多重性而引发的答案不一致问题。要解决这一问题，除了要描述清楚每个本体中的“资源科”的具体含义，还需要在转换程序中增加对用户的追问环节，只有搞清楚用户询问“资源科”的目的，才能进一步判断用户问的是哪个本体中的“资源科”。而当用户询问“资源科怎么走”时，问题就会变得更为复杂。除了要在前两个本体之间编写转换程序，还要在前两个本体与第三个本体之间也编写相应的转换程序。只有将这三个本体的所有的“资源科”之间的关系描写清楚，并且追问以确定用户要找的是哪个“资源科”，系统才能最后给出正确的答案。上述三个本体中的“艺术研究所”也属于类似情况。更为复杂的是“党委”，事实上，对于一个较大规模的大学来说，无论从哪个角度构建本体，都会有很多的“党委”，而要通过转换程序描写清楚不同本体之间党委的复杂关系，所需描述的内容相当庞大。并且，对于用户提出的关于“党委”的问题，经常需要经过更多的语用信息，并经过复杂的转换才能给出恰当的答案。以上对“某大学”构建的三个本体并不完整，设想如果我们针对一个真实的大学构建多个这样的本体，要描述清楚所有这些本体之间的转换关系将会是一个多么复杂的工程。而这在计算机科学领域仅仅是一个小型的领域本体问题。

再来看上层本体中的根本困境。

由于语用多样化而导致的领域本体缺乏兼容性，对那些以领域本体为基础的智能系统来说，要实现系统功能的扩展，往往需要将不同的领域本体合并为一种更为通用的表达式。在领域本体的合并过程中，对于那些并非依据同一部上层本体所编制的本体的合并工作，其在很大程度上还是一种手工过程，因而既耗费时间又成本高昂。因为需要修改的不仅仅是一个简单本体构架，而且是本体中一个个具体的框架描写。而对于那些利用同一部基础本体所提供的一套基本元素来规定领域本体元素含义的领域本体来说，则可以实现自动化合并。看到利用通用上层本体所带来的好处，计算机领域就出现了多项针对本体合并方面的通用技术方法的研究。然而，这个方面的研究在很大程度上依然还处于理论层面，进展似乎也并不十分顺利。在此，还是以 Cyc 为例，我们来分析上层本体构建过程中所面临的根本困境。

Cyc 的众多用途之一就是通过互联网将各种分散的人工智能系统进行协作。而这种协作的基础就是建立可供参考的上层本体。为此，Cyc 的迈克·伯格曼（Mike Bergman）和弗雷德·伽森（Fred Giasson）尝试构建名为“UMBEL” (upper-level mapping and binding exchange layer)的上层本体。他们在 Cyc 知识库(knowledge base，KB)超过 300 000 个最为相关的概念中精选出 20 093 个核心概念。目前，在这 20 093 个主要概念(subject concepts)组成的概念结构(conceptual structure)中定义了 47 293 个概念之间的关系(relationship)。[①]并且，这些概念之间的关系已经被简化，以便于发现相关的概念并与其他的外部本体相协调。这样，人们就可以使用 UMBEL 来描述事物，以帮助开发新的本体，并应用于个性化的语境之中。为了便于开发，Cyc 开发了专门用于编写本体的本体语言(ontology languages)——CycL。

本体语言是专门用于编写本体的形式化语言。在 CycL 之后，又有许多不同的本体语言被开发出来，其中既包括专有的，也包括基于标准的。而这些本体语言大都是陈述性语言(declarative languages)、框架语言(frame languages)或一阶逻辑(first-order logic)。本体语言大都利用种属概念(generic concepts)仅仅定义一个上层本体，而领域概念(domain concepts)则并不包括在这些语言的定义范围之内。[②]目前，已公布的上层本体项目有几十种之多，最著名的几部现成可用的标准化上层本体有都柏林核心、通用形式化本体(general formal ontology，GFO)、OpenCyc/ResearchCyc、推荐上层合并本体(suggested upper merged ontology，SUMO)以及 DOLCE 等。

然而，这些用不同的本体语言开发出的不同的上层本体之间也存在着类似于领域本体所面临的困境。①由于开发不同的上层本体所使用的本体语言不同，这些被开发出的上层本体之间的合并或转换存在一定的困难。②由于语用目的不同，即使使用同一本体语言开发出的不同的上层本体之间的合并与转换也存在类似于领域本体所面临的同义词所造成的不兼容性问题以及语义多重性引起的不一致等问题。③即便是在同一个系统内部，也有可能出现答案不一致的问题。以 Cyc 为例，不同于传统的那些使用一个单一推理引擎的专家系统，Cyc 拥有 30 多个独立的推理引擎，它们负责处理不同类型的相互关系。这种方式往往会得到相互冲突的一些而不是一个单一可靠的正确答案。对此，里南却认为这是一种实用的方法，这种方法在整个系统的研究过程中是必需的。他指出，通过从根本上采用一种工程学而不是科学的观点，可以避免有可能陷入的许多陷阱。为此，他还举了一个例子。比方说，当需要对时间进行表征，并且对所

---

① Bergman M，Giasson F. UMBEL[OL]. http：//www.umbel.org/technical_documentation.html[2009-3-28].

② Knowledge representation and reasoning[OL]. http：//en.wikipedia.org/wiki/Knowledge_representation#Ontology_languages[2009-3-28].

有的事件都进行处理时，Cyc没有采用科学研究中单一的经典解决做法，相反，他们试图寻找一系列所有可能的做法，哪怕它们只能共同解决一个很常见的问题。这就好像你手下有30个木匠，他们每人都带着一件工具——有的带着锤子，有的带着螺丝起子，然后他们开始争论应该使用谁的工具。事实当然是他们都是错的，同时也都是正确的。如果你将他们集合在一起，你就能够得到可以建造起一间房屋的工具，就像Cyc已经做的那样。[①] 其实，里南所举的这个例子反映出的是不同的搜索引擎从不同的角度对同一个问题进行推理，而这些不同的角度所映射出的就是使用者可能存在的各种语用角度。中国古诗“横看成岭侧成峰，远近高低各不同”反映的也是同样的道理。由于Cyc认识到本体构建的语用角度不同会造成智能推理结果的不同，因而采用30多个独立的推理引擎。这么做有其有利的一面，而带来的弊端就是会导致推理答案不一致。这使得Cyc只能作为一个初级智能基础而存在，对于真正的高级智能系统来说，其往往需要一个较为恰当的答案以做出决策，而不是将一堆模棱两可的答案交给人来决策。在这个角度上，Cyc确实是作为一种大百科全书而存在，而难以实现模拟人类对常识知识的应用能力。④领域本体与上层本体中存在的诸多语用因素造成的问题，同样是领域本体与上层本体之间实现互操作的困境所在。例如，在已有的上层本体中，基本形式化本体（basic formal ontology）是一部旨在为科学技术研究工作提供支持的形式化上层本体，Cyc是一部关于论域形式化表达的上层本体，COSMO（当前版本为OWL）是一部旨在收录所有那些从逻辑上明确说明任何领域实体含义时所需的原初型概念的上层本体，用于完成其他本体或数据库中不同表达之间的转换，通用上层模型则是一部用于在客户系统与自然语言技术之间发挥中介作用的带有语言学动机的本体，等等。[②] 然而，这些从不同语用视角构建的上层本体不可能完全符合所有领域本体的应用需求，或者说上层本体与领域本体之间语用视角的不同也是造成两类本体合并的主要障碍。对于某个具体的领域本体来说，如果没有一个非常符合的上层本体供其使用，该领域本体要实现向通用领域的功能扩展就会存在较大的困难。因此，领域本体与上层本体之间也存在由语用因素所造成的不一致或不兼容问题。

对于上述这些问题的解决，目前还没有一个权威的机构或标准。在实际使用中，一些大的本体项目之间尽量相互参考，以避免语用角度不同而导致的不

---

① [美] 哈里·亨德森. 人工智能——大脑的镜子 [M]. 侯然译. 上海：上海科学技术文献出版社，2008：94.

② http：//zh.wikipedia.org/w/index.php?title=%E6%9C%AC%E4%BD%93%E8%AE%BA_（%E8%AE%A1%E7%AE%97%E6%9C%BA）&variant=zh-cn#.E9.A2.86.E5.9F.9F.E6.9C.AC.E4.BD.93.E4.B8.8E.E4.B8.8A.E5.B1.82.E6.9C.AC.E4.BD.93 [2009-3-30].

兼容或不一致问题。本书认为，人类认知虽然有主观不确定性，但这种主观不确定性是建立在共识基础上的，具有相对性。语境中的规律性和必然性表明，建立通用上层本体的做法可以一定程度上解决本体构建中存在的不兼容或不一致问题，但这种通用性同时又具有局限性。事实上，现存的众多上层本体已经表明，语用目的不同决定了人工智能需要多种上层本体的存在。对于领域本体更是如此。本体工程只能实现一种可供借鉴的规范和一定程度的兼容性，但永远不可能实现本体构建的完全同一，否则就不可能满足使用者不同的应用目的。在 Cyc 发展了 30 多年之后，人们对于 Cyc 的主要批评之一仍然是，"不仅大量缺乏对于普通对象本体的描述，而且几乎完全缺乏对于这些对象的相关断言"[①]。语境论的本质特征决定，Cyc 绝不可能在短期内解决常识知识问题。这也充分表明，如果不能解决智能机制问题，以语境问题为核心的人工智能语境论范式将长期存在。

3. Cyc 处理问题步骤中的语境问题

Cyc 的开放项目 OpenCyc 作为 Cyc 技术的开放源代码（open source），提供世界上最大的和最完整的常用知识库以及常识知识推理引擎。在人工智能的语义处理阶段，以常识知识表征为基础的 Cyc 同样引入了语义处理技术来适应网络发展的新需求。OpenCyc 中强调了语义网应用软件以及自然语言处理的重要性，并为语义网提供可下载的专用 OWL 本体以及为各种语义网终端提供完全的 OpenCyc 内容。语义技术的引入不仅体现在针对语义应用程序所进行的研发工作，也体现在 Cyc 系统自身处理问题的步骤中。"Cyc 系统在处理用户问题时使用多步分析步骤，首先对问题进行解析，然后解释其含义，再将它转换为专门的 Cyc 语言，最后为了获得答案将其与知识库中的内容进行匹配。"[②]也就是说，与自然语言处理的语义系统一样，Cyc 对于用户提交的问题也是首先从句法分析入手，在句法分析的基础上通过语义注释器对用户输入的问题进行语义分析，从而提高问题答案的准确程度。从这一过程来看，Cyc 对用户问题进行处理的系统必然面临与本书在前面分析的自然语言处理系统一样的所有语境问题。可见，无论从 Cyc 所提供的服务还是从 Cyc 自身系统来看，Cyc 都不可避免地与语境问题密切相关。Cyc 所遇到的问题从本质上说就是语境论所揭示出的问题。这些问题都是人工智能语境论范式将长期存在的根本原因。

---

① Cys. http：//en.wikipedia.org/wiki/Cyc#Criticisms_of_the_Cyc_Project［2009-3-29］.

②［美］哈里·亨德森．人工智能——大脑的镜子［M］．侯然译．上海：上海科学技术文献出版社，2008：95.

三、常识知识的“量变”无法解决机器智能的“质变”

从上述对框架问题与常识知识问题的分析中可以看出：常识知识工程主要解决的是人工智能所需要的知识面的问题，而框架问题着重解决的是智能机制问题，即如何确定在解决一个现实的智能问题过程中需要用到哪些常识知识。二者之间的联系与区别可以通过麦肯锡在“具有常识的程序”一文中使用的一个例子以及该例子受到的各种批评来说明。

麦肯锡举例说，一个人需要从办公室出发去机场，那么他必须知道，如果想顺利到达机场，他就首先需要去驱车，然后再开车去机场。这就要求程序具有“移动”和“交通工具”一类的概念，同时还要知道怎样从“当前”状态转换至“目标”状态。也就是说，只要具有了相应的知识（即这里所说的概念），程序就可以完成和人一样的工作。然而，这篇文章在引起人们广泛关注的同时也受到各种质疑。著名的语言学家约书亚·巴尔希列尔（Yehoshua BarHillel）就对麦肯锡在文中提出的构想提出了强烈批评。面对随之而来的诸多质疑，麦肯锡承认自己之前确实没能将设计这样一种程序的每个事项都考虑得清清楚楚。这种将各种概念都放置在相应框架中的做法确实是存在着很多问题的——举例来说，程序能够分清打车去飞机场和开车去飞机场之间的区别吗？麦肯锡后来意识到，“当我们想要计算机从经验中进行学习时，我们需要交给它认识论，而不只是告诉它一些单纯的事实”[①]。也就是说，除了要让计算机具有一定的知识量之外，还要教会它如何理解知识的本质以及如何应用所学到的知识。这表明，框架问题与常识知识问题对于智能机器都很重要。两者有很大的相关性，但所要解决的问题不同。

拥有巨大知识量的计算机智能是否可以实现从量变到质变，从而最终超越人类智能呢？这是个非常具有诱惑力的问题。实现这个问题的前提是具有海量描写足够细致的常识知识资源库，能把人类常见的大部分语境都通过语言描述或图片描述记录下来，足以应付各种常见问题。当这种量变达到一定程度以后，似乎就应该会发生相应的质变，我们人类的学习就是一个从量变到质变的过程。然而，人工智能中常识知识的增长与人类智能学习知识的举一反三根本不同。上述用人工智能语境论范式对框架问题以及常识知识工程所面临根本困境的分析表明，依照目前的表征和计算理论，要想通过常识知识工程从量变到质变来

---

① [美] 哈里·亨德森. 人工智能——大脑的镜子 [M]. 侯然译. 上海：上海科学技术文献出版社，2008：46.

解决框架问题，从而实现强人工智能的梦想几乎不太可能。事实上，计算机的实用性和工具性在很大程度上是人工智能发展壮大的主要驱动力。人工智能规模的扩张和功能的增多，并不代表我们已经找到了解决智能瓶颈问题的根本方法。即便到了人工智能的语义阶段和语用阶段，人工智能也难以逾越目前所面临的根本困境，这也是人工智能语境论范式将长期存在的关键所在。更何况，还存在很多不可表征与不可计算的问题。因此，从根本上说，如果不能解决对人类认知能力机制的模拟，人工智能永远都不可能赶上人类智能。

总而言之，人工智能语境论范式不仅鲜明地概括出当前人工智能所面临的核心问题，指出人工智能将长期围绕语境问题展开研究，而且为分析和解决这些问题提供认识上和方法上的指导。更为重要的是，它明晰了当下理论界对于人工智能发展前景的困惑，预测了未来相当长的一段时期内人工智能范式发展的可能趋势。

参考文献

勃克斯 . 1993. 机器人与人类心智 . 游俊等译 . 成都：成都科技大学出版社 .
蔡自兴，徐光祐 . 2004. 人工智能及其应用 . 第三版 . 北京：清华大学出版社 .
戴汝为 . 1996. 从现代科学技术体系看今后人工智能的工作 . 计算机世界报，50：1-6.
戴维 · D. 诺尔蒂 . 2003. 光速思考——新一代光计算机与人工智能 . 北京，沈阳：中信出版社，辽宁教育出版社 .
戴维 · 弗里德曼 . 2001. 制脑者：制造堪与人脑匹敌的智能 . 张陌，王芳博译 . 北京：生活 · 读书 · 新知三联书店 .
戴维 · 鲁宾森，朱迪 · 葛洛夫 . 2007. 视读哲学 . 杨菁菁译 . 合肥：安徽文艺出版社 .
冯志伟 . 2007. 基于经验主义的语料库研究 . 术语标准化与信息技术，1：29-39.
冯志伟 . 2007. 论语言符号的八大特性 . 暨南大学华文学院学报，1：37-50.
郭贵春 . 1997. 论语境 . 哲学研究，4：46-52.
H.A. 西蒙 . 1986. 人类的认知——思维的信息加工理论 . 荆其诚译 . 北京：科学出版社 .
哈里 · 亨德森 . 2008. 人工智能——大脑的镜子 . 侯然译 . 上海：上海科学技术文献出版社 .
加里 · 古延 . 2006. 科学哲学指南 . 成素梅，殷杰译 . 上海：上海科技教育出版社 .
克莱因 . 2007. 数学：确定性的丧失 . 李宏魁译 . 长沙：湖南科技出版社 .
李德毅，杜鹢 . 2005. 不确定性人工智能 . 北京：国防工业出版社 .
李德毅，刘常昱，杜鹢，等 . 2004. 不确定性人工智能 . 软件学报，15：1583-1594.
李国杰 . 2005. 对计算机科学的反思 . 中国计算机学会通讯，12：72-78.
李晓明 . 1985. 模糊性：人类认识之谜 . 北京：人民出版社 .
林超然 . 1988. 现代科学哲学教程 . 杭州：浙江大学出版社 .
刘丹青．1995. 语义优先还是语用优先——汉语语法学体系建设断想．语文研究，2：10-15.

刘开瑛．2000. 中文文本自动分词和标注．北京：商务印书馆．

刘西瑞 . 2005 表征的基础 . 厦门大学学报（哲学社会科学版），5：25-32.

罗杰 · 彭罗斯 . 2007. 皇帝新脑 . 许明贤，吴忠超译 . 长沙：湖南科学技术出版社 .

罗姆 · 哈瑞 . 2006. 认知科学哲学导论 . 魏屹东译 . 上海：上海科技教育出版社 .

罗莎琳德 · 皮卡德 . 2005. 情感计算 . 罗森林译 . 北京：北京理工大学出版社 .

罗素 . 2005. 人类的知识——其范围与限度 . 张金言译 . 北京：商务印书馆 .

M.W. 艾森克，M.T. 基恩 .2009. 认知心理学 . 第四版 . 高定国，肖晓云译 . 上海：华东师范大学出版社 .

玛格丽特 · 博登 . 2005. 人工智能哲学 . 刘西瑞，王汉琦译 . 上海：上海译文出版社 .

Nils J. Nilsson. 2007. 人工智能 . 郑扣根，庄越挺译 . 北京：机械工业出版社 .

耐格纳威斯基 . 2007. 人工智能智能系统指南 . 顾力栩，沈晋惠译 . 北京：机械工业出版社 .

尼古拉斯 · 布宁，余纪元．2001. 西方哲学英汉对照词典．北京：人民出版社．

牛顿 . 1992. 自然哲学之数学原理 . 王克迪译 . 武汉：武汉出版社 .

欧庭高，陈多闻 . 2004. 现实世界不确定性的哲学意蕴 . 山西师范大学学报（社会科学版），3：12-17.

Robert J. Sternberg. 2006. 认知心理学 . 第三版 . 杨炳钧，陈燕，邹枝玲译 . 北京：中国轻工业出版社 .

Robin R. Murphy．2004．人工智能机器人学导论．杜军平，吴立成，胡金春译．北京：电子工业出版社．

商卫星 . 2004. 论认知科学的心智观 . 武汉大学博士学位论文 .

盛晓明，项后军 . 2002. 从人工智能看科学哲学的创新 . 自然辩证法研究，2：9-11，41.

史忠植 . 2006. 智能科学 . 清华大学出版社 .

宋炜，张铭 . 2004. 语义网简明教程 . 北京：高等教育出版社 .

托马斯 · 库恩 . 2003. 科学革命的结构 . 金吾伦，胡新和译 . 北京：北京大学出版社 .

王荣江 . 2005. 未来科学知识论——科学知识“不确定性”的历史考察与反思 . 北京：社会科学文献出版社 .

维特根斯坦 . 2005. 哲学研究 . 李步楼译 . 北京：商务印书馆 .

伍铁平 . 1999. 模糊语言学 . 上海：上海外语教育出版社 .

熊哲宏 .1999. 关于符号处理范式在认知科学中的地位和前景 . 华中师范大学学报（人文社会科学版），4：58-65.

严蔚敏，吴伟民 . 1995. 数据结构 . 北京：清华大学出版社 .

伊利亚 · 普利高津 . 1998. 确定性的终结——时间、混沌与新自然法则 . 湛敏译 . 上海：上海科

技教育出版社 .

殷杰，董佳蓉. 2008. 论自然语言处理的发展趋势. 自然辩证法研究，3：31-37.

殷杰，郭贵春. 2003. 哲学对话的新平台——科学语用学的元理论研究. 太原：山西科学技术出版社 .

殷杰 . 2006. 语境主义世界观的特征 . 哲学研究，5：94-99.

由丽萍 . 2006. 构建现代汉语框架语义知识库技术研究 . 上海师范大学博士学位论文 .

于志铭，李子瑜，张建福 . 1995. 人体生理学 . 苏州：江苏科学技术出版社 .

泽农 · W. 派利夏恩 . 2007. 计算与认知 . 任晓明，王左立译 . 北京：中国人民大学出版社 .

詹卫东 . 2000. 80年代以来汉语信息处理研究述评——作为现代汉语语法研究的应用背景之一. 当代语言学，2：63-73.

中华人民共和国国务院 . 国家中长期科学和技术发展规划纲要（2006—2020 年）. http：//www. most. gov. cn/mostinfo/ xinxifenlei/gjkjgh/200811/t20081129_65774.htm [2006-02-09].

钟义信 . 2004. 知行学引论——信息—知识—智能转换理论 . 中国工程科学，6：1-8.

钟义信 . 2006. 人工智能理论：从分立到统一的奥秘 . 北京：北京邮电大学学报，6：1-6.

钟义信 . 2007. 机器知行学原理：信息、知识、智能的转换与统一理论 . 北京：科学出版社 .

朱福喜，朱三元，伍春香 . 2006. 人工智能基础教程 . 北京：清华大学出版社 .

佐川弘幸，吉田宣章 . 2007. 突破经典信息科学的极限——量子信息论 . 松鹤山，宋天译 . 大连：大连理工大学出版社 .

Analysis. http：//en.wikipedia.org/wiki/Analysis[2009-1-28].

Anderson J A，Rosenfeld E. 1998.Talking Nets：An Oral History of Neural Networks. Cambridge：The MIT Press.

Artificial Intelligence. 1999.The Cambridge Dictionary of Philosophy. 2nd ed. Cambridge：Cambridge University Press.

Baumgartner P，Payr S. 1995.Speaking Minds：Interviews with twenty eminent cognitive scientists. Princeton：Princeton University Press.

Brooks R A. 1991.Intelligence without reason//Brooks R A. of the 12th Intl. Joint Conf on Artificial Intelligence (IJCAI-91). San Francisco：Morgan Kaufmann：569-595.

Brooks R A. 1991.Intelligence without representation. Artificial Intelligence，（47）：139-159.

Brooks R A. 1991.Intelligence without Reason//IJCAI-91. San Francisco：Morgan Kaufmann.

Buchanan B G. 1988.Artificial intelligence as an experimental science// Fetzer J H. Aspects of Artificial Intelligence. Dordrecht，Netherlands：Kluwer.

Chomsky N. 2006. The Philosophy of Science：An Encyclopedia. New York & London：Routledge,

Taylor & Francis Group.

Chomsky N. 1957. Syntactic Structures. The Hague, Paris: Mouton,

Computer Programming Language. 2008. Encyclopaedia Britannica 2008 Ultimate Reference Suite. Chicago: Encyclopaedia Britannica, Inc.

Connectionism. 2006.The Philosophy of Science: An Encyclopedia. New York, London: Routledge. Taylor & Francis Group.

Cyc. http: //en.wikipedia.org/wiki/Cyc [2009-3-25].

Dennett D C. 1978.Brainstorms. Cambridge: The MIT Press.

Digital Computer. 2008.Encyclopaedia Britannica 2008 Ultimate Reference Suite. Encyclopaedia Britannica, Inc.

Dreyfus H, Dreyfus S. 1986.Mind Over Machine: The Power of Human Intuitive Expertise in the Era of the Computer.New York: Free Press.

Dreyfus H. 1979.What Computers Can't Do: The Limits of Artificial Intelligence. New York: Harper & Row.

Dreyfus H. 1992.What Computers Still Can't Do? Cambridge: The MIT Press.

Dummett M. 1993. Origins of Analytic Philosophy. Boston: Harvard University Press.

Duranti A, Goodwin C. 1992.Rethinking Context. Cambridge: Cambridge University Press.

Edsinger A L. Robot manipulation in human environments. http: //people. csail.mit.edu/edsinger/index.htm[2007-1-16].

Elman J L. 1991.Distributed Representations, Simple Recurrent Networks, and Grammatical Structure. Machine Learning 7.

Encyclopaedia Britannica 2008 Ultimate Reference Suite. Encyclopaedia Britannica, Inc.2008.

Fellbaum. Christiane. WordNet: A lexical database for English. http: //wordnet.princeton.edu/ [2009-2-16].

Fillmore C. 2003.Background to frame net. International Journal of Lexicography, (16): 235-250.

Ford K M, Pylyshyn Z W. 1996.The Bobot's Dilemma Revisited: The Frame Problem in Artificial Intelligence. Norwood: Ablex.

Forder J. 1975.The Language of Thought. Boston: Harvard University Press.

Gardenfors P. 2005.Handbook of Categorization in Cognitive Science. Amsterdam: Elsevier Ltd.

Gardner H. 1985.The Mind's New Science—A History of the Cognitive Revolution. New York: Basic Books, Inc., Publishers.

Glymour C. 1988.Artificial intelligence is philosophy // Fetzer J H. Aspects of Artificial Intelligence.

Dordrecht, Netherlands: Kluwer.

Grammar. 1999. The Cambridge Dictionary of Philosophy.2nd ed. Cambridge: Cambridge University Press.

Hayes S C. 1993.Varieties of Scientific Contextualism. Oakland: Context Press, New Harbinger Publications.

James P. 1997.Mind Matters. New York: The Ballantine Publishing Group.

Jaszczolt K M. 2002. Semantics and Pragmatics: Meaning in Language and Discourse. London: Longman.

Kamppinen M. 1993.Consciousness, Cognitive Schemata, and Relativism: Multidisciplinary Explorations in Cognitive Science. Dordrecht: Kluwer Academic Publishers.

Knowledge. http: //en.wikipedia.org/wiki/Knowledge[2008-12-4].

Knowledge. representation and reasoning. http: //en.wikipedia.org/wiki/Knowledge_representation [2016-4-24].

Luzeaux D, Dalgalarrondo A. 2001. HARPIC, an hybrid architecture based on representations, perception and intelligent control: a way to provide autonomy to robots//Computational Science-ICCS. San Francisco: Springer.

Miller G. 1990.WordNet: An on-line lexical database. International Journal of Lexicography, (4): 235-312.

Minsky M. A Framework for Representing Knowledge. http: //web.media.mit.edu/~minsky/papers/Frames/frames.html[2009-3-25].

Morris C. 1946. Signs, Language and Behavior. NJ: Prentice Hall. Englewood Cliffs.

Morris C. 1971. Foundation of the Theory of Signs (1938) . Writing on the General Theory of Signs. The Hague: Mouton.

Ontology(information science). http: //en. wikipedia.org/wiks/Ontology_(information_science) [2009-3-26].

Penrose R. 1989. The Emperor's New Mind: Concerning Computers, Mind, and the Laws of Physics. Oxford: Oxford University Press.

Pepper S. 1970. World Hypotheses: A Study in Evidence. Berkeley: University of California Press.

Putnam H. 1988. Representation and Reality . London: The MIT Press,

Rorty R. 1991.Objectivity, Relativism and Truth. Cambridge University Press.

Stan F, Garzon M. 1990.Neural Computability// Omidvar O M. Progress in Neural Networks. vol. 1.

Norwood：Ablex.

Thagard P. Cognitive Science. http：//plato.stanford.edu/entries/cognitive-science/[1996-9-23].

Wieskopf D，Bechtel W. 2006. Artificial Intelligence. The Philosophy of Science：An Encyclopedia . New York，London：Routledge，Taylor & Francis Group.

Wilson R A，Keil F C. 1999. The MIT Encyclopedia of the Cognitive Science. Cambridge：The MIT Press.

后　记

本书的写作过程历时三年，期间的每个阶段都有不同的新认识和新感受，颇有在做智力游戏的快感。与每一位老师和同学交流都会撞击出我思想深处的火花。特别感谢我的博士生导师殷杰教授长期以来对我学术工作的支持与帮助，并与我共同发表了《当代人工智能表征的分解方法及其问题》《论自然语言处理的发展趋势》《人工智能的语境论范式探析》《论智能机器人研究的语境论范式》等多篇论文，对本书核心思想的形成起到了关键作用。

刘开瑛教授是指引我认识人工智能前沿问题的领路人。10年前，与刘老师素不相识的我冒昧地敲开了他的办公室，表明想进入他的课题组学习之意愿。老先生见我求学心切，不仅无条件接纳我进入山西大学语义Web研究中心学习，还亲自辅导我如何深入理解人工智能前沿问题，使之与哲学研究很好地结合。刘教授这种无私奉献的高尚品格，年近八旬还奋斗在科学研究最前沿的精神，深深感动了我，也一直是我这么多年来从教从研的榜样。

此外，桂起权教授、由丽萍博士、巩俊文同学、何华师兄、杜建国师兄以及其他师友，在本书思想的形成过程中都给予了宝贵意见。与他们交谈，使我获益匪浅，在此一并表示衷心感谢！